한권으로 끝내주는

최고의 적중률!! 최고의 합격률!!
크라운출판사
국가자격시험문제 전문출판
http://www.crownbook.co.kr

미용사(일반) 국가 자격 시험정보

기본정보

● 개요

미용업무는 공중위생 분야로서 국민의 건강과 직결되어있는 중요한 분야로 앞으로 국가의 산업 구조가 제조업에서 서비스업 중심으로 전환되는 차원에서 수요가 증대되고 있다. 분야별로 세분화 및 전문화되고 있는 세계적인 추세에 맞추어 미용의 업무 중 머리, 화장의 업무를 수행할 수 있는 미용 분야 전문인력을 양성하여 국민의 보건과 건강을 보호하기 위하여 자격제도를 제정하였다.

● 수행 직무

아름다운 헤어스타일 연출 등을 위하여 헤어 및 두피에 적절한 관리법과 기기 및 제품을 사용하여 일반미용을 수행한다.

● 실시기관 홈페이지

큐넷(q-net.or.kr)

● 실시기관명

한국산업인력공단

● 진로 및 전망

- 미용실에 취업하거나 직접 자신의 미용실을 운영할 수 있다.
- 미용업계가 과학화, 기업화됨에 따라 미용사의 지위와 대우가 향상되고 작업 조건도 양호해질 전망이며, 남자가 미용실을 이용하는 경향이 두드러지고, 많은 남자 미용사가 활동하는 미용업계의 경향으로 보아 남자에게도 취업의 기회가 확대될 전망이다.
- 공중위생법상 미용사가 되려는 자는 미용사자격취득을 한 뒤 시 · 도지사의 면허를 받도록 하고 있다(법 제9조).
- 미용사(일반)의 업무 범위 : 펌, 머리카락 자르기, 머리카락 모양내기, 머리피부 손질, 머리카락 염색, 머리 감기, 의료기기와 의약품을 사용하지 아니하는 눈썹 손질 등

● 시험 수수료

• 필기 : 14,500원
• 실기 : 24,900원

● 출제 경향

헤어샴푸, 헤어커트, 헤어펌, 헤어세팅, 헤어컬러링 등 미용 작업의 숙련도, 정확성 평가

● 취득 방법

① 시행처 : 한국산업인력공단
② 훈련기관 : 직업전문학교 미용 6개월 과정 및 여성발전센터 3개월 과정 등
③ 시험과목
  • 필기 : 1. 미용이론 2. 공중보건학(소독학, 공중위생법규)
  • 실기 : 미용 작업
④ 검정방법
  • 필기 : 객관식 4지 택일형, 60문항(60분)
  • 실기 : 작업형(2시간 40분)
⑤ 합격 기준 : 100점 만점에 60점 이상
⑥ 응시자격 : 제한 없음
  ※ 2016년도부터 과정 평가형 자격으로 취득 가능
   (관련 홈페이지 : www.ncs.go.kr)

상시시험 안내

수험원서 접수방법

- 인터넷 접수만 가능
- 원서접수 홈페이지 : q-net.or.kr

수험원서 접수시간

접수시간은 회별 원서접수 첫날 10:00부터 마지막 날 18:00까지

수험원서 접수기간

- CBT 필기시험 : 연중 상시
- 실기시험 : 연중 상시

※ 필기 · 실기시험별로 정해진 접수기간 동안 접수하며 연간 시행계획을 기준으로 지사(출장소)의 세부시행계획

합격자 발표

CBT 필기시험	실기시험
수험자 답안 제출과 동시에 합격여부 확인	해당 실기시험 종료 후 다음 주 목요일 09:00에 합격자 발표 ※ 공휴일에 해당할 경우 별도 지정

- 인터넷(q-net.or.kr)에서 로그인 후 확인(발표일로부터 2개월간 안내)
- ARS 자동응답전화(1666-0510)에서 수험번호 누르고 조회(실기시험은 7일간 안내)
- CBT 필기시험은 시험 종료 즉시 합격여부가 발표되므로 별도의 ARS 자동응답전화를 통한 합격자 발표 미운영

미용사(일반) 실기 출제 기준

미용사(일반) 실기시험 구성

▶ 실기과제 선정내용(2시간 25분)

번호	과제명	시간	비고(선정 세부과제)
1	두피 스케일링 & 백 샴푸	25분	백 샴푸(Back shampoo)
2	헤어커트	30분	이사도라, 스파니엘, 그래듀에이션, 레이어드
3	블로드라이 & 롤 세팅	30분	인컬(스파니엘), 아웃컬(이사도라), 인컬(그래듀에이션), 롤컬(레이어드)
	재 커트	15분	레이어드형은 재 커트 없음
4	헤어 퍼머넌트 웨이브	35분	기본형(9등분), 혼합형
5	헤어컬러링	25분	주황, 초록, 보라

▶ 조별 집행 안내

– 실기시험 과제 집행(예시)

<table>
<tr><th>구분</th><th>1교시</th><th>2교시</th><th>3교시</th><th>4교시</th><th>5교시</th></tr>
<tr><td>1조</td><td>두피 스케일링
&샴푸</td><td>헤어커트
(이사도라)</td><td>블로드라이
(아웃컬)</td><td>헤어 컬러링
(주황)</td><td rowspan="3">[동일]
[재 커트 15분 후]
헤어 퍼머넌트
(기본형)</td></tr>
<tr><td>2조</td><td>헤어커트
(이사도라)</td><td>두피 스케일링
&샴푸</td><td>블로드라이
(아웃컬)</td><td>헤어 컬러링
(주황)</td></tr>
<tr><td>:</td><td>:</td><td>:</td><td>두피 스케일링 &
백 샴푸</td><td>:</td></tr>
</table>

※ 과제순서는 조별순환을 원칙으로 하며, 시험장의 샴푸대 개수에 다라 수용 인원을 고려하여 과제를 수행합니다.

※ 1~5교시 세부과제 내용 및 순서는 시행 장소, 조별 인원(시행 인원) 등에 따라 변경될 수 있습니다.

미용사(일반) 실기 재료 목록

번호	재료명	규격	단위	수량	비고
1	가위	cut용, 미용가위	SET	1	헤어커트용, 미용가위
2	고무 밴드	와인딩용	EA	60	2중 대형 밴딩용노란색, 총 60개 이상, 퍼머넌트웨이브용
3	굵은빗	미용 시술용	SET	1	미용시술용(대빗 등)
4	꼬리빗	퍼머넌트용	SET	1	미용시술용
5	대핀(핀셋)	대형, 모발 고정용	EA	5	5개이상, 모다발 고정용
6	롤러(벨크로 타입)	대 · 중 · 소 (일명 찍찍이롤)	EA	1	대 · 중 · 소, 벨크로 타입 (일명 찍찍이 롤), 총 31개 이상
7	롤브러시	블로드라이작업용	EA	1	필요량, 블로드라이용, 열판부착 타입제품 사용불가
8	린스제	미용용, 본품 형태	EA	1	트리트먼트제, 두피모발용, 덜어오는 것 제외, 본품형태
9	마네킹(18인치 이상)	18인치 이상, 또는 덧가발 (민두포함)	SET	1	모발이 달려있는 마네킹, 어깨없는 스타일
10	모델	모델조건 참조	인	1	모발길이 귀 밑 5cm 이상, 네이프라인 5cm 이상의 만 14세 이상 모델, 두피 스케일링 및 백 샴푸 시
11	물통	시중판매용	기타	1	필요량, 헹굼용
12	민두, 홀더	MID	SET	1	마네킹(민두) 고정용, 미용시술용
13	분무기	미용용	EA	1	미용시술용
14	브러시	미용시술용	SET	1	미용시술용(S형 브러시 등)
15	산성염모제 (빨강,노랑,파랑)	색상별 각1개	EA	1	색상별 각 1개, 덜어오거나 섞어오는 것 제외
16	샴푸제	미용용, 본품 형태	EA	1	두피모발용, 덜어오는 것 제외, 본품형태
17	스케일링 볼	미용시술용	EA	1	비이커 등 소재 제한 없음
18	스케일링제	두피용	EA	1	두피용
19	신문지	미용시술용	장	1	필요량

번호	재료명	규격	단위	수량	비고
20	아크릴판	미용시술용	EA	1	투명색
21	엔드 페이퍼	와인딩용	장	60	60장 이상, 퍼머넌트웨이브용
22	염색볼	이 · 미용시술용	EA	1	필요량, 미용시술용
23	염색 브러시	이 · 미용시술용	EA	1	필요량, 미용시술용
24	우드스틱	미용시술용	EA	2	2개 이상
25	위생복	소매가 긴 백색 (반소매 가능)	벌	1	흰색, 시술자용 (1회용 가운 불가)
26	위생봉지	(투명비닐)	EA	1	쓰레기 처리용
27	일회용 장갑	미용시술용	EA	1	1개 이상
28	커트빗	미용시술용	SET	1	미용시술용
29	쿠션(덴맨)브러시	두피용	EA	1	브러싱용
30	타월	흰색	장	6	시술과정에 지장이 없는 수량 및 크기, 6장 이상
31	탈지면	7×10cm 이상, 두피스케일링용	EA	2	두피스케일링용, 2개이상
32	투명 테이프	폭 2.0cm 이상	EA	1	헤어피스 고정용, 테이프 커터기 (칼, 가위 등) 포함
33	티슈	미용용	EA	1	필요량
34	퍼머넌트 로드	6~10호	SET	1	필요량, 퍼머넌트웨이브용
35	헤어드라이어	중형220V	EA	1	1.2kW 이상
36	헤어망	롤세팅용	EA	1	롤세팅용
37	헤어피스(시험용 웨프트)	7×15cm 이상	EA	1	명도 7레벨
38	호일	염색용	EA	1	필요량, 열 처리용, 접어오는 등 사전 재단허용

미용사(일반) 실기 수험자 유의사항

아래 사항을 준수하여 실기시험에 임하여 주십시오. 만약 이러한 여러 가지 사항을 지키지 않을 경우, 시험장의 입실 및 수험에 제한을 받는 불이익이 발생할 수 있다는 점 인지하여 주시고, 감독위원의 지시가 있을 경우, 다소 불편함이 있더라도 적극 협조하여 주시기 바랍니다.

1. 수험자와 모델은 시험위원의 지시에 따라야 하며, 지정된 시간에 시험장에 입실해야 합니다.
2. 수험자는 수험표 및 신분증(본인임을 확인할 수 있는 사진이 부착된 증명서)을 지참해야 합니다.
3. 수험자는 반드시 반팔 또는 긴팔 흰색 위생복(일회용 가운 제외)을 착용하여야 하며 복장에 소속을 나타내거나 암시하는 표식이 없어야 합니다.
4. 수험자 또는 모델은 스톱워치나 핸드폰을 사용할 수 없습니다.
5. 수험자 및 모델은 눈에 보이는 표식(예 : 네일 컬러링, 디자인 등)이 없어야 하며, 표식이 될 수 있는 액세서리(예 : 반지, 시계, 팔찌, 발찌, 목걸이, 귀걸이 등)를 착용할 수 없습니다.
6. 수험자 및 모델이 머리카락 고정용품(머리핀, 머리띠, 머리망, 고무줄 등)을 착용할 경우 검은색만 허용합니다.
7. "두피스케일링 및 백 샴푸" 과제 시 모든 수험자는 대동한 모델에 작업해야 하고 모델을 대동하지 않을 시에는 "두피스케일링 및 백 샴푸" 과제를 응시할 수 없습니다.
   ※ 모델 기준 : 만 14세 이상의 신체 건강한 남, 여(년도기준)로 모발길이가 귀 밑 5cm 이상, 네이프 라인 5cm 이상인 자
   ※ 수험자가 동반한 모델도 신분증을 지참하여야 하며, 공단에서 지정한 신분증을 지참하지 않은 경우, 모델로서 시험 참여가 불가능합니다.
8. 매 과정별 요구사항에 여러 가지 과제 유형이 있는 경우에는 반드시 시험위원이 지정하는 과제 형으로 작업해야 합니다.
9. 매 작업과정 전에는 준비 작업시간을 부여하므로 시험위원의 지시에 따라 행동하고 각종 도구도 잘 정리정돈 후 작업에 임하여야 합니다.
10. 주어진 헤어커트 과제에 따라 그 다음 작업(블로드라이 및 롤 세팅)의 과제 형이 정해지며, 그 순서와 내용은 다음과 같습니다.
    ※ 이사도라 → 블로드라이(아웃컬), 스파니엘 → 블로드라이(인컬)
    그래듀에이션 → 블로드라이(인컬), 레이어드 → 롤컬
11. 블로드라이 및 롤 세팅 과제 종료 후 헤어퍼머넌트 와인딩 전에 무리 없는 작품의 연결을 위해 재커트를 15분 동안 실시해야 합니다(단, 레이어드 커트일 경우에는 롤 세팅 작업을 위한 재 커트는 일체 허용하지 않습니다).
12. 시험 종료 후 헤어피스 이외에 지참한 모든 재료는 수험자가 가지고 가며, 작업대 및 주변을 깨끗이 정리하고 퇴실토록 합니다.

13. 시험 종료 후 작업을 계속하거나 작품을 만지는 경우는 미완성으로 처리되며 해당 과제를 0점으로 처리합니다.
14. 작업에 필요한 가위 등 각종 도구를 바닥에 떨어뜨리는 일이 없도록 하여야 하며, 특히 가위 등을 조심성 있게 다루어 안전사고가 발생되지 않도록 주의해야 합니다.
15. 채점대상 제외 사항
    ① 마네킹 및 헤어피스를 사전 작업하여 시험에 임하는 경우
    ② 시험의 전체 과정을 응시하지 않은 경우
    ③ 시험도중 시험장을 무단으로 이탈하는 경우
    ④ 부정한 방법으로 타인의 도움을 받거나 타인의 시험을 방해하는 경우
    ⑤ 무단으로 모델을 수험자 간에 교환하는 경우
    ⑥ 국가자격검정 규정에 위배되는 부정행위 등을 하는 경우
    ⑦ 수험자가 위생복을 착용하지 않은 경우
    ⑧ 마네킹을 지참하지 않은 경우
16. 시험응시 제외 사항
    모델을 데려오지 않은 경우
17. 해당과제를 0점 처리 사항
    ① 수험자 유의사항 내의 모델 부적합 조건에 해당하는 모델일 경우
    ② 헤어컬러링 작업 시 헤어피스를 2개 이상 사용할 경우
18. 득점 외 별도 감점 사항
    ① 복장상태, 사전 준비상태 중 어느 하나라도 미 준비하거나 준비 작업이 미흡한 경우
    ② 헤어 퍼머넌트 와인딩의 경우 사용한 로드가 55개 미만인 경우(단, 로드 개수가 틀린 것은 오작이 아님)
    ③ 롤 세팅 작업 시 사용한 롤러 개수가 31개 미만인 경우(단, 배열된 롤러 크기가 틀린 것은 오작이 아님)
    ④ 필요한 기구 및 재료 등을 시험 도중에 꺼내는 경우
    ⑤ 백 샴푸 및 린스(헤어 트리트먼트)작업을 고객의 옆(사이드)에서 진행하는 경우
    ⑥ 헤어컬러링 작업 시 도포된 염모제를 세척하지 못한 경우

    ※ 마네킹은 사전에 물리 · 화학적인 처리 불가, 구입상태그대로(가공하지 않은 상태) 지참해야 합니다.

    ※ 적용시기 : 2020년 상시 실기검정 제 1회 시행 시부터

출제기준(실기)

직무 분야	이용 · 숙박 · 여행 · 오락 · 스포츠	중직무 분야	이용 · 미용	자격 종목	미용사(일반)	적용 기간	2022. 1. 1.~ 2026. 12. 31.

○ 직무내용 : 고객의 미적 요구와 정서적 만족을 위해 미용기기와 제품을 활용하여 샴푸, 두피 · 모발관리, 헤어커트, 헤어펌, 헤어컬러, 헤어스타일 연출 등의 서비스를 제공하는 직무

○ 수행준거 :
1. 고객에게 청결하고 안전한 서비스를 제공하기 위해 미용사와 서비스공간의 위생을 관리하고 안전사고를 예방하는 능력이다.
2. 고객의 두피 · 모발상태를 분석한 후 그 결과에 따라 기기와 제품을 선택하여 두피와 모발을 건강하게 관리하는 능력이다.
3. 고객의 두피 · 모발 상태에 따라 적합한 샴푸제와 트리트먼트제를 선택하여 샴푸 기술을 사용하여 세정하는 능력이다.
4. 모발에 펌제를 도포하고 로드로 와인딩하여 모발을 웨이브 형태로 변화시킬 수 있는 능력이다.
5. 모발에 펌제를 도포하고 플랫 형태의 매직기를 사용하여 모발을 스트레이트 형태로 변화시킬 수 있는 능력이다.
6. 블로우 드라이어, 헤어 아이론, 헤어브러시 등의 기기 및 도구를 이용하여 모발을 스트레이트 또는 C컬 형태로 연출하는 능력이다.
7. 목적에 따라 선정한 염 · 탈색제를 모발에 원터치 또는 투터치 등의 도포법을 사용하여 모발의 색을 변화시킬 수 있는 능력이다.
8. 층이 없는 형태의 헤어커트 스타일로 두상의 모든 모발을 동일선상에서 커트하는 능력이다.
9. 모발에 층이 있는 형태의 헤어커트로 헤어스타일에 따라 원하는 부분에 무게감을 주어 볼륨을 만들 목적으로 모발을 커트하는 능력이다.
10. 모발에 층이 있는 형태의 헤어커트로 가벼운 헤어스타일을 연출할 목적으로 모발을 커트하는 능력이다.

실기검정방법	작업형	시험시간	2시간 45분 정도

실기과목명	주요항목	세부항목	세세항목
미용실무	1. 미용업 안전위생 관리	1. 미용사 위생 관리하기	1. 고객의 두피나 얼굴 등에 상해를 주지 않도록 손톱을 관리할 수 있다. 2. 고객에게 불쾌감을 주지 않도록 체취와 구취를 관리할 수 있다. 3. 미용 업소 내에서 복장을 청결하게 착용할 수 있다. 4. 미용서비스 전 · 후 손을 깨끗이 씻거나 소독할 수 있다.
		2. 미용업소 위생 관리하기	1. 청소점검표에 따라 미용업소 내 · 외부를 청소할 수 있다. 2. 미용서비스를 위한 수건과 가운 등을 위생적으로 준비할 수 있다. 3. 설비시설과 사용기기 및 도구의 소재별 특성에 따라 소독하여 준비할 수 있다. 4. 미용업소에서 발생하는 쓰레기를 분리한 후 주변을 청결하게 정리할 수 있다.

실기과목명	주요항목	세부항목	세세항목
		3. 미용업 안전사고 예방하기	1. 전기사고 예방을 위해 전열기, 전기기기 등의 안전 상태를 점검할 수 있다. 2. 화재사고 예방을 위해 난방기, 가열기 등의 안전 상태를 점검할 수 있다. 3. 낙상사고 예방을 위해 바닥의 이물질 등을 수시로 제거할 수 있다. 4. 구급약을 비치하여 상황에 따른 응급조치를 할 수 있다. 5. 긴급 상황 발생 시 비상조치 요령에 따라 신속하게 대처할 수 있다.
	2. 두피 · 모발 관리	1. 두피 · 모발관리 준비하기	1. 두피 · 모발관리에 필요한 기기와 도구 및 재료를 준비할 수 있다. 2. 문진, 시진, 촉진 등으로 분석한 두피 · 모발 상태에 대해 고객과 상담할 수 있다. 3. 두피 · 모발 분석내용을 고객관리차트에 기록할 수 있다.
		2. 두피 관리하기	1. 두피 분석 결과에 따라 관리방법을 선택할 수 있다. 2. 두피 상태에 따라 관리에 필요한 기기, 기구, 제품을 선택하여 사용할 수 있다. 3. 두피를 샴푸, 스케일링, 두피매니플레이션, 팩, 앰플 등으로 관리할 수 있다.
		3. 모발관리하기	1. 모발 분석에 따라 관리 방법을 계획할 수 있다. 2. 모발 상태에 따라 관리에 필요한 기기, 기구, 제품을 선택하여 사용할 수 있다. 3. 모발을 샴푸, 팩, 앰플 등으로 관리할 수 있다.
		4. 두피 · 모발관리 마무리하기	1. 두피 · 모발진단기를 사용하여 관리 전 · 후의 변화를 비교하여 고객에게 설명할 수 있다. 2. 건강한 두피 · 모발상태 유지를 위한 홈 케어 방법을 고객에게 설명할 수 있다. 3. 두피 · 모발관리 내용을 고객관리차트에 기록할 수 있다.

실기과목명	주요항목	세부항목	세세항목
	3. 헤어샴푸	1. 헤어샴푸하기	1. 고객의 편의를 위해 가운 및 무릎 덮개, 어깨타월을 착용해 주고 좌식 또는 와식 샴푸를 할 수 있다. 2. 엉킨 모발의 정돈과 이물질 제거를 위해 사전 브러시를 할 수 있다. 3. 고객이 불편하지 않도록 샴푸대의 높이와 수온 및 수압을 조절할 수 있다. 4. 얼굴에 물이 튀지 않도록 모발에 물길을 만들어 모발을 충분하게 물에 적실 수 있다. 5. 모발길이 및 모량에 따라 적당량의 샴푸제를 사용하여 두피 매니플레이션을 할 수 있다. 6. 샴푸성분이 남지 않도록 페이스라인, 귀, 모발, 두피 등을 충분하게 헹굴 수 있다.
		2. 헤어트리트먼트하기	1. 샴푸 후 두피 · 모발 상태를 파악하여 모발을 트리트먼트를 할 수 있다. 2. 트리트먼트제를 모발에 도포한 후 두피 지압과 매니플레이션을 할 수 있다. 3. 트리트먼트제가 페이스라인, 귀, 두피 등에 남지 않도록 충분하게 헹굴 수 있다. 4. 타월로 모발의 물기를 제거한 후 두상을 타월로 감쌀 수 있다. 5. 샴푸대 및 주변을 깨끗하게 정리한 후 고객을 서비스 공간으로 안내할 수 있다.
	4. 베이직 헤어펌	1. 베이직 헤어펌 준비하기	1. 고객에게 어깨보, 가운 등을 착용해 줄 수 있다. 2. 베이직 헤어펌 전 사전 샴푸를 할 수 있다. 3. 모발길이 등 모발의 상태에 따라 사용할 호수별 로드, 밴드, 앤드페이퍼 등 필요한 도구 및 재료를 준비할 수 있다. 4. 모발에 사전 처리 작업으로 전처리제 도포 및 연화 또는 유화작업을 할 수 있다. 5. 헤어라인 및 두피에 보호제를 도포할 수 있다.
		2. 베이직 헤어펌 하기	1. 크로키놀식 및 스파이럴식 기법으로 와인딩 할 수 있다. 2. 와인딩 된 모발에 1제를 도포하고 타월밴드 및 비닐캡 처리를 할 수 있다 3. 헤어펌제의 촉진을 위해 가온기나 음이온 기기 등을 사용하여 열처리를 할 수 있다. 4. 웨이브의 형성정도를 파악하기 위해 테스트컬을 할 수 있다. 5. 테스트컬의 결과에 따라 중간 세척을 할 수 있다. 6. 헤어펌제의 유형과 펌디자인에 따라 2제를 도포할 수 있다.

실기과목명	주요항목	세부항목	세세항목
		3. 베이직 헤어펌 마무리하기	1. 로드-오프 하여 마무리 세척을 할 수 있다. 2. 헤어펌 디자인에 따라 잔여 수분함량을 조절할 수 있다. 3. 헤어펌 디자인에 따라 헤어스타일링 제품을 사용하여 마무리할 수 있다.
	5. 매직스트레이트 헤어펌	1. 매직스트레이트 헤어펌하기	1. 매직스트레이트 헤어펌에 필요한 도구 일체를 준비할 수 있다. 2. 모발 연화를 위해 펌 1제와 가온기 등을 사용할 수 있다. 3. 연화가 끝난 모발을 충분히 헹군 후 건조시킬 수 있다. 4. 플랫 형태의 매직기로 모발의 큐티클을 정돈하며 스트레이트 형태로 펼 수 있다. 5. 펌 2제가 피부에 흘러내리지 않도록 도포할 수 있다.
		2. 매직스트레이트 헤어펌 마무리하기	1. 매직스트레이트 헤어펌의 마무리 세척을 할 수 있다. 2. 스타일링을 위해 모발에 잔여 수분함량을 조절할 수 있다. 3. 헤어스타일 연출 제품을 사용하여 마무리할 수 있다. 4. 고객에게 홈케어 손질법을 설명할 수 있다.
	6. 기초 드라이	1. 스트레이트 드라이하기	1. 모발 상태와 헤어디자인에 따라 블로우 드라이어, 헤어 아이론, 헤어브러시 등의 기기 및 도구를 선정할 수 있다. 2. 블로우 드라이어를 사용하여 모발을 스트레이트로 연출할 수 있다. 3. 헤어 아이론을 사용하여 모발을 스트레이트로 연출할 수 있다. 4. 모발 상태와 헤어디자인에 따라 기기의 온도, 각도와 방향, 텐션 등을 조절할 수 있다. 5. 콤아웃 기법과 헤어스타일 연출 제품 등을 사용하여 헤어스타일을 완성할 수 있다.
		2. C컬 드라이하기	1. 모발 상태와 헤어디자인에 따라 블로우 드라이어, 헤어 아이론, 헤어브러시 등의 기기 및 도구를 선정할 수 있다. 2. 블로우 드라이어를 사용하여 모발을 인컬, 아웃컬로 연출할 수 있다. 3. 헤어 아이론을 사용하여 모발을 인컬, 아웃컬로 연출할 수 있다. 4. 모발 상태와 헤어디자인에 따라 기기의 온도, 각도와 방향, 텐션 등을 조절할 수 있다. 5. 콤아웃 기법과 헤어스타일 연출 제품 등을 사용하여 헤어스타일을 완성할 수 있다.

실기과목명	주요항목	세부항목	세세항목
	7. 베이직 헤어컬러	1. 베이직 헤어컬러 하기	1. 고객의 의복, 피부 등에 염모제 묻지 않도록 가운, 어깨보 등을 착용해 줄 수 있다. 2. 고객에게 염모제를 사용하여 패치테스트 및 스트렌드 테스트를 할 수 있다. 3. 두피 및 모발 상태에 따른 전처리 제품과 도구 및 재료를 준비할 수 있다. 4. 원터치 및 투터치 등의 방법으로 염모제를 도포할 수 있다. 5. 염모제의 발색 촉진을 위해 가온기나 음이온기기 사용여부를 선택할 수 있다.
		2. 베이직 헤어컬러 마무리하기	1. 염모제를 제거하기 위한 마무리 샴푸를 할 수 있다. 2. 피부에 묻은 염 · 탈색제를 제거할 수 있다. 3. 타월 드라이 및 핸드드라이 기법으로 모발을 건조시킬 수 있다.
	8. 솔리드 헤어커트	1. 원랭스 커트하기	1. 고객에게 어깨보, 커트보 등을 착용해 줄 수 있다. 2. 헤어커트 유형에 따라 모발의 수분 함량을 조절하거나 오염이 심한 모발은 사전 샴푸를 할 수 있다. 3. 헤어커트 공간을 정리한 후 커트 목적에 따라 도구를 선택하여 바른 자세로 블런트 커트할 수 있다. 4. 원랭스 스타일에 따라 블로킹과 섹션을 정확하게 구분하여 수평, 사선의 형태로 커트 할 수 있다. 5. 커트 후 균형 및 완성도를 체크할 수 있다.
		2. 원랭스 커트 마무리하기	1. 고객의 얼굴과 목 등에 남아있는 머리카락을 제거할 수 있다. 2. 헤어커트 후 고객 만족을 파악하여 필요한 경우 수정 및 보정커트를 할 수 있다. 3. 헤어커트 후 원랭스 스타일에 따라 모발을 건조하여 마무리할 수 있다. 4. 사용한 헤어커트 도구는 청결하게 관리하고 주변을 정리 · 정돈할 수 있다.
	9. 그래쥬에이션 헤어커트	1. 그래쥬에이션 커트하기	1. 그래쥬에이션 스타일에 따른 블로킹과 섹션을 할 수 있다. 2. 그래쥬에이션 스타일에 따른 빗질의 방향과 각도를 조절할 수 있다. 3. 빗과 커트도구를 정확하게 사용하여 그래쥬에이션 커트를 할 수 있다. 4. 모량조절이 필요한 부분에 틴닝가위를 사용할 수 있다. 5. 가위 또는 클리퍼를 사용하여 아웃라인을 정리할 수 있다.

실기과목명	주요항목	세부항목	세세항목
		2. 그래쥬에이션 커트 마무리하기	1. 고객의 얼굴과 목 등의 머리카락을 제거할 수 있다. 2. 헤어커트 후 고객 만족을 파악하여 필요한 경우 수정 및 보정 커트를 할 수 있다. 3. 그래쥬에이션 커트에 어울리는 스타일로 마무리 할 수 있다. 4. 사용한 헤어커트 도구는 청결하게 관리하고 주변을 정리 · 정돈할 수 있다.
	10. 레이어드 헤어커트	1. 레이어드 헤어커트하기	1. 레이어드 헤어커트 스타일에 따른 블로킹과 섹션을 할 수 있다. 2. 레이어드 헤어커트 스타일에 따른 빗질의 방향과 각도를 조절할 수 있다. 3. 헤어커트빗과 가위를 정확하게 사용하여 레이어드 커트를 할 수 있다. 4. 모량조절이 필요한 부분에 틴닝 가위를 사용할 수 있다.
		2. 레이어드 헤어커트 마무리하기	1. 고객의 얼굴과 목 등의 머리카락을 제거할 수 있다. 2. 레이어드 헤어커트 마무리 후 고객 만족도를 파악하여 필요한 경우 수정 · 보완커트를 할 수 있다. 3. 레이어드 헤어커트 마무리가 종료 된 후 사용한 헤어커트 도구와 주변을 즉시 정리 · 정돈할 수 있다. 4. 레이어드 헤어커트에 어울리게 헤어스타일을 마무리 할 수 있다.

차례

PART 04 롤러세트 스타일

PART 05 기본 헤어 퍼머넌트 웨이브

PART 06 헤어컬러링

PART

01

스케일링 및 백 샴푸

스케일링 및 백 샴푸의 이해

Section 01 샴푸 및 린스의 실제

1 샴푸 매니플레이션의 실제

(1) 샴푸대에 모델을 편안하게 눕히는 동작

모델의 어깨를 가볍게 받치고, 오른손의 엄지, 검지, 중지 손가락으로 'U'자형을 만들어 목덜미의 두발을 밑에서부터 들어 올리면서 목에 살짝 댄다. 왼손의 약지와 엄지로 이마를 살짝 잡아서 샴푸볼 내로 자연스럽게 모델을 눕힌다.

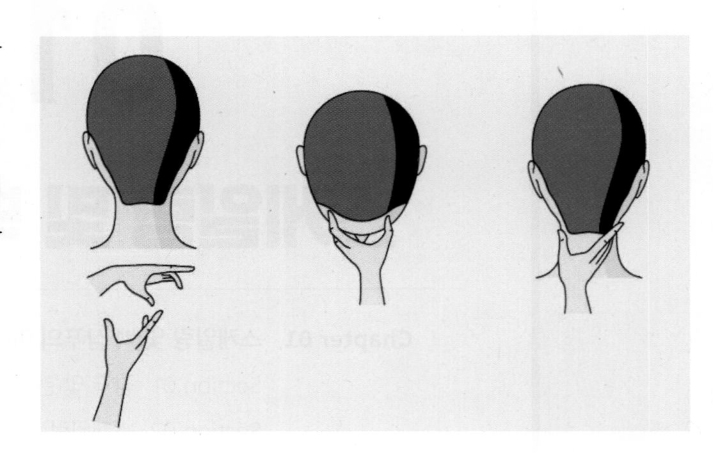

(2) 얼굴에 타월 씌우기

물과 샴푸액이 얼굴에 튀는 것을 막기 위해 Face mask를 사용하여 얼굴 면을 덮는다.

(3) 수온 조절하기 및 플레인 샴푸하기

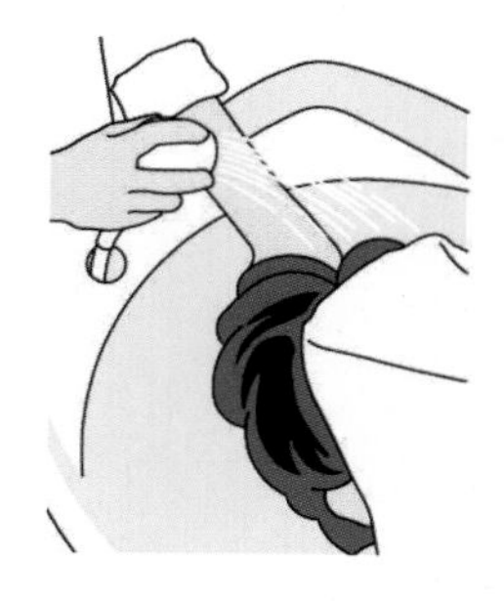

시술자는 샤워기의 밸브를 차가운 쪽에서 따뜻한 쪽(온수)으로 틀면서, 오른손으로 샤워기를 조절하고 왼손 손목에 물의 온도를 측정한 후 모델에게 확인한다. 앞이마 발제선에서부터 두발과 두피를 적당한 온수(36~38℃)로 골고루 충분히 적신다(샤워기를 두피에 가깝게 하는 편이 수압도 있고, 모델에게 물을 충분하게 사용하는 것처럼 느껴지며, 지압 효과도 있다).

(4) 샴푸제 양 조정 및 도포하기

적절한 양의 샴푸(약 5g 정도)를 양 손바닥과 손가락을 사용하여 두피에 골고루 펴 바른다. 그림에서와 같이 전두부, 측두부, 두정부, 후두부 순으로 도포한다(샴푸제는 손바닥에 비벼서 사용하거나 모발 겉면에 도포해서는 안된다).

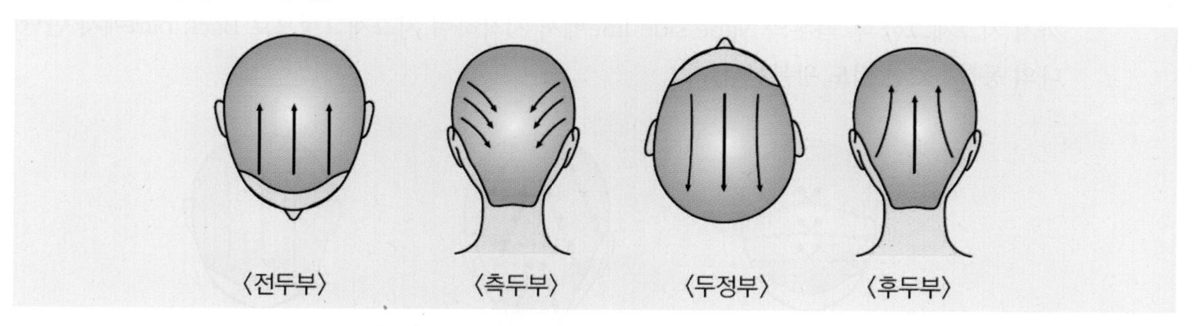

(5) 문지르기

- 오른손으로 발제선의 오른쪽 귀 뒷부분에서 지그재그로 문지르고, 왼손은 두상이 흔들리지 않도록 고정해 준다. 이 같은 동작을 3번 정도 반복하며 Ear to ear, Golden part까지 연결한다(오른쪽 → 왼쪽 → 오른쪽).
- 문지르기 동작이 끝나면 반드시 두발을 훑어 내리는 동작으로 쓸어내린다.

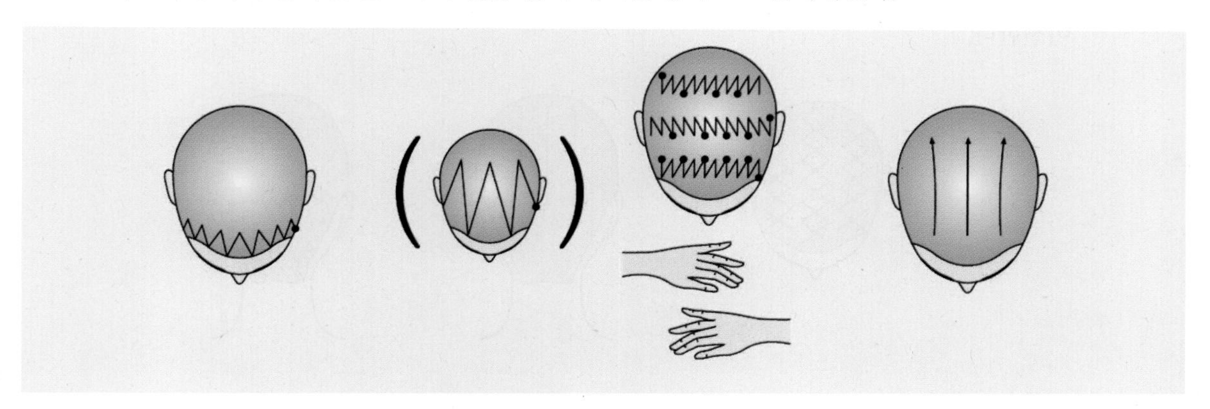

- 후두부는 왼손을 돌려 무게를 받치듯이 두상을 조금 들어 올리고 오른손으로 지그재그 방식으로 좌측 Ear part에서 우측 Ear part를 따라 문지르기 한다.

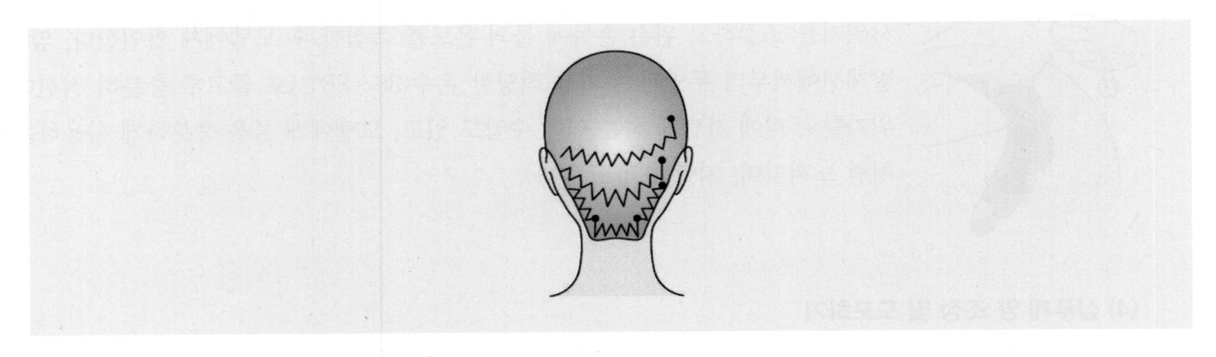

(6) 지그재그하기

- 전두부와 두정부에 왼손과 오른손으로 양측면의 E.P에서 T.P까지, E.P에서 G.P까지, E.P에서 B.P까지 지그재그한 후 좌우의 Nape side line에서 시작하여 지그재그형으로 Back part에서 만난다(하나의 동작을 3번 정도 왕복한다).

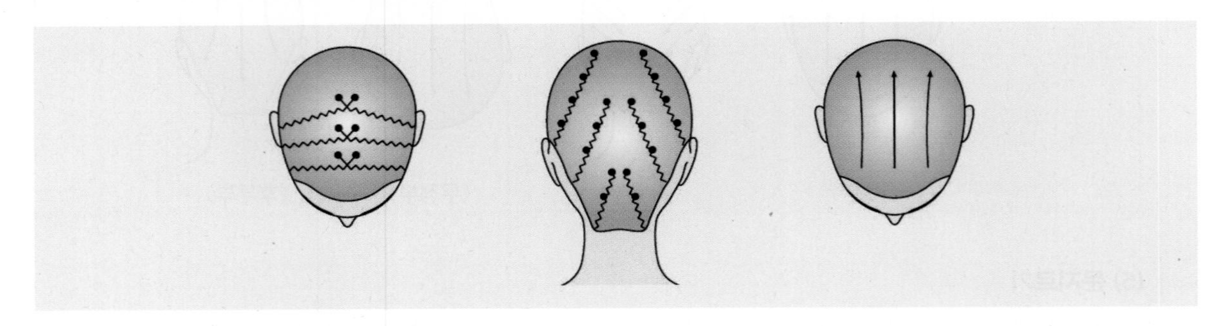

(7) 양손 교차하기

- 두개피부 전체의 긴장을 풀어주는 식으로 양손으로 교차시켜 매니플레이션한다.
- 양손 교차하기가 끝나면 반드시 훑어주기를 한 후, 후두부는 문지르기 방식으로 지그재그 매니플레이션한다.

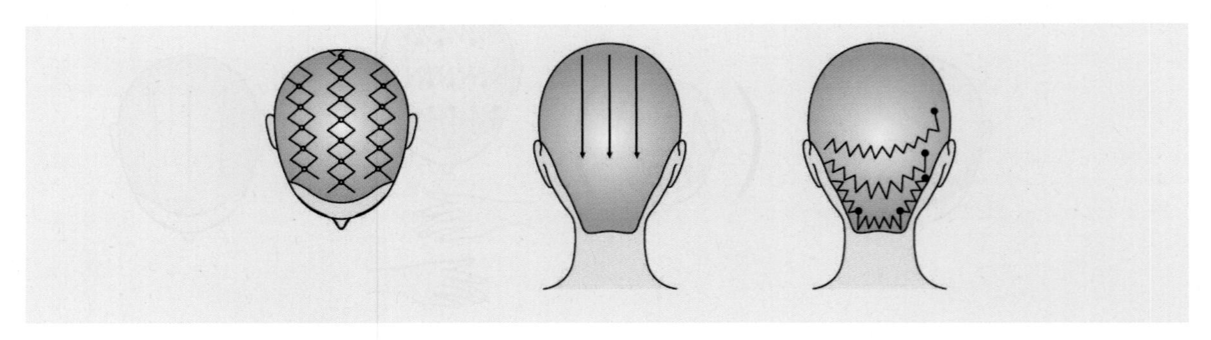

(8) 튕겨주기

양쪽 손가락의 완충면을 이용하여 두개피부를 집어서 가볍게 튕겨준다.

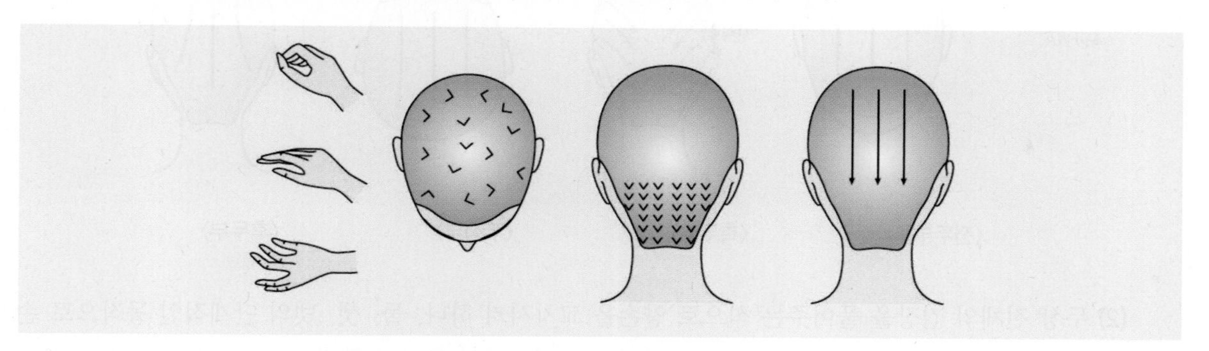

(9) 훑어주기

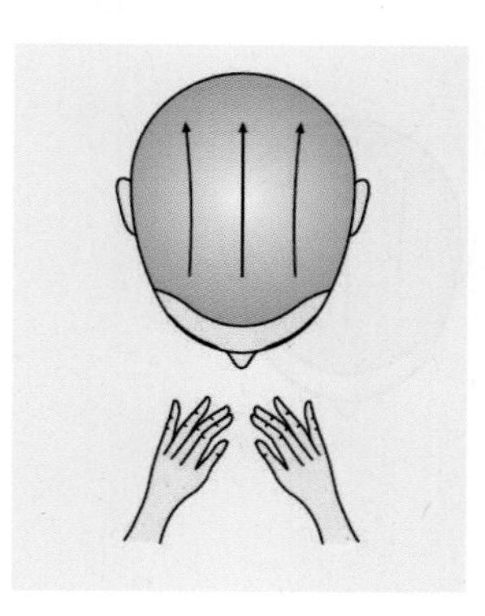

두발이 당겨서 아프지 않도록 주의하여 전발, 포 등에 묻어 있는 거품을 두발 끝으로 밀어내서 제거한다.

(10) 헹구기

시술자의 손에 묻은 거품을 씻어내고 난 후, 모델의 이마 발제선에서 시작하여 측면 후두부까지 깨끗이 헹구어 낸다. 샴푸 시 3~5분의 시간이 소요된다.

2 컨디셔너 매니플레이션의 실제

샴푸제를 말끔히 헹군 후 린스제로 매니플레이션한다. '감는다'라는 뜻의 샴푸 전(全) 과정을 통해 이물질을 제거한다. 그 후에 행하는 '헹군다'라는 뜻의 린스 전(全) 과정은 빗질, 정전기 방지, 두발 영양 보충, 알칼리화된 두발의 중화 등 이미지가 내포된 작업과정이다.

(1) 린스제를 5g 정도 왼손에 담고 오른손으로 찍어 두발 가운데를 갈라 골고루 전두부 → 측두부 → 후두부 순으로 두발 표면에 도포한다.

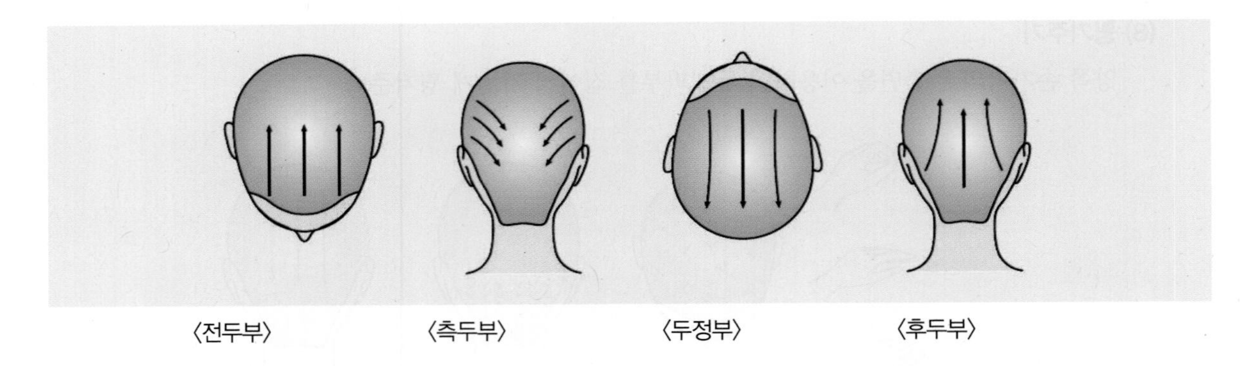

〈전두부〉 〈측두부〉 〈두정부〉 〈후두부〉

(2) 두상 전체의 긴장을 풀어주는 식으로 양손을 교차시켜 하나, 둘, 셋, 넷의 단계적인 동작으로 손가락을 엇갈리게 넣어 매니플레이션한다. 네이프 포인트까지 동작이 끝나고 나면 항상 위에서 아래로 두발을 훑어 내린다.

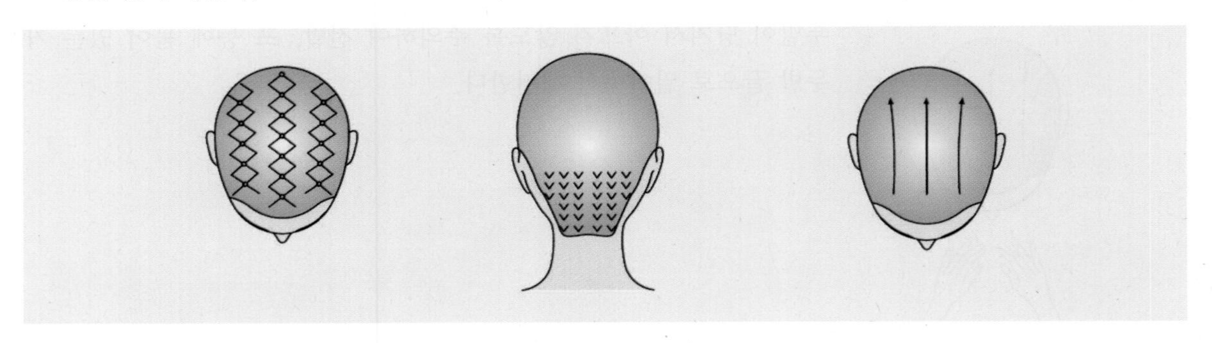

(3) 두발을 정돈하고 난 뒤 지압점을 찾아 지압을 해준다.

- 지압점 ① C.P(신정) → ② T.P(전정) → ③ G.P(백회) → ④ B.P → ⑤ S.P(현로) → ⑥ E.S.C.P(곡빈) → ⑦ E.B.P(솔곡)를 지압하고 다섯 손가락으로 ⑧ 두상 전체를 끌어 올리듯 2~3번 정도 가볍게 쓸어 준다. ⑨ N.P(아문)에서 ⑫ N.S.P까지 두 마디 위를 네 마디(완골 → 풍지→ 천주 → 아문 → 풍부 → 뇌호)로 갈라 압력을 넣은 후 ⑫(완골)에서 다시 역방향으로 엄지와 약지로 가볍게 압력을 넣는다.

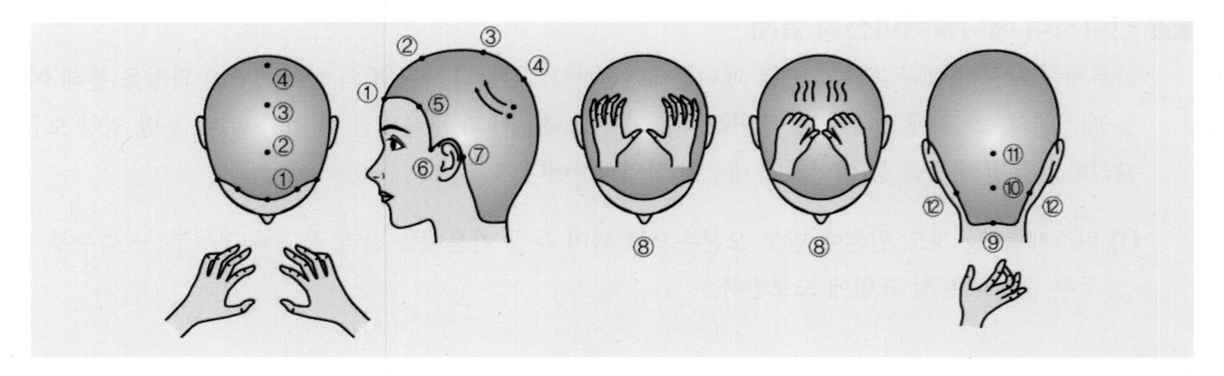

(4) 역으로 ⑬ E.S.C.P에서 시작하여 ⑭ S.P → ⑮ C.P → ⑯ T.P → 13 G.P까지 한 지점씩 지그시 누른 상태로 3번 정도 돌리면서 튕겨준 후 두발을 위에서 아래로 쓸어 준다.

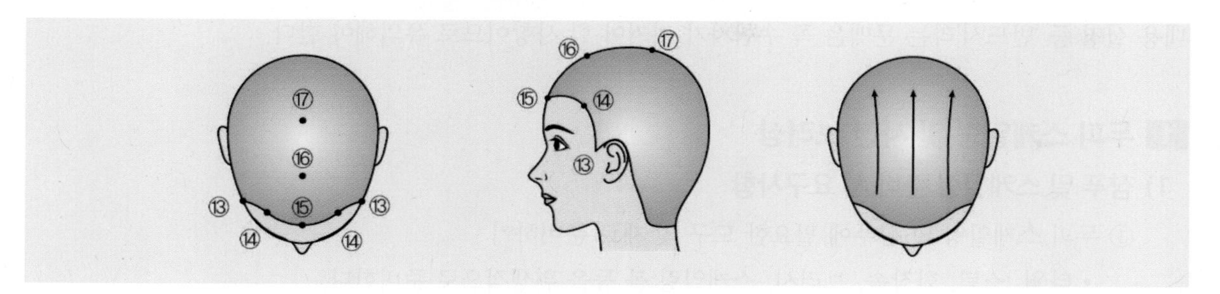

(5) 가볍게 두상 전체의 두피를 손가락 완충면으로 가볍게 튕겨준다.

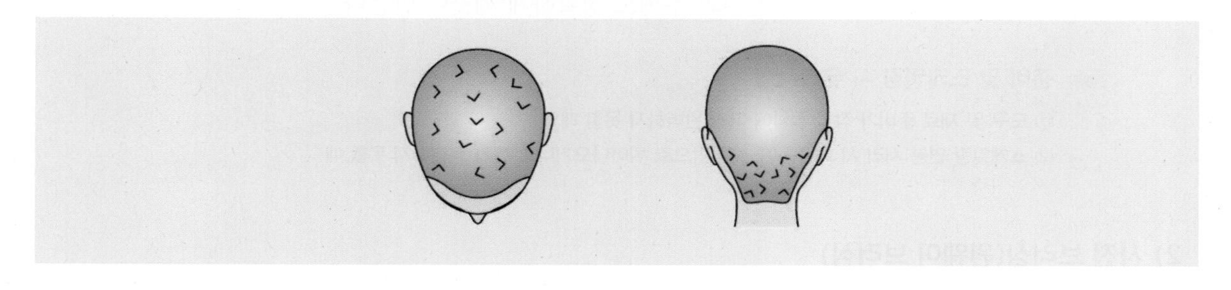

(6) 매니플레이션이 끝난 후 샤워기를 발제선부터 두피 가까이 대고, 손동작으로 문지르면서 말끔히 헹군다. 마무리를 위해 이마, 목선, 귀 등의 발제선을 중심으로 섬세하게 헹군다.

Section 02 스케일링 & 샴푸 시 요구 및 유의사항

내용 설명 중 '반드시'라는 문맥은 꼭 수험자가 지켜야 할 사항이므로 유의해야 한다.

1 두피 스케일링 및 사전 브러싱

1) 샴푸 및 스케일링 준비 시 요구사항

① 두피 스케일링 및 샴푸에 필요한 도구 및 재료 준비하기

- 타월, 스틱, 화장솜, 브러시, 스케일링 볼 등을 위생적으로 준비한다.

② 스케일링에 사용할 면봉 스틱만들기

- 솜을 스틱에 감을 때 적당한 길이와 두께로 정확하게 깨끗이 만든다.

준비 및 스케일링 시 유의사항

① 도구 및 재료 준비가 작업 절차에 따라 완벽하지 못할 때

② 스케일링 면봉 처리 시 화장솜이 스틱 밖으로 튀어나오거나 두께가 적절하지 못할 때

2) 사전 브러싱(원웨이 브러싱)

브러싱은 반드시 백회(T.P) 방향으로 해야 한다.

① 브러싱 부위는 두상 전체를 대상으로 한다.

- 센터파트를 경계로 오른쪽 전두부의 페이스라인을 따라 백회를 향해 브러싱한다.
- 오른쪽 후두부 발제선을 따라 네이프 라인까지 연결되도록 백회를 향해 브러싱한다.
- 왼쪽 전두부의 발제선을 따라 백회를 향해 브러싱한다.
- 왼쪽 후두부 발제선을 따라 네이프 라인까지 연결되도록 백회를 향해 브러싱한다.

② 브러싱 동작은 모델이 편안함을 갖도록 바른 자세와 정확한 동작을 취한다.

- 브러시는 두상에 따라 빗살을 밖에서 안으로 라운드를 그리듯 리드미컬하게 운행한다.

브러싱 부위 및 동작 시 유의사항

① 브러싱은 센타파트를 중심으로 오른쪽은 시계방향, 왼쪽은 시계반대 방향으로서의 동작이 숙련되지 못할 때

② 브러시 동작이 두상 전체에서 백회를 향해 골고루 취해지지 않았을 때

3) 스케일링하기

스케일링제 도포의 첫 번째 동작은 블로킹 영역의(가로세로) 선인 발제선을 반드시 문지르기 도포한 후 1~1.5cm 간격으로 스케일한다.

① 면봉 처리된 스틱에 스케일링제를 묻혀 둥근 두상면에 맞닿을 수 있도록 두상 곡면과 평행하게 눕혀서 도포한다.

- 스케일링 볼에 스케일링제를 1회 사용분으로 덜어 사용한다.
- 두상 곡면에 따라 면봉스틱을 두피에 밀착시키기 위해 눕혀서 사용한다.
- 스케일링제 적용 시에도 하나 · 둘 · 셋 · 넷 왔다 갔다의 면봉 문지르기 동작을 취한다.

② 스케일링 도포 간격은 1~1.5cm로 파팅한다.

스케일링 시 유의사항

① 스케일링 볼에 사용할 1회분의 제품 양에 대한 측정이 부정확할 때
② 블로킹 영역 내 도포 간격(섹션 1~1.5cm)이 정확하지 않을 때
③ 면봉스틱 잡은 손동작과 스케일링제가 두피에 충분히 도포되지 않았을 때

2 샴푸 시술

샴푸는 반드시 2번 해야 한다. 이는 전처리로써 애벌샴푸(Pre shampoo)와 본처리 샴푸로 구별된다.

(1) 타월을 사용하여 모델의 어깨를 감싸고 무릎을 덮는다.

(2) 샴푸대에 모델을 편안하게 눕힌 후 타월을 이용하여 얼굴에서의 눈을 덮는다.

① 시험자는 모델을 샴푸대에 눕히는 동작에서 불편하지 않은지 확인한다.
② 모델의 얼굴 위에 삼각형으로 만든 타월을 호흡에 지장이 없도록 하여 올린다.

(3) 수온(36~38℃)과 수압을 조절한 후 두발을 적신다.

① 물의 온도 조절은 시험자의 손으로 확인한 후 샤워기 수압을 조절한다.
② 두피 및 두발(두개피)을 물로 충분히 적시면서 헹군다.

(4) 모델의 두발 모량과 길이에 맞게 적당량의 샴푸제를 도포한다.

① 샴푸제의 거품이 모자라거나 지나치지 않도록 샴푸제의 양을 조절한다.
② 두개피부에 직접 샴푸제를 도포하고, 특히 발제선(face line & nape line)에 꼼꼼하게 도포한다.

(5) 샴푸 기본동작은 반드시 5가지 이상의 매니플레이션 단계가 골고루 들어가도록 한다.

① 문지르기, 지그재그하기, 양손 교차사용하기, 튕겨주기, 훑어주기 등 단계의 동작을 절차에 맞게 고루 적용해야 한다.
② 한 단계의 기본동작은 하나 · 둘 · 셋 · 넷 정도 반복 적용되도록 두상 전체에 행한다.
③ 한 단계가 끝나면 두발을 위에서 아래로 훑어 내린 후 다음 동작으로 진행한다.
④ 연속된 동작으로 리드미컬한 매니플래이션을 행한다.

(6) 전처리 샴푸와 본처리 샴푸가 끝나면 두발과 페이스라인에 거품이 남지 않도록 충분히 헹군다.

3 컨디셔너 작업

① 적당량의 컨디셔너를 사용한다.

② 컨디셔너 시 매니플레이션과 지압을 숙련되게 한다.

③ 나선형 롤링(서핑쿨러)하기, 지그재그하기, 양손교차하기, 튕겨주기, 훑어주기, 경혈점 누르기 등 5가지 매니플레이션 절차에 맞게 적용한다.

④ 컨디셔너가 두발에 남아 있지 않도록 충분히 헹군다(두발을 이마 발제선에서부터 쓸어내리면서 물기를 짠다).

⑤ 헤어라인, 귀 뒤나 안쪽, 네이프 라인 등 세심하게 손에 물을 받아 닦고 헹군다.

4 타월 드라이하기

① 타월로 모델의 헤어라인, 귀, 네이프 순서로 우선 닦아낸다.

② 타월을 이용하여 두개피부부터 닦아낸다.

③ 두발의 물기는 타월로 두발을 감싸서 소리나지 않도록 두드리듯 제거한다.

5 타월 감싸기

① 타월을 이용하여 모델의 두발을 감싸기 위해 양 어깨를 중심으로 받친다.

② 샴푸 볼(누워 있는 상태) 안에서 한올의 두발이라도 빠지지 않도록 하여 타월로 헤어밴드한다.

③ 모델의 어깨를 감싸 안아 잡아주면서 일으킨다.

④ 타월 헤어밴드상태에서 모델을 일으킨 후 후두 타월을 정리하듯 감싸서 두발이 한올도 보이지 않게 안정감 있고 능숙하게 처리한다.

⑤ 타월 감싸기 이후 모델의 모발을 빗질하여 마무리한다.

6 샴푸대 정리하기 및 두발정리하기

① 샴푸대의 도기 및 의자에 튀긴 물을 닦는다.

② 샴푸대와 샤워기 및 샴푸거름망의 머리카락을 제거하고 물기를 닦아내고 주변을 정리한다.

③ 타월과 제품 및 도구들을 정리한다.

④ 타월로 감싼 두발을 정리하기 위해 타월을 벗겨낸 후 두발을 빗질한다.

스케일링 및 백 샴푸의 세부과제

스케일링 및 백 샴푸는 작업절차에 따른 단계의 과정을 잘 숙지한다면 커트, 펌, 드라이어 과제보다 점수 받기가 가장 쉬운 과제이다. 교재를 출간할 때 모든 것을 사진작업으로 다 표현할 수는 없다. 특히 이 과제는 더욱 그러하다. 그러므로 글로 표현된 사항들을 몇 번이고 반복하여 읽고, 머리로 생각하면서 차근히 절차를 숙지하면서 연습하여야 한다.

- 시술자는 모든 과제의 시험과정 중에 도구 또는 재료 등이 부족한지, 준비되지 않았는지 철저히 확인한 후 검정시험에 임한다.
- 모델과 시술자는 목걸이, 귀걸이 두발 묶은 고무줄 등을 신체로부터 제거되었는지 다시 한번 체크한 후 검정시험에 임한다.
- 브러싱과 스케일 시 시작은 모델의 오른쪽에서 행하여 짐으로써 수험자 간의 질서를 유지한다.
- 백 샴푸 및 컨디셔너 작업은 반드시 모델의 뒤에서 행해야 한다.

1 스케일링 및 백 샴푸의 작업절차(25분, 20점)

준비상태(2점) → 브러싱과 스케일링(5점) → 스케일링 순서(3점) → 샴푸(2번 한다, 5점) → 컨디셔너(2점) → 타월 드라이 및 감싸기(3점) → 정리 및 두발 빗질 후 마무리(3점)

세부항목	작업요소
1. 준비자세	모델 두발길이(네이프와 귀밑 5cm 이상), 모델과 수험자(동시 적용) 목걸이, 귀걸이, 반지, 손톱 · 발톱 폴리시 등을 제거하고 수험에 임한다.
	준비물 : 타월, 쿠션브러시, 우드스틱, 탈지면(7×10cm), 스케일링볼, 핀셋, 샴푸제, 린스제, 위생봉투, 투명테이프 등의 지참을 점검한 후 과제절차에 임한다.
	모델이 샴푸의자에 앉은 후 어깨, 무릎에 타월을 올린다.
	탈지면(7x10cm)의 7cm 폭에 맞게 오렌지 우드스틱의 뭉툭한 부분에 탈지면을 감아 면봉스틱을 2개 정도 만든다.

2. 브러싱과 스케일	쿠션브러시를 사용하여 반드시 백회를 향해 두상의 순서에 따라 브러싱한다.
	정중선을 기준으로 오른쪽 전두부 → 측두부 → 후두부 → 왼쪽 전두부 → 왼쪽 측두부 → 왼쪽 후두부 순서로 백회를 향해(T.P ~ G.P 사이) 업셰이핑 브러싱한다.
	두상을 4등분 블로킹한다.
	시계방향으로 오른쪽 전두부 → 후두부 → 왼쪽 후두부 → 왼쪽 전두부 순서로 스케일링한다[반드시 블로킹 주변의 발제선을 우선으로 스케일링제를 묻혀 문지른 다음 블로킹 내를 소구획으로 1~1.5cm로 파팅(나누어) 후 스케일한다].
3. 샴푸시술 (반드시 2번 한다)	모델의 머리를 샴푸볼 쪽으로 눕힌 후 타월로 아이마스크를 하고 두발을 충분히 적신다. 애벌(전처리) 샴푸는 문지르기, 지그재그하기, 양손교차하기, 튕겨주기, 훑어내리기(5가지 기법) 등을 가볍게 한 후 헹굼으로 거품을 제거한다.
	본처리 샴푸 역시 전처리 샴푸와 동일하게 5가지 기법을 통해 리드미컬하게 매니플레이션 후 거품을 제거한다.
4. 컨디셔너 시술	린스제를 사용하여 모발끝 → 모선 → 모근을 향해 도포한 후 5가지 기법 나선형 돌리기, 지그재그하기, 양손교차하기, 튕겨주기, 훑어주기 등의 매니플레이션 후 경혈점에 따라 압을 해준다.
	두발을 충분히 헹군 후 발제선을 따라 물로 깨끗하게 마무리한다.
5. 타월드라이 및 감싸기	샴푸볼 내에서 두발의 물기를 훑어서 내린 후 꼭 짜놓고 마른타월을 이용하여 이마와 목의 발제선 주변을 먼저 닦아낸(두피 쪽 모근의 물기를 제거) 다음, 모간쪽 두발을 닦아낸다.
	샴푸볼 내에서 마른 타월을 이용하여 헤어밴드를 만든 후 모델의 어깨를 잡고 일으킨 다음 샴푸의자에 앉은 상태에서 나머지 두발을 타월로 감싸기를 한다.
6. 정리 및 마무리	두상의 두발이 한 올도 빠지지 않은 상태에서 타월 감싸기가 마무리된다. 샴푸볼의 거름망에서 머리카락을 제거하고 샴푸볼과 의자 등에 묻은 물기를 닦아서 주변을 정리한다. 두상 전체를 감싼 타월을 제거한 후 두발을 빗질하여 마무리한다.

2 사전 준비하기(스케일링 및 백 샴푸)

목표	시험 규정에 맞게 작업한다.	블로킹	원웨이 브러싱, 스케일링 시 4등분
장비	샴푸대, 샴푸도기	형태선	발제선, 블로킹 영역선부터 스케일링제 도포 후 섹션으로 한다.
도구	브러시, 핀셋, 스케일링제, 볼(공병)	스케일	1~1.5cm
소모품	타월, 면봉스틱, 스케일링제, 샴푸제, 컨디셔너제	시술각	모다발 90° 이상
내용	두피 스케일링 및 샴푸를 모델에 실시한다.	손의 시술각도	피팅과 평행
시간	25분	완성상태	모델에게 타월터번을 한 상태에서 심사위원과 눈이 마주쳤을 때, 타월을 벗기고 모델의 두발을 빗질하여 정돈해 둔다.

도구 및 재료 준비

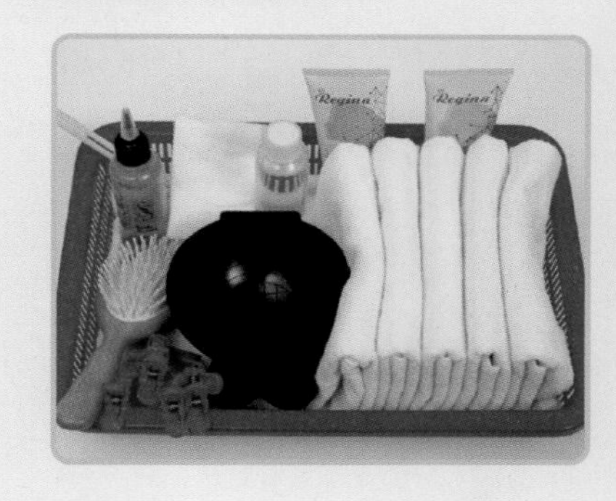

- ☐ 흰 타월 4장 이상
- ☐ 쿠션(덴멘) 브러시
- ☐ 스케일링 볼(공병)
- ☐ 스케일링제
- ☐ 핀셋 5개 이상
- ☐ 우드스틱(20cm 이상)
- ☐ 탈지면(7×10cm)
- ☐ 샴푸제
- ☐ 린스제

Section 01 스케일링의 실제

1 스케일링의 실제

모델을 샴푸대에 앉힌다 → 어깨보, 무릎보를 씌운다 → 스틱과 솜을 이용 면봉을 2~3개 만든다 → 스케일링제를 준비한다 → 백회를 향해 브러싱한다 → 스케일링을 위해 4등분 블로킹한 후 스케일을 한다(오른쪽 전두부영역 테두리부터 스케일링제를 면봉에 적셔서 도포한다 → 오른쪽에서 왼쪽으로 향해 시계방향으로 스케일한다) → 모델을 샴푸대에 눕힌 후 마스크 캡(타월을 이용)을 한다 → 충분히 두발을 적신 후 샴푸제를 도포하여 애벌(전처리) 샴푸를 한다 → 2번째 샴푸제를 도포하여 본처리 샴푸를 한다 → 컨디셔너제를 도포하여 처리한다 → 타월드라이한다 → 타월감싸기를 한다 → 주변정리를 한 후 두발을 빗질하여 마무리한다.

2 스케일링의 실제

1) 타월 두르기

❶ 모델의 어깨에 타월 두르기

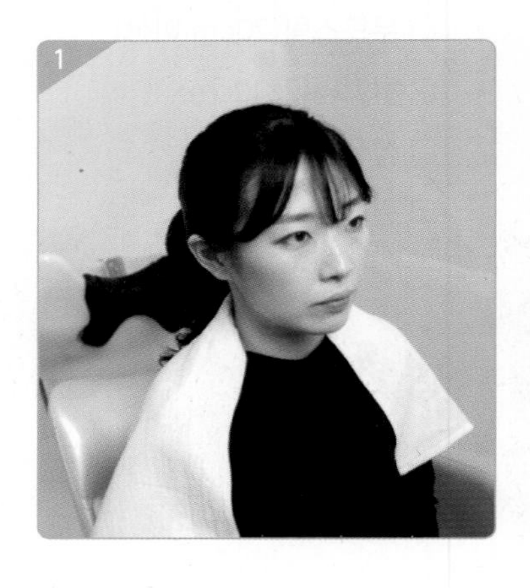

2) 면봉스틱 만들기

❷ 스틱을 물에 적시기

- 손바닥에 물을 적신 후 솜(7cm×10cm)을 손바닥내 다섯 손가락 위로 올려놓는다.

주의

스틱에 솜이 구김없이 잘 말릴 수 있도록 물을 적셔야 한다. 이때 손바닥 또는 손바닥 위에 놓인 면봉에 감을 솜에 스프레이를 사용하여 물을 분무시켜도 된다.

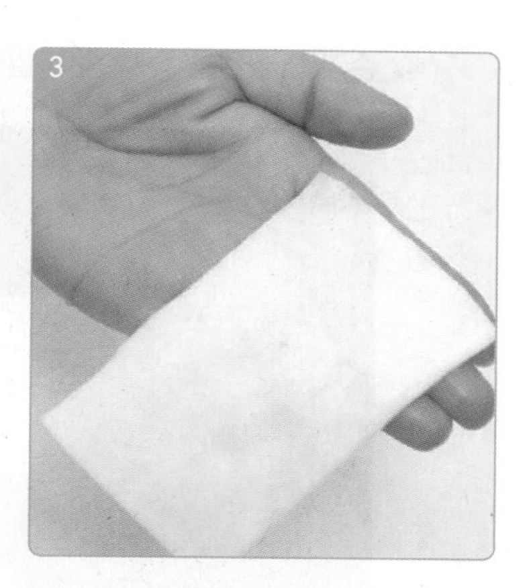

주의

스틱 끝이 뭉툭한 부분을 향해 솜이 감싸아진다. 스틱끝이 편편 뾰족한 부분은 파팅 시 사용된다.

• 젖은 스틱을 솜 위에 올려 말아준다.

주의

반드시 솜은 가로 7cm 폭이 스틱에 감쌀 수 있도록 한다.

• 솜이 빠져나오거나 벌어짐 없이 매끈하게 잘 말릴 수 있도록 끝을 찢으면서 스틱에 감싸준다.

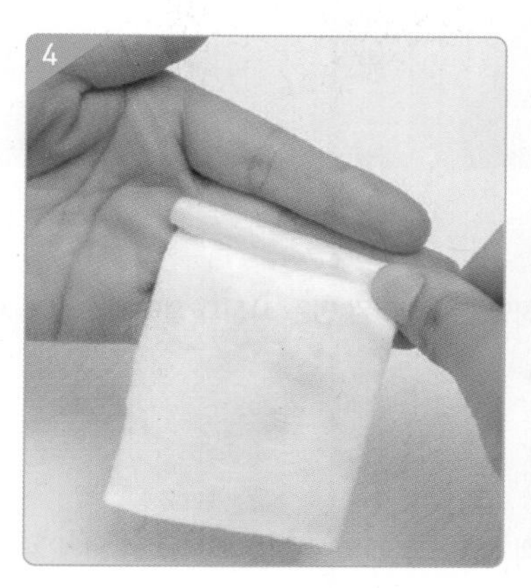

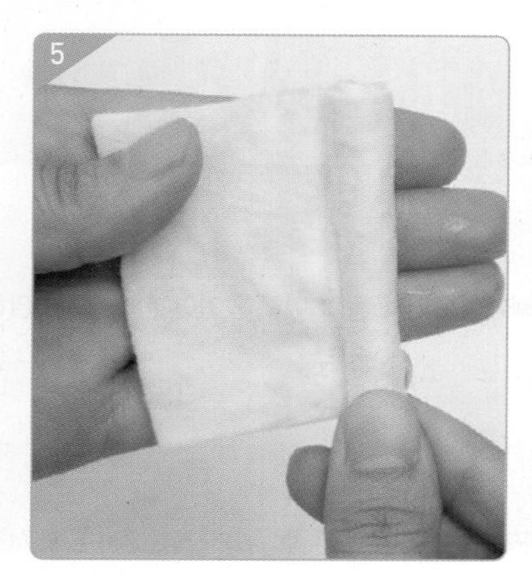

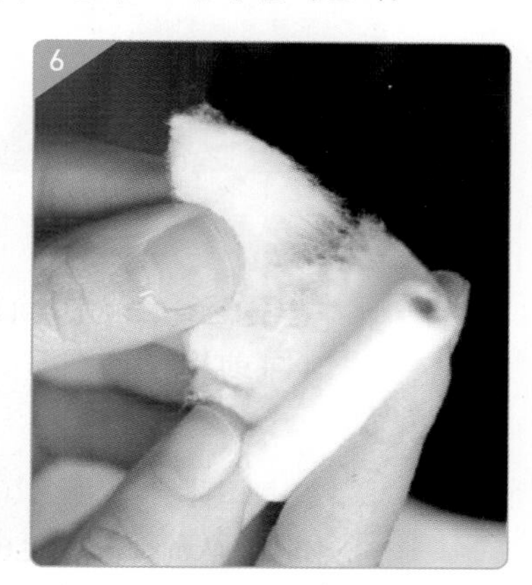

③ 손가락에 물을 적셔 솜이 말린 스틱을 손바닥에 올려놓고 단단하게 말아준다.

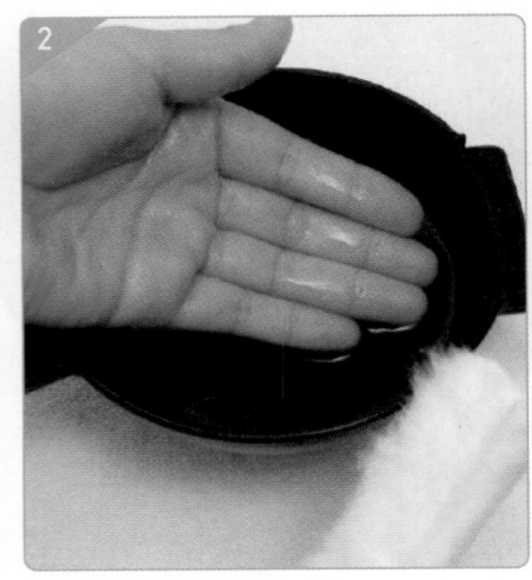

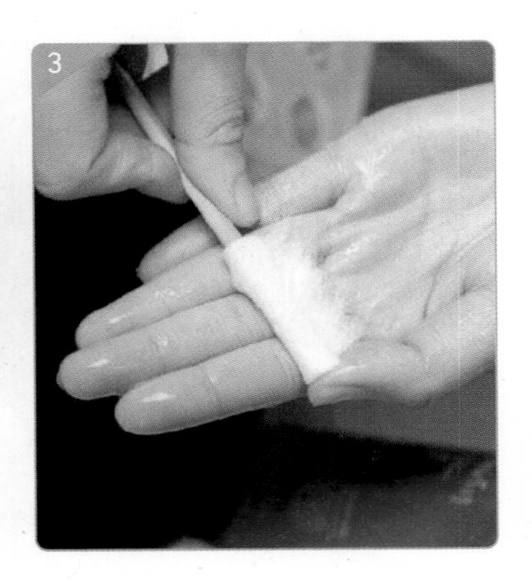

④ 왼손의 엄지손가락은 스틱 끝에 대고 나머지 손가락으로 스틱을 감싼 후 손바닥 안에서 쥐고 스틱을 돌려준다.

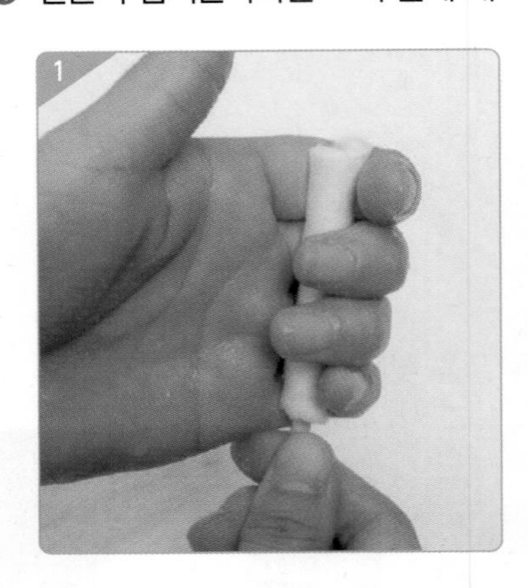

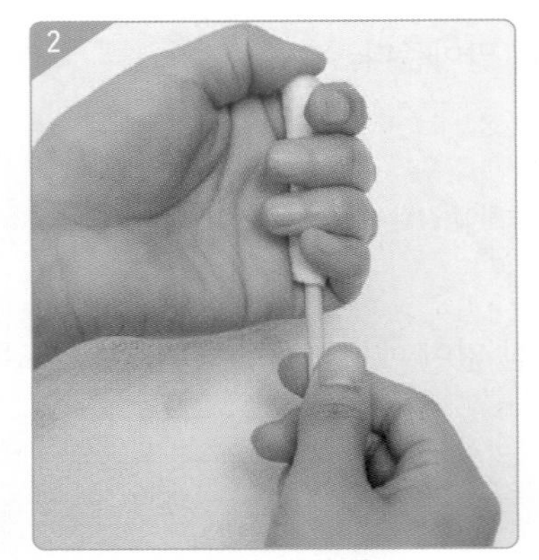

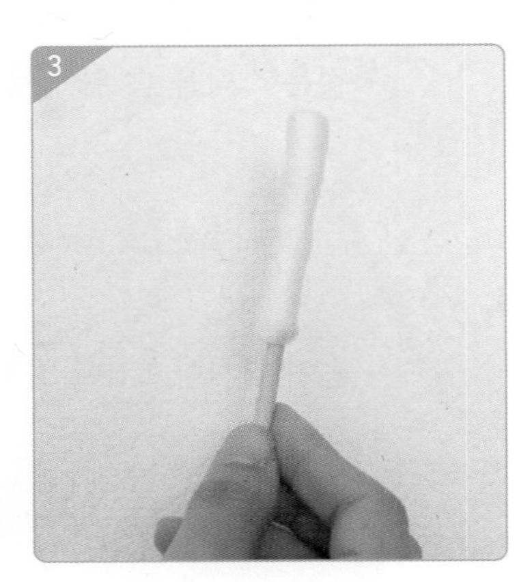

주의

뭉툭한 스틱끝쪽으로 솜이 빠져나오거나 뭉쳐 있지 않아야 한다. 다시 말하면 면봉처리된 면은 사진과 같이 매끄럽게 처리되어야 한다.

면봉스틱 말기 방식 2

마른 솜(7cm×10cm)을 손바닥 위에 올려 놓은 후, 워터 스프레이로 3~4회 정도 고르게 분무한 후 스틱을 솜 위에 올려 말아준다.

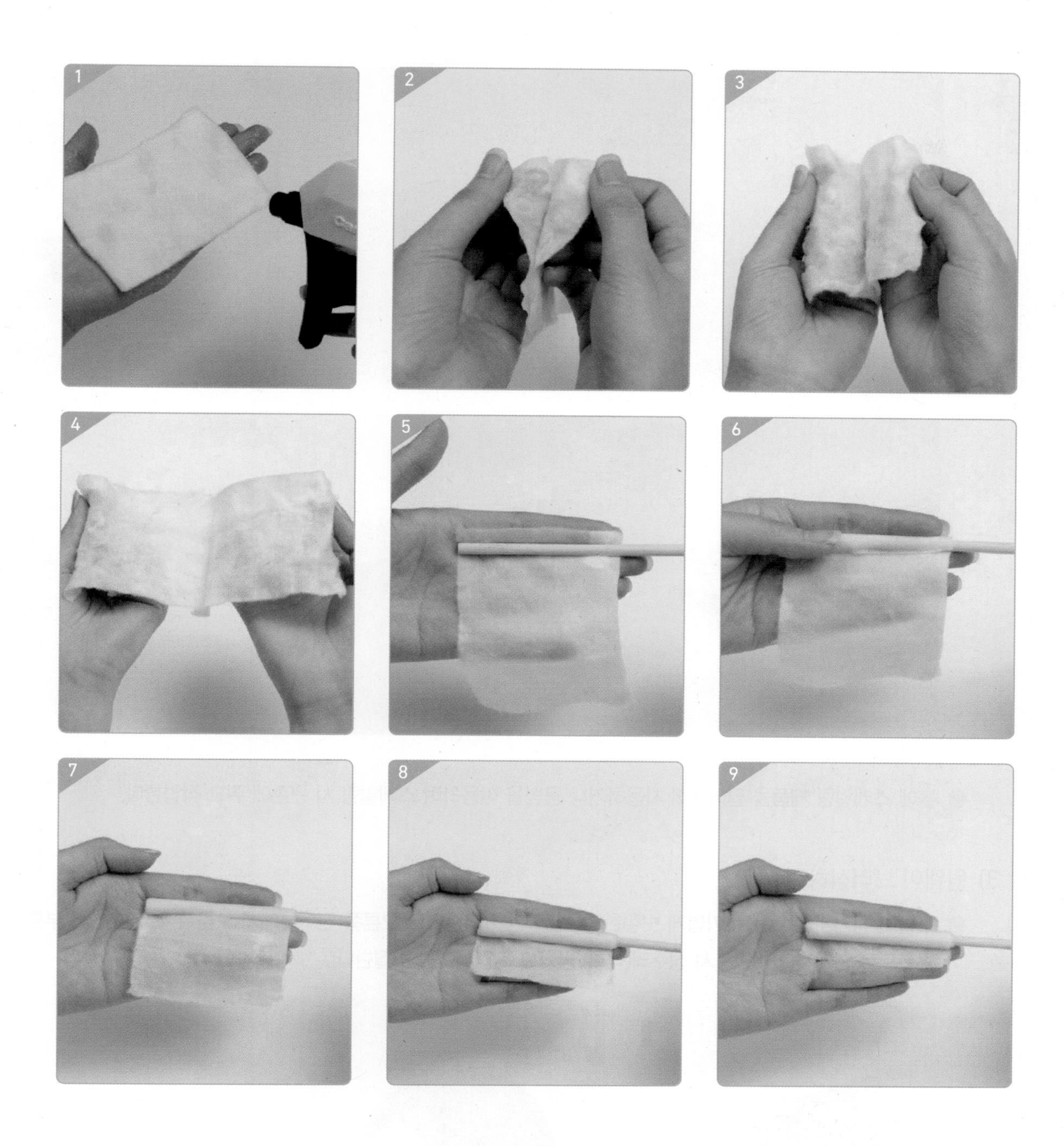
1
2
3
4
5
6
7
8
9

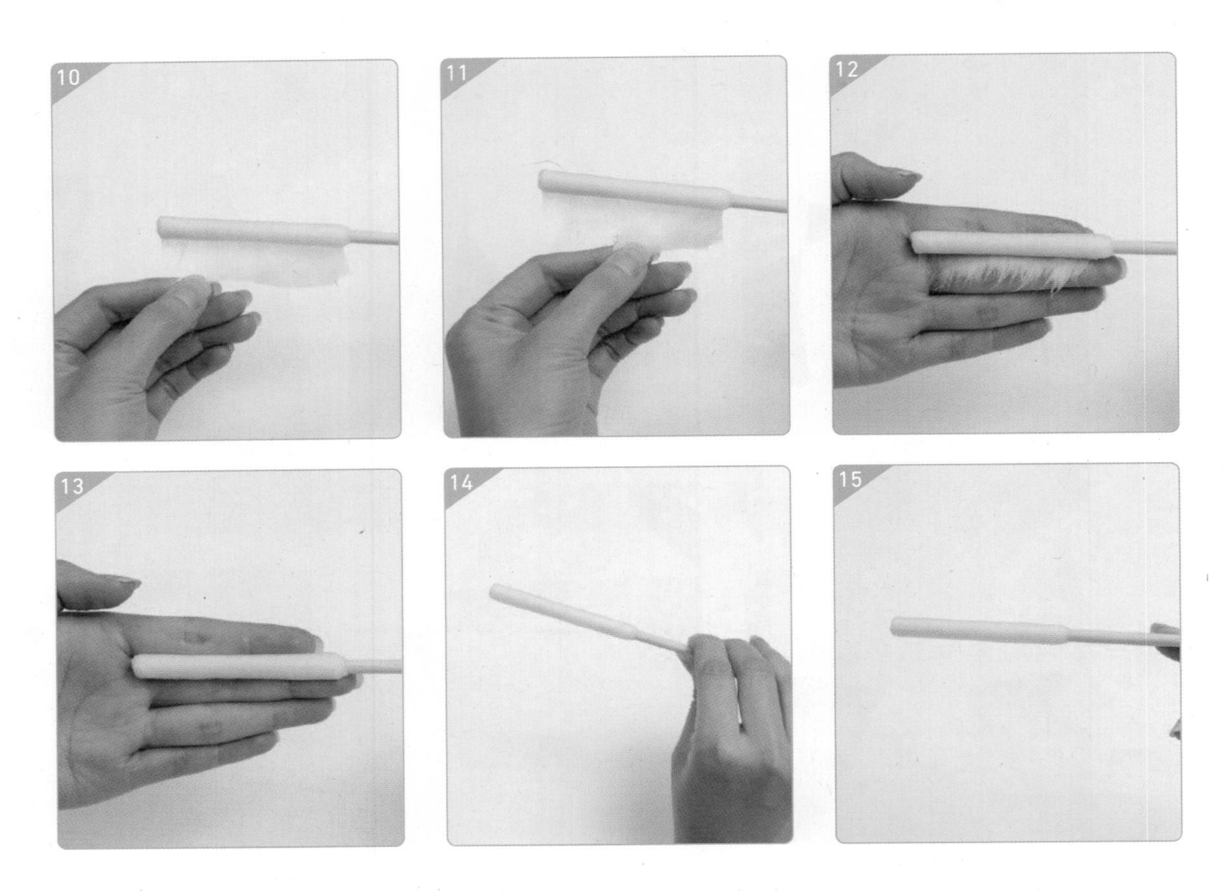

⑤ 볼에 스케일링 제품을 덜어내어 사용하거나 공병을 이용하여 스케일링 시 왼손에 쥐고 작업한다.

3) 원웨이 브러싱하기

⑥ 모발이 엉키지 않았는지 가볍게 빗질한 후, 정중선을 기준으로 오른쪽 전두부에서 오른쪽 측두부, 후두부를 시계 방향으로 연계지으며 반드시 정수리(백회) 방향으로 업셰이핑 빗질한다.

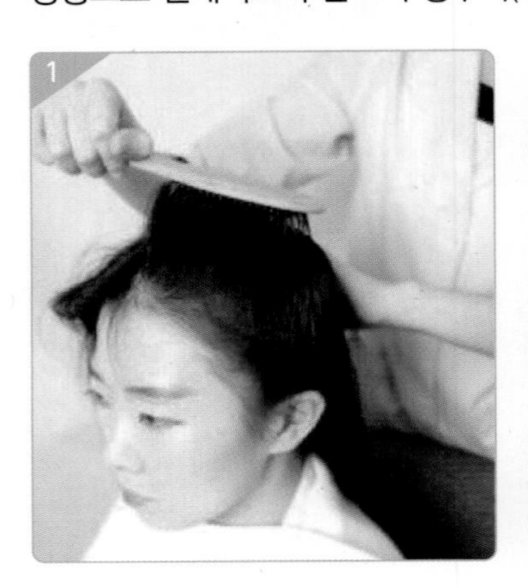

❼ 네이프의 정중선에서 백회 방향으로 빗질한 후 오른쪽 정중선 → 왼쪽 측중부 → 후두부 정중선 방향으로 백회를 향해 업 셰이핑한다.

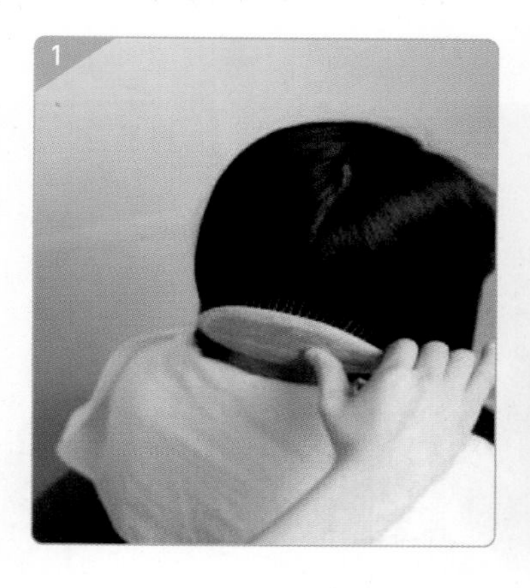
1

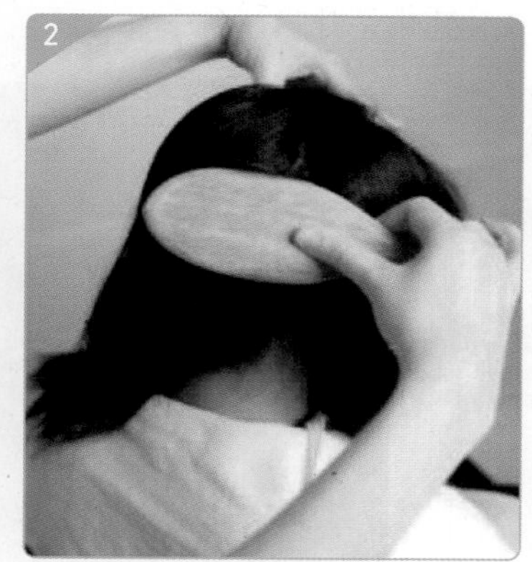
2

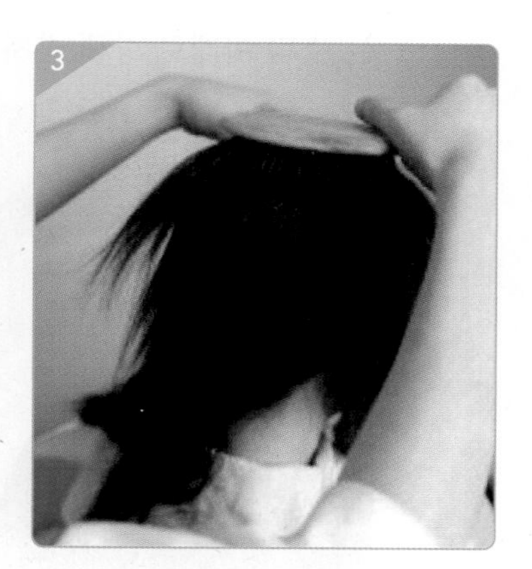
3

4) 스케일링하기

❽ 모델의 두상을 빗 또는 면봉을 뒤끝을 이용하여 4등분으로 블로킹한다.

1

2

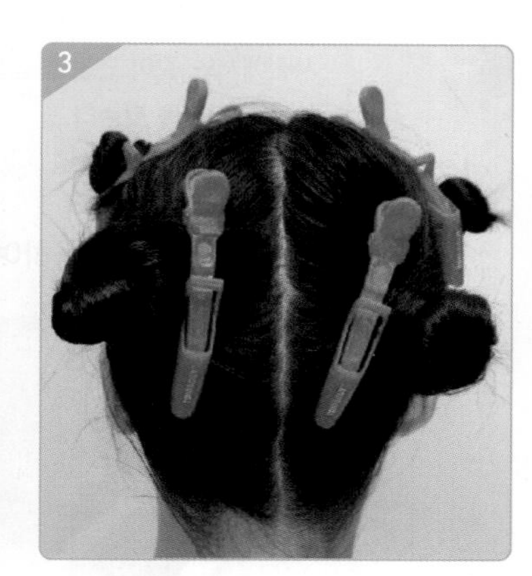
3

⑨ 면봉처리된 스틱에 스케일링 제품을 적신다.

스틱은 오른손의 엄지, 검지를 사용하여 가볍게 쥐고, 중지, 약지는 검지 옆으로 나란히 얹은 후 소지는 스틱 아래로 향해 받쳐 고정시켜 준다.

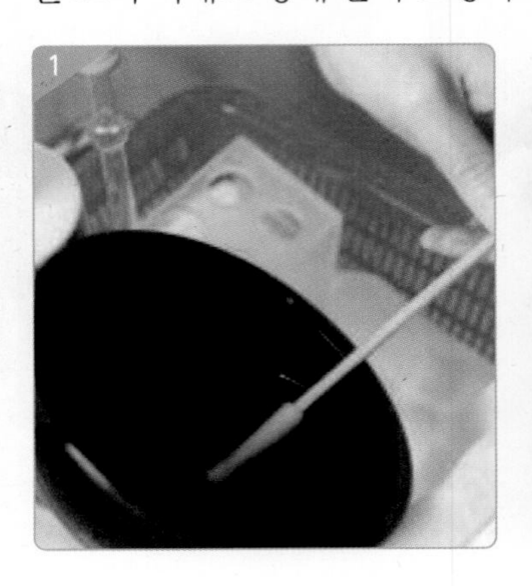

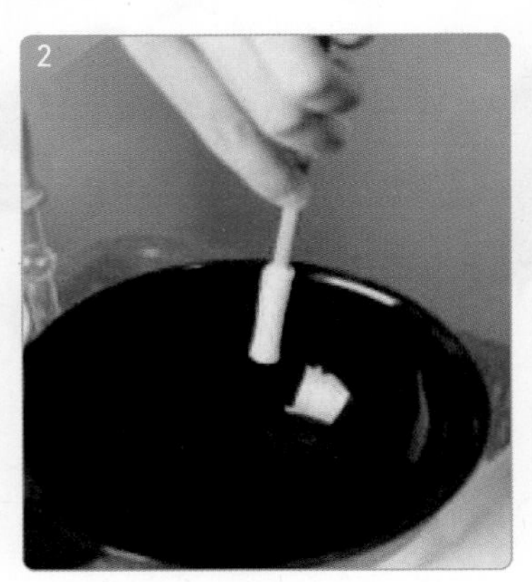

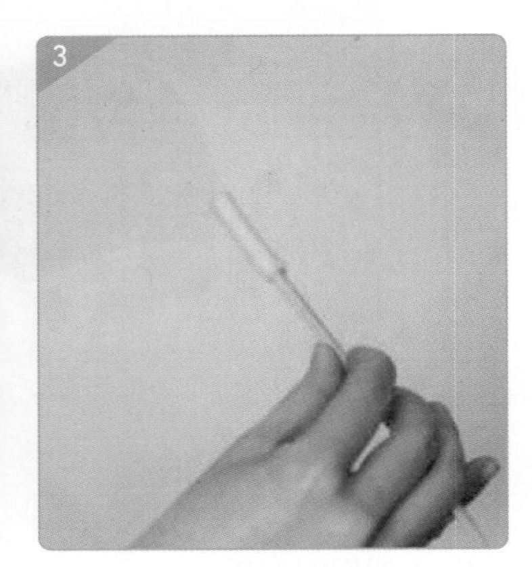

면봉스틱 말기 방식 2

사진에서와 같이 면봉을 잡으므로써 손동작을 라운드형의 두상에 스케일 작업 시 원활한 손동작뿐 아니라 두피에 자극이 덜 가는 움직임을 갖는다.

⑩ 스케일링 시 면봉을 사용하여 헤어라인에서 두피안쪽 방향으로 영역화하여 적용한다.

⑪ 오른쪽 두상 상단에서 하단을 향해 두피 안쪽에서 헤어라인 방향으로 면봉 스케일링한다.

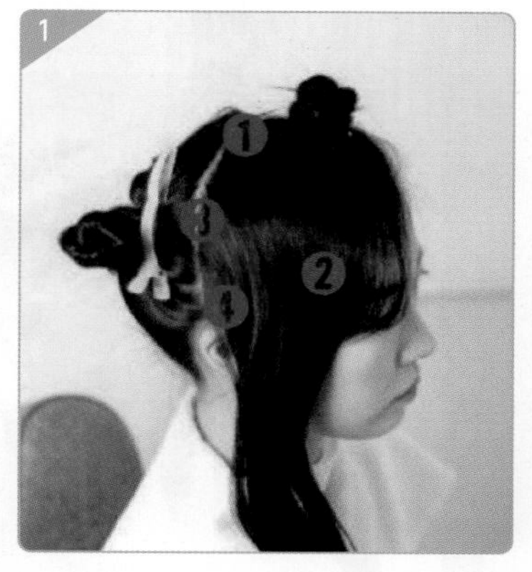

사진 1의 전두부영역 둘레 ① → ② → ③ → ④ 순으로 햄라인에 스케일링 제를 먼저 도포한다.

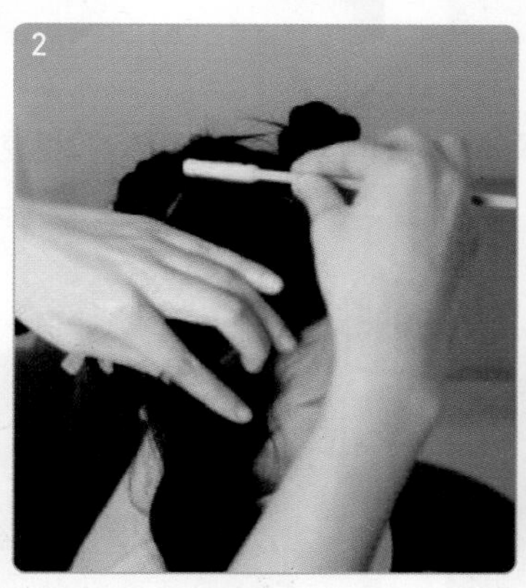

- 스케일링제는 비이커 또는 공병에 담은 상태에서 왼손에 쥐고 오른손은 면봉스틱을 쥐고 작업해도 된다.
- 섹션은 면봉스틱의 반대편 끝쪽을 이용하여 파팅(1~1.5cm)함으로써 면봉스틱이 꼬리빗의 역할을 한다. 빗을 따로 쥐고 파팅하는 것보다 리드미컬한 동작에 작업시간을 절약할 수 있다.

⑫ 전두부 영역 내에서는 상단에서 하단을 향해 섹션 (1~1.5cm)을 단위로 하여 스케일한다. 이 때 면봉(오렌지우드 스틱)의 뒷부분을 이용하여 파팅한다.

⑬ 면봉스틱을 사용하여 오른쪽 두정부 상단에서 하단을 향해, 두피 안쪽에서 헤어라인 방향으로 스케일링한다.

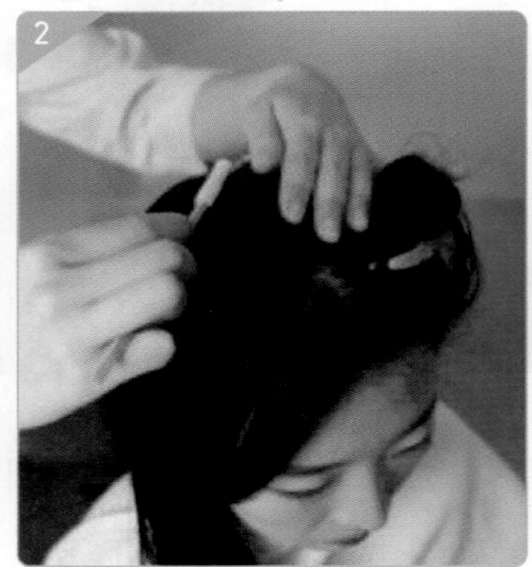

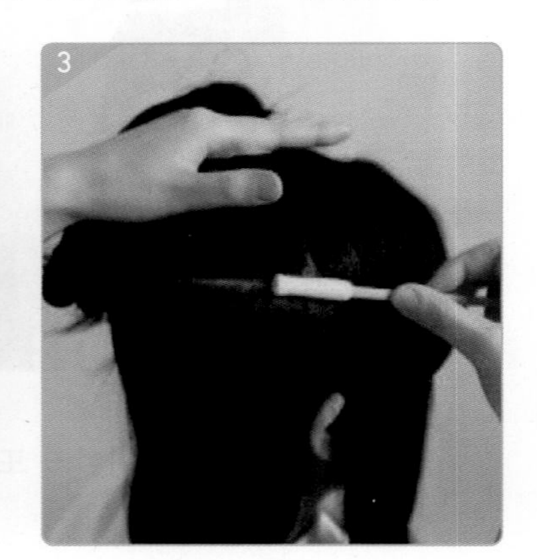

⑭ 반대편도 동일한 방법으로 진행한다.

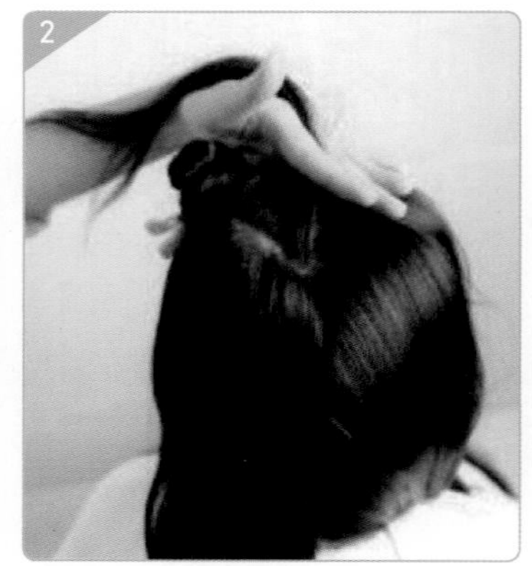

⑮ 왼쪽의 전두부, 두정부의 스케일링 방법도 오른쪽과 동일한 방법으로 진행한다.

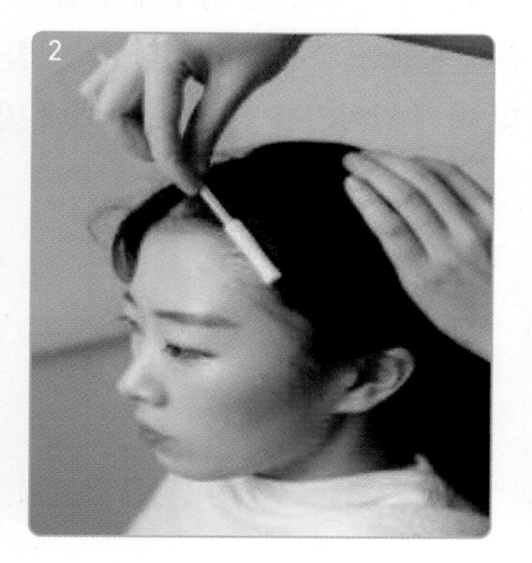

Section 02 백 샴푸의 실제

- 백 샴푸 작업 시 모델을 샴푸대에 앉히고, 두상을 샴푸볼 내로 편안하게 눕힌다. 타월을 이용하여 마스크 캡을 한 후 모델의 뒤로 가서 작업한다. 수압 및 온도 조절 등의 과정은 시술하되, 수험자는 모델과 대화를 나눌 수 없다.
- 타월 감싸기와 샴푸대 정리 등의 마무리가 끝나면 두발을 감싼 타월을 풀어 빗이나 손을 이용하여 마무리하여야 한다.

1 작업절차

모델의 어깨와 무릎에 타월을 얹는다 → 모델을 샴푸대에 눕힌다 → 타월 이용 마스크 캡을 한다 → 수압과 수온을 조절하며 두개피 전체에 물을 충분히 적신다 → 애벌샴푸를 한다 → 본처리 샴푸를 한다 → 컨디셔너를 한다 → 타월 건조 및 타월 감싸기를 한다 → 샴푸대 및 주변정리를 한다 → 타월을 풀어 두발 마무리를 한다.

2 백 샴푸 완성

3 백 샴푸의 실제

① 모델을 샴푸대로 안내하여 샴푸 의자에 앉힌다.

② 시험자는 모델의 뒤편에 선다.

③ 타월을 모델 목과 어깨를 감싸 두른 후, 안면과 무릎에도 타월을 덮는다.

④ 모델의 어깨를 가볍게 받치고 오른손의 엄지 · 검지 · 중지를 이용하여 U자형을 만들고 목덜미의 두발을 밑에서부터 들어 올리면서 목에 살짝 댄다. 약지와 엄지로 이마를 살짝 잡아서 뉜다.

⑤ 물과 샴푸제가 얼굴에 튀는 것을 막기 위해 타월을 사용하여 눈과 얼굴면을 감싼다.

검정 시험장에서는 모델에게 '샴푸해 드리겠습니다. 누우십시오'라는 말은 마음 속으로 하되 소리 내서 하지는 않는다.

❶ 모델의 어깨와 무릎에 타월을 두르고, 샴푸볼을 향해 모델을 누인 후 타월을 이용하여 눈을 가린다(사진에서와 같이 깨끗한 타월로 구김없이 깔끔하게 정리된 모양으로 모델에게 준비한다).

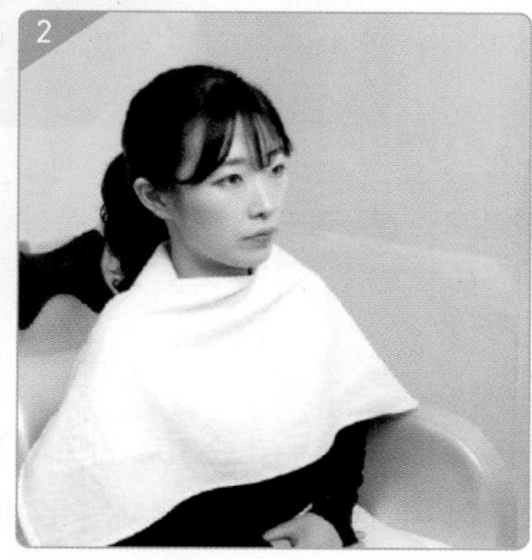

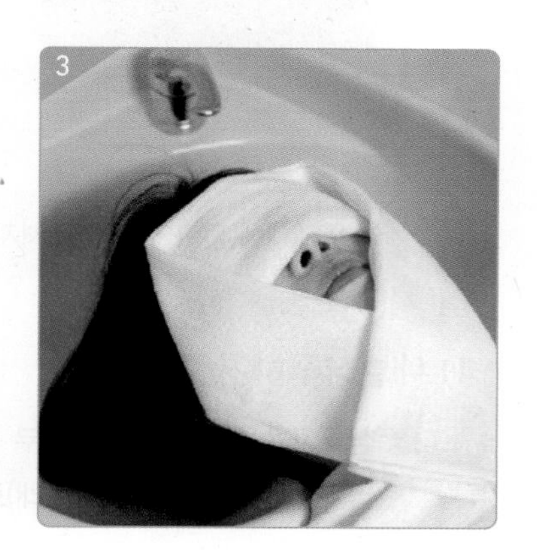

❷ 오른손으로 샤워기를 쥐고 물 온도를 손목 안쪽에 확인한 후 두발을 적시기 위해 두발 끝 → 두발 중간 → 발제선을 중심으로 플레인 샴푸(물만으로 두발을 꼼꼼히 헹구는 과정을 통해 70%의 이물질을 제거할 수 있다)를 충분히 한다. 이때 샤워기는 두피에 가깝게 하는 편이 수압도 있고, 모델에게 물을 충분하게 사용하는 것처럼 느껴져 심리적 효과도 있다.

모델이 누워있는 상태에서 따뜻한 물이 나오기까지 오래 기다리는 느낌을 주지 않도록 한다. 즉 수온을 적정하게 맞추기 위해 물을 틀어놓고 오래 기다리지 않도록 한다. 이때 미지근한 물이라도 두발 끝쪽에서 샤워기 물을 주면서 모발 중간을 향해 적시는 과정에서 물의 온도는 어느새 맞추어질 수 있다. 모발 자체는 각질화된 상태로서 차거나 뜨거움을 느끼지 못한다. 다만 두피는 그렇지 않다.

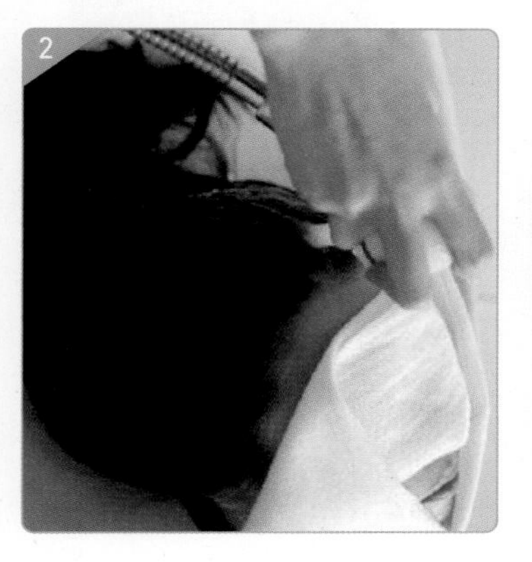

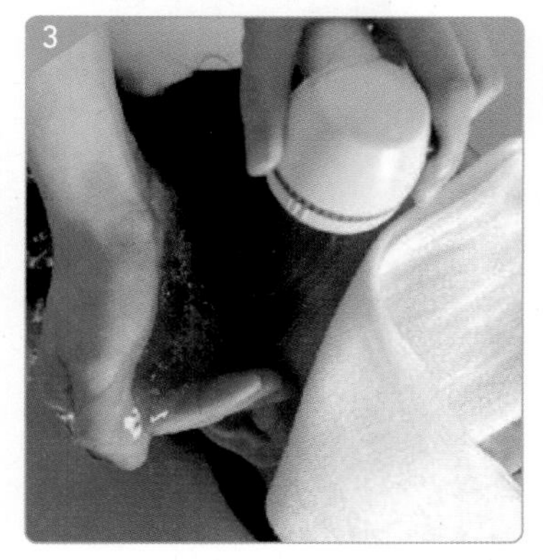

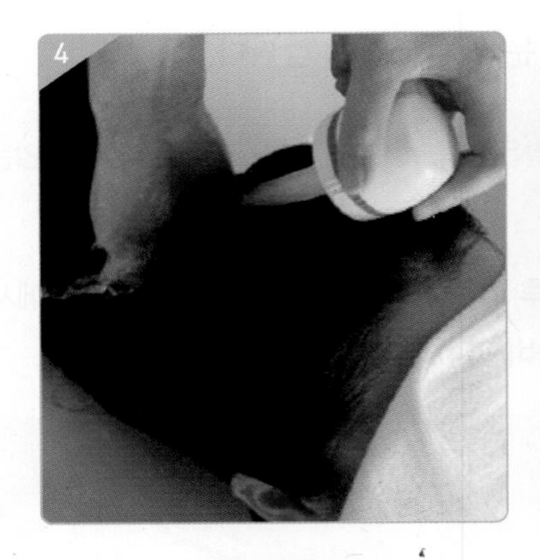

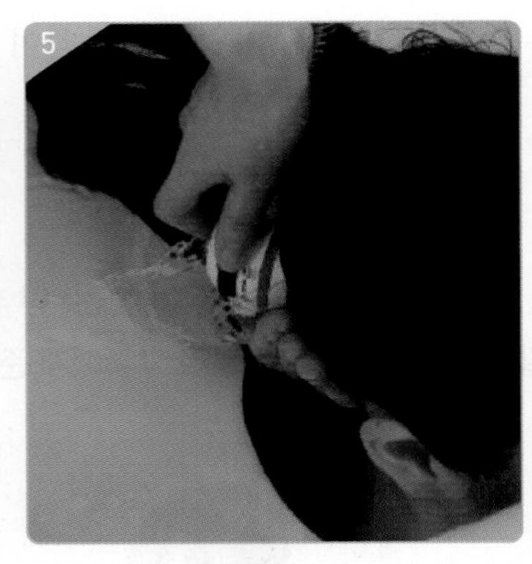

두개피에 물이 충분히 적셔지지 않으면 샴푸제 도포 시 거품이 풍성하게 일어나지 않는다.

1) 애벌샴푸하기

❸ 샴푸제는 전두부 → 두정부 → 측두부 → 후두부 순서로 반드시 두개피부를 중심으로 샴푸제를 도포한 후, 이마 발제선(위)에서 두발쪽(아래)로 훑어 내리기를 하면 샴푸제는 두개피 전체에 고루 도포된다.

특히, 애벌샴푸(Pre shampoo) 시에는 본처리 샴푸보다 샴푸제의 적정 용량보다 약간 더 많이 사용한다.

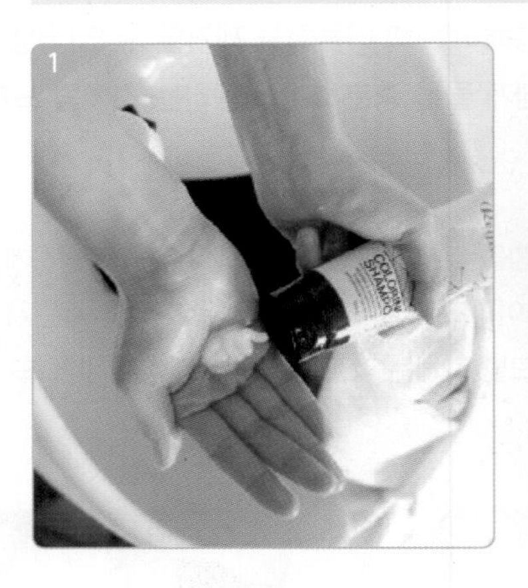

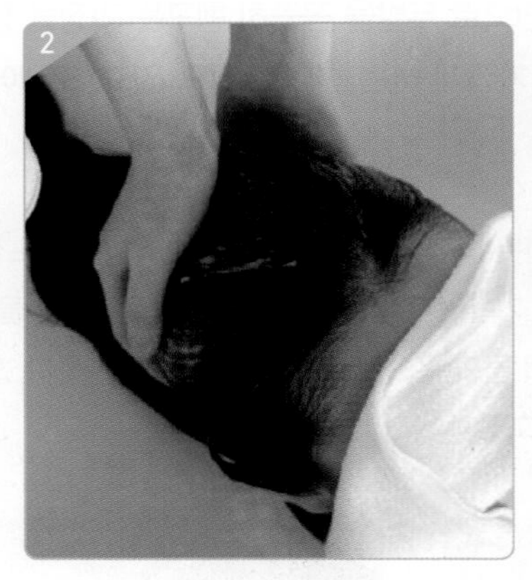

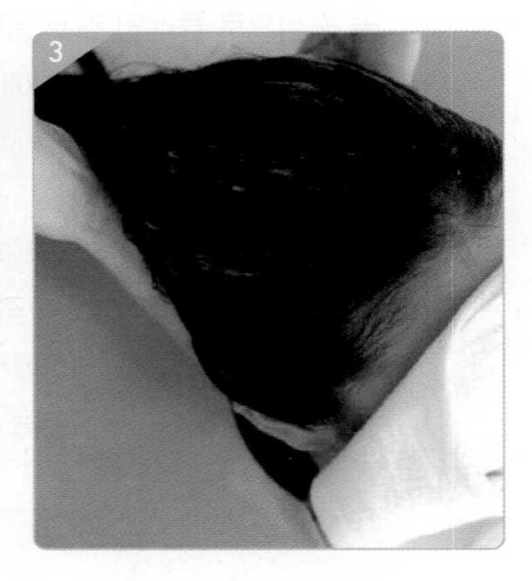

❹ 지그재그형의 매니플레이션(손동작)은 발제선을 중심으로 양측 귀에서부터 약간 강하게 누르면서 후두부 목선만 빼고 두상 전체를 연결하여 문지르는 방법(강찰법)이다. 제자리에서 한 동작을 3~4번 정도 리드미컬하게 반복하여 지그재그한 후 전두부에서 두정부까지 3~4회 왕복한다.

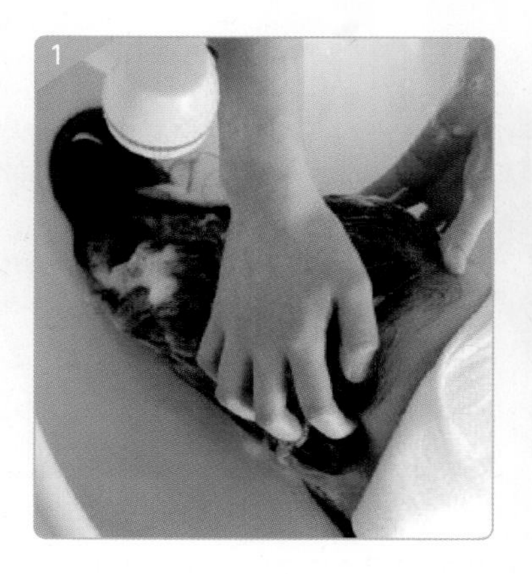

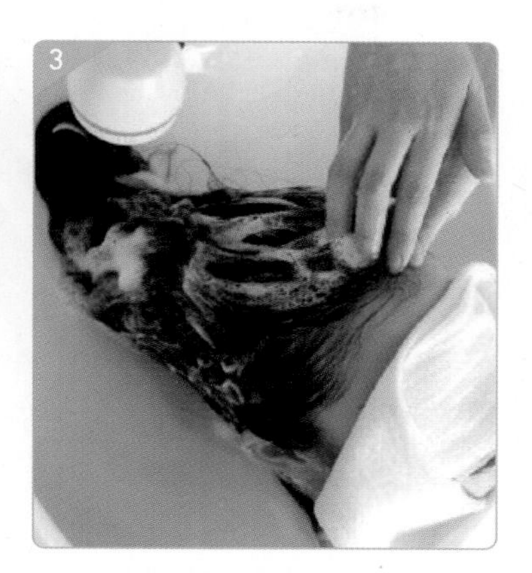

❺ 두피 전체의 긴장을 풀어주는 식으로 양손을 교차시켜 한 동작을 3번 정도 반복하며 매니플레이션한다. 하나의 기본 동작이 끝나면 두발이 당겨서 아프지 않도록 주의하면서 거품을 두발 끝으로 밀어서 제거한다.

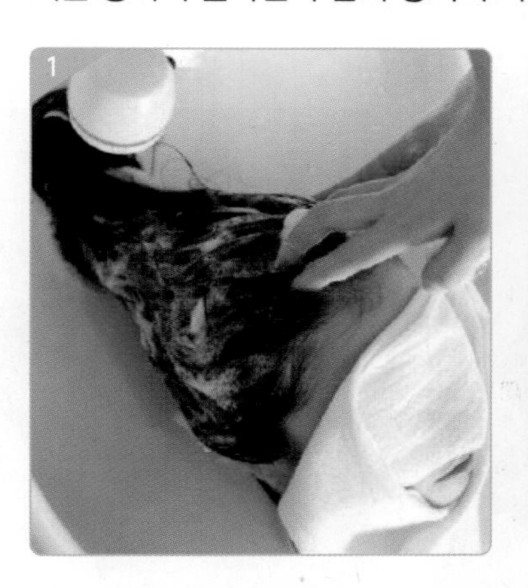

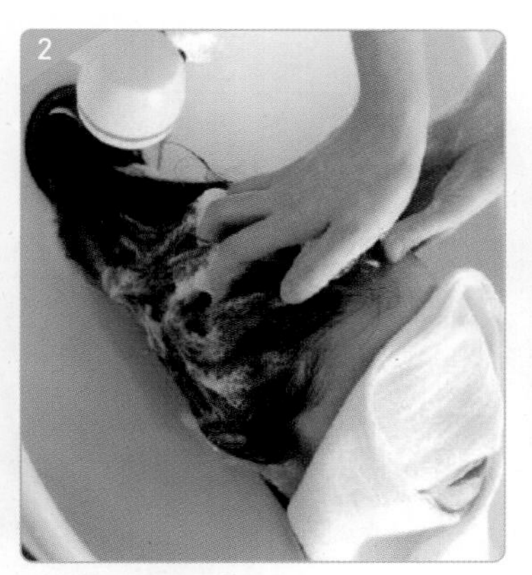

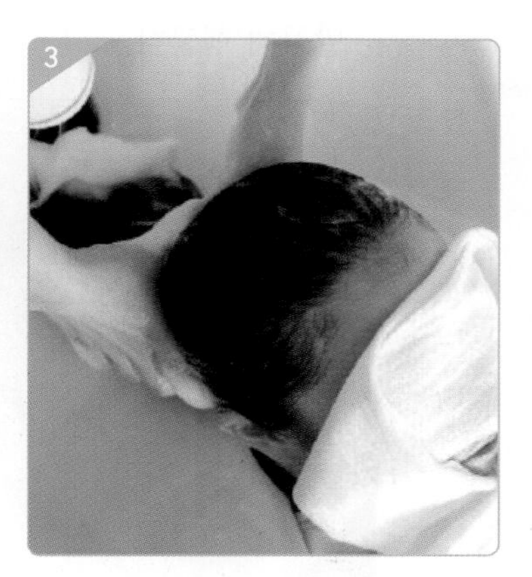

④, ⑤ 동작 후 후두부는 문지르기 또는 튕겨주기 과정의 매니플레이션한 후 두상 전체를 쓸어 내려준다.

⑥ 양쪽 손가락의 면을 이용하여 두상 전체를 일관성 있고 가볍게 고루 튕겨준다(고타법). 튕겨주는 동작이 끝나면 거품을 두발 끝으로 밀어서 제거한다.

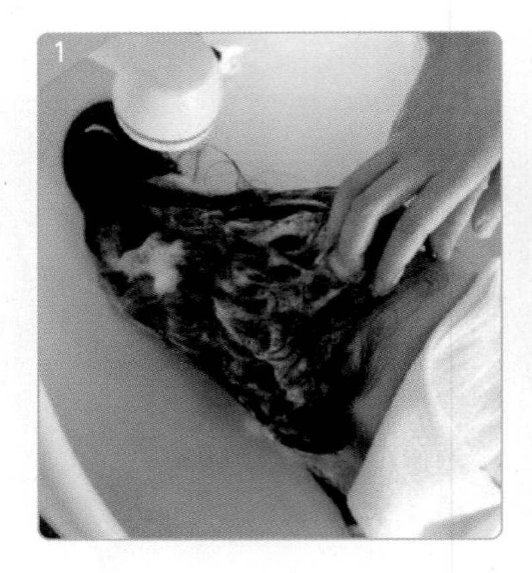

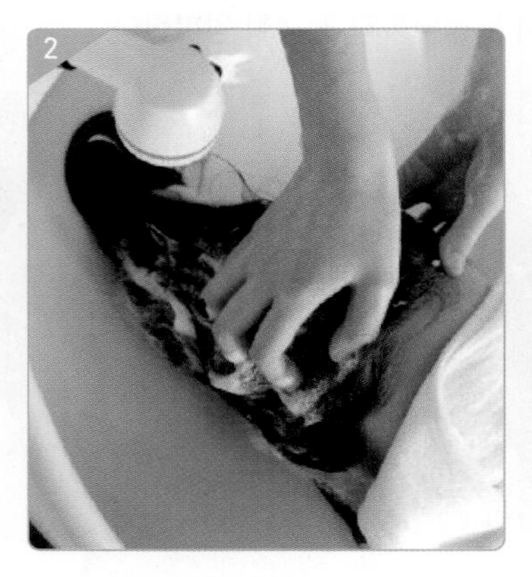

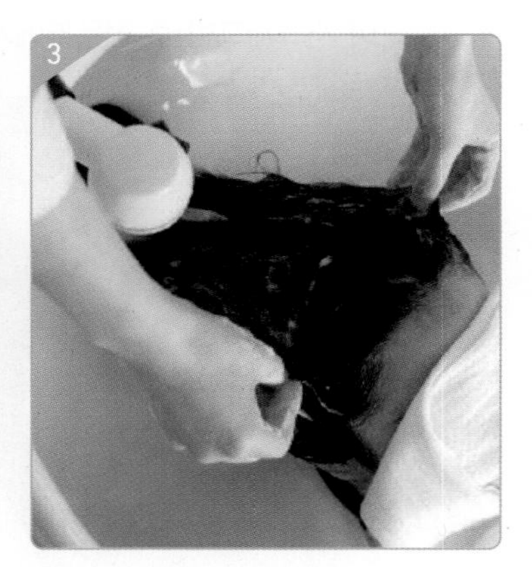

⑦ 모델의 후두부 내 목선은 왼손을 돌려 받치듯이 두상을 조금 들어 올리고, 오른손으로는 문지르기 또는 튕겨주기로서 후두부 전체인 좌측 Ear part를 따라 우측 Ear part 라인을 따라 왕복 3번 정도 매니플레이션한다.

- 후두부의 동작(튕겨주기)이 끝나면 두상 전체를 위에서 아래로 훑어준 후, 본처리 샴푸작업을 위해 말끔히 헹군다.

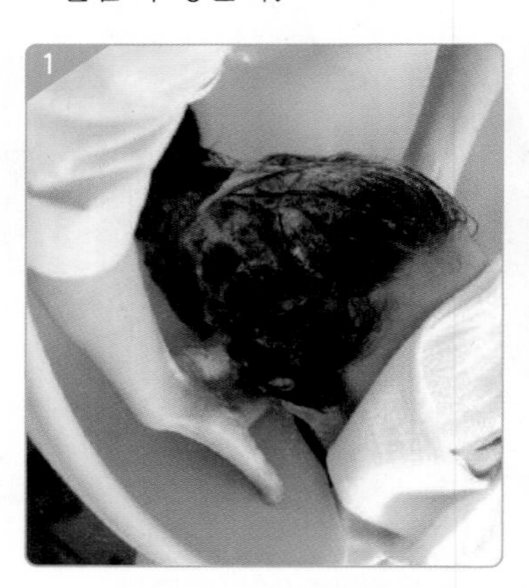

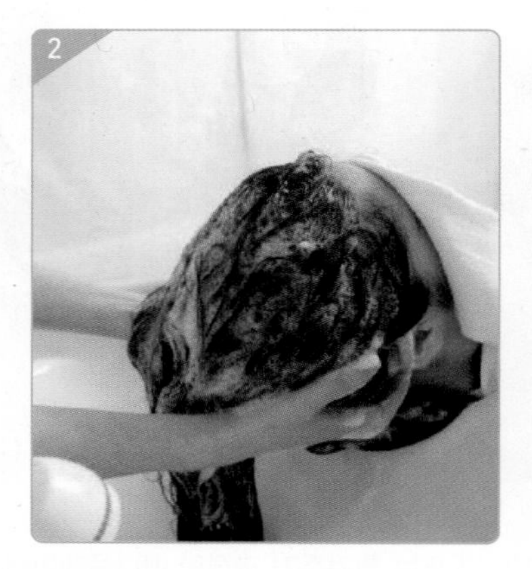

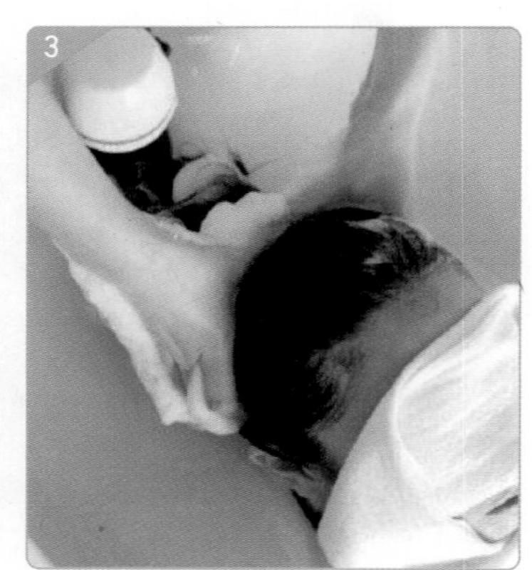

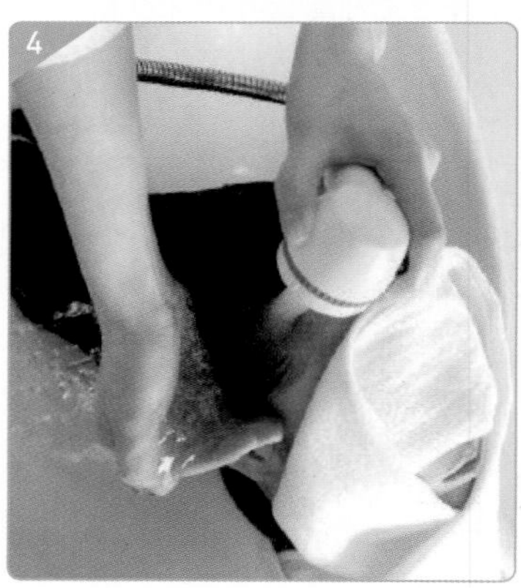

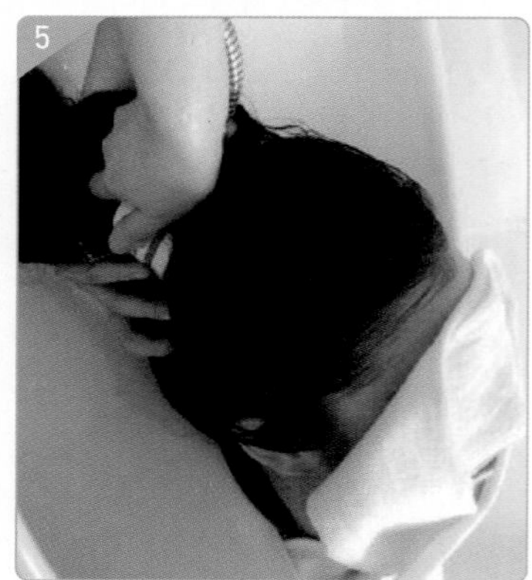

2) 본처리 샴푸하기(실제 방법은 p.20~23의 그림을 반드시 참조하여 매니플레이션한다)

⑧ 애벌샴푸 과정인 문지르기 → 지그재그하기 → 양손교체하기 → 튕겨주기 → 훑어주기 등 동일한 단계의 과정이 끝난 후 마무리 헹굼은 모델의 이마, 얼굴 발제선에서 시작하여 측면 후두부까지 깨끗이 헹군다. 샴푸 과정은 3~5분 정도 소요된다.

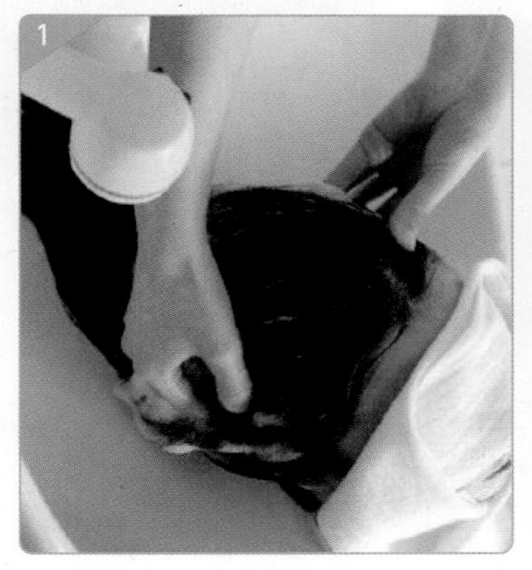

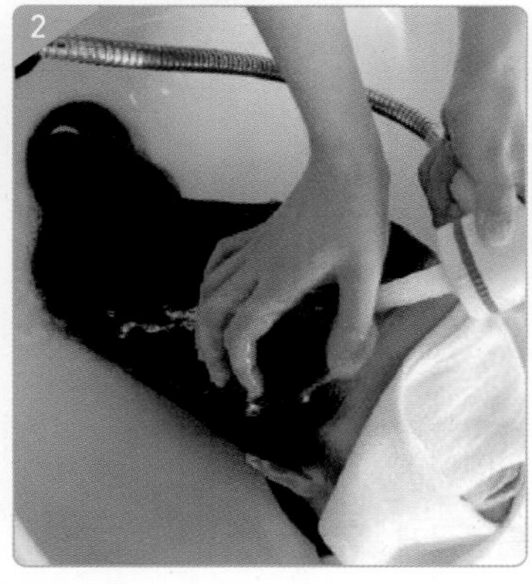

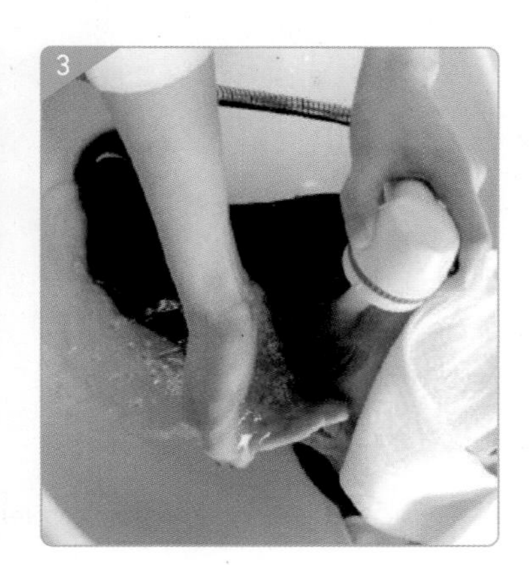

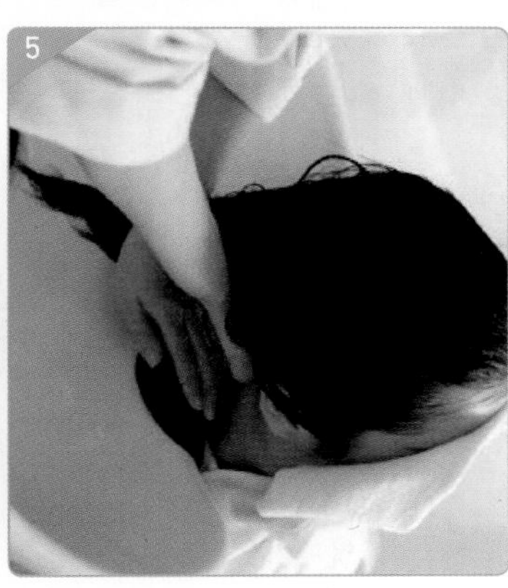

3) 컨디셔너하기(실제 방법은 p.23~26의 그림을 반드시 참조하여 매니플레이션한다)

⑨ 컨디셔너제를 3~5g 정도 두발에 골고루 도포한다.

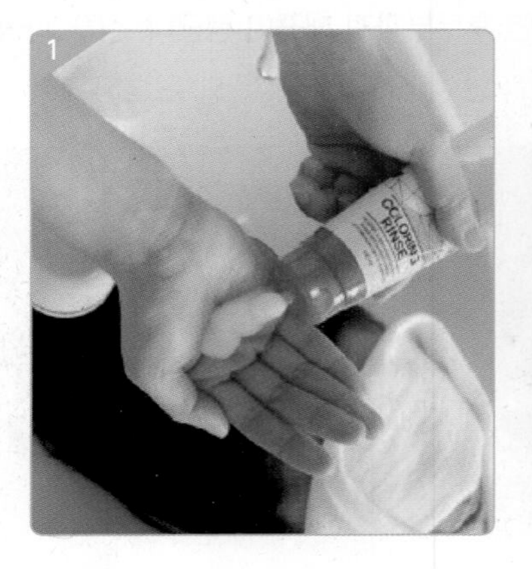

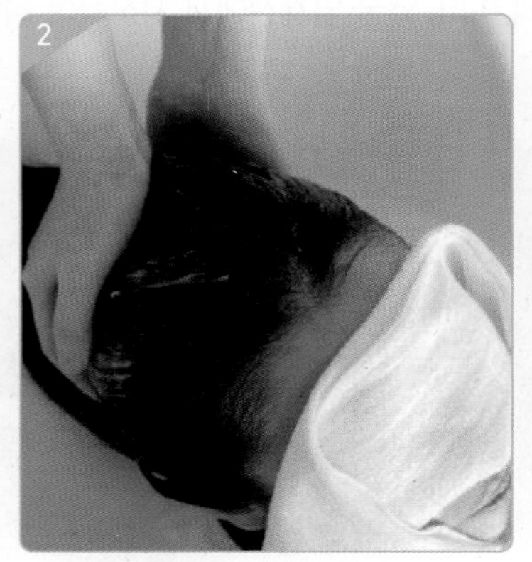

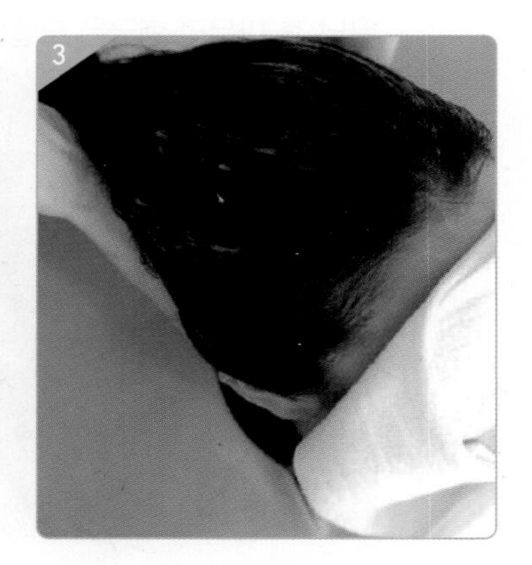

⑩ 손가락을 이용하여 두상 전체를 둥글게 롤링한다.

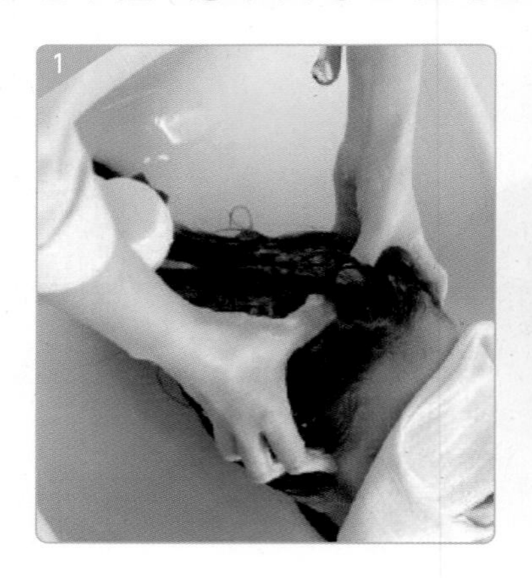

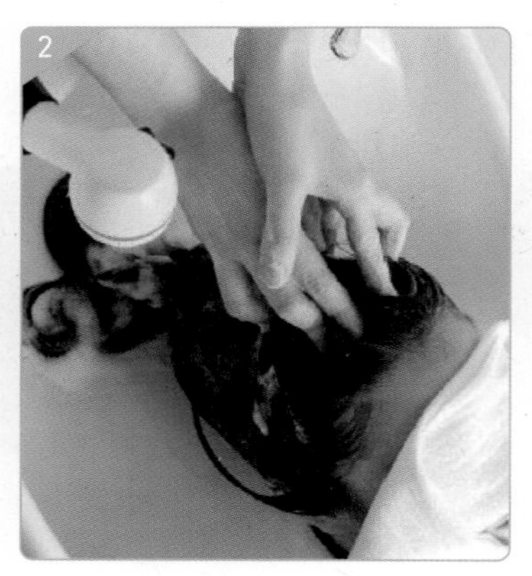

⑪ 전두 · 측두 · 두정 · 후두부를 대상으로 샴푸하기 동작인 4, 5, 6, 7 의 지그재그 하기, 양손 교차하기, 튕겨주기 등은 동일한 매니플레이션 방법이므로 참조하여 진행한다.

⑫ 손가락을 이용하여 하나 하나로 하는 동작으로 두상 전체를 대상으로 가볍게 튕겨 줌으로써 매니플레이션의 동작이 끝났음을 제시한다.

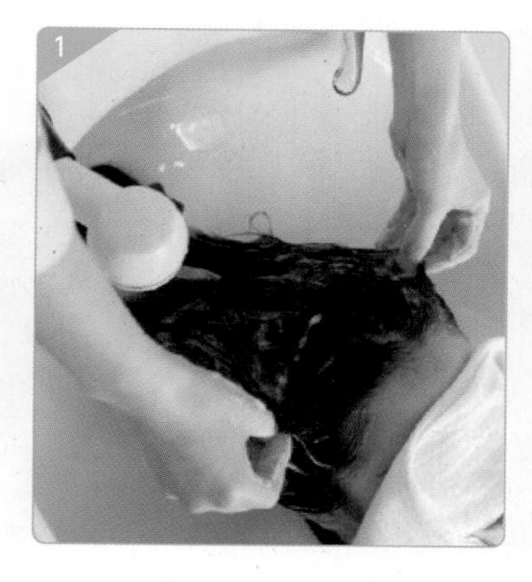

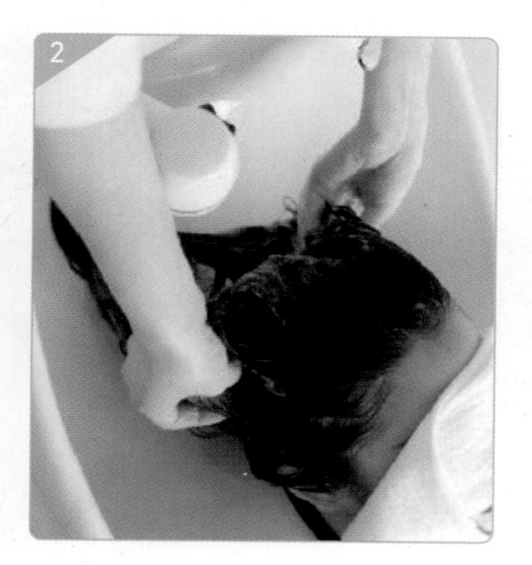

⑬ 네 손가락으로 두발을 이마선에서 아래로 훑어 내리기한다.

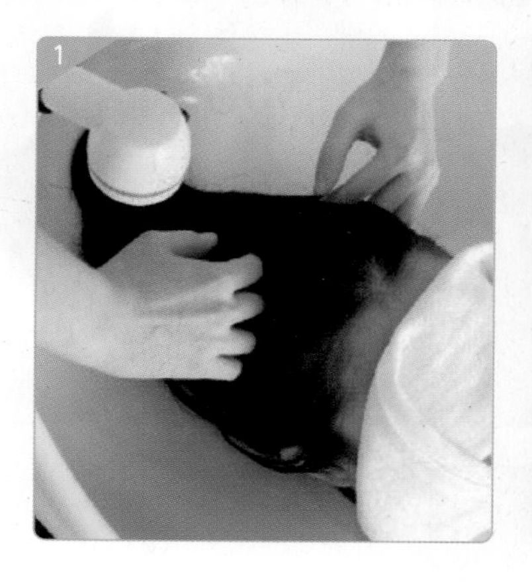

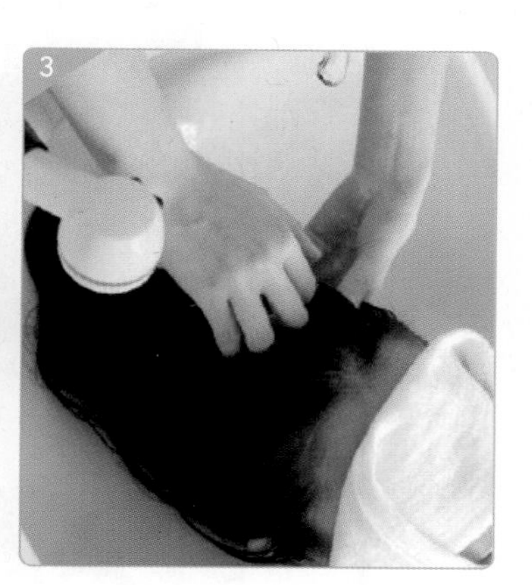

⑭ 경혈점 압넣기로서 ① 발제선과 정중선(C.P → T.P → G.P → C.P → S.P → E.S → C.P → E.B.P의 순서에 따라 엄지를 이용하여 3초 정도 지그시 압을 눌리듯이 넣을 수 있다) 압점넣기는 본서 p.26의 (7), (8), (9)의 그림과 같이 하는 것으로 참조하여 진행한다.

② 정중선 G.P의 압점에서 다섯손가락을 이용하여 두정면에서 전두면(백회)을 향해 2~3회 정도 끌어올린다.

③ 후두면의 천주 → 풍지 → 완골 → 아문 → 풍부 → 뇌후를 향해 3초 정도 압을 넣는다.

④ 두상 전체의 경혈점에 압을 넣은 후 다시 E.S.C.P → S.P → C.P → T.P → G.P까지 역으로 하여 3초 정도 돌리면서 튕겨준다.

⑤ 모류에 따라 아래로 훑어주기 후 두상 전체를 하나 하나로 가볍게 튕겨주기를 하여 마무리한다.

⑮ 물이 튀지 않도록 주의하면서 골고루 헹군다. 특히 이마, 발제선, 목선 등에 제품이 남아 있지 않도록 손바닥에 물을 받아서 털어내면서 깔끔히 닦고 두발을 훑어 내리면서 물기를 제거한다.

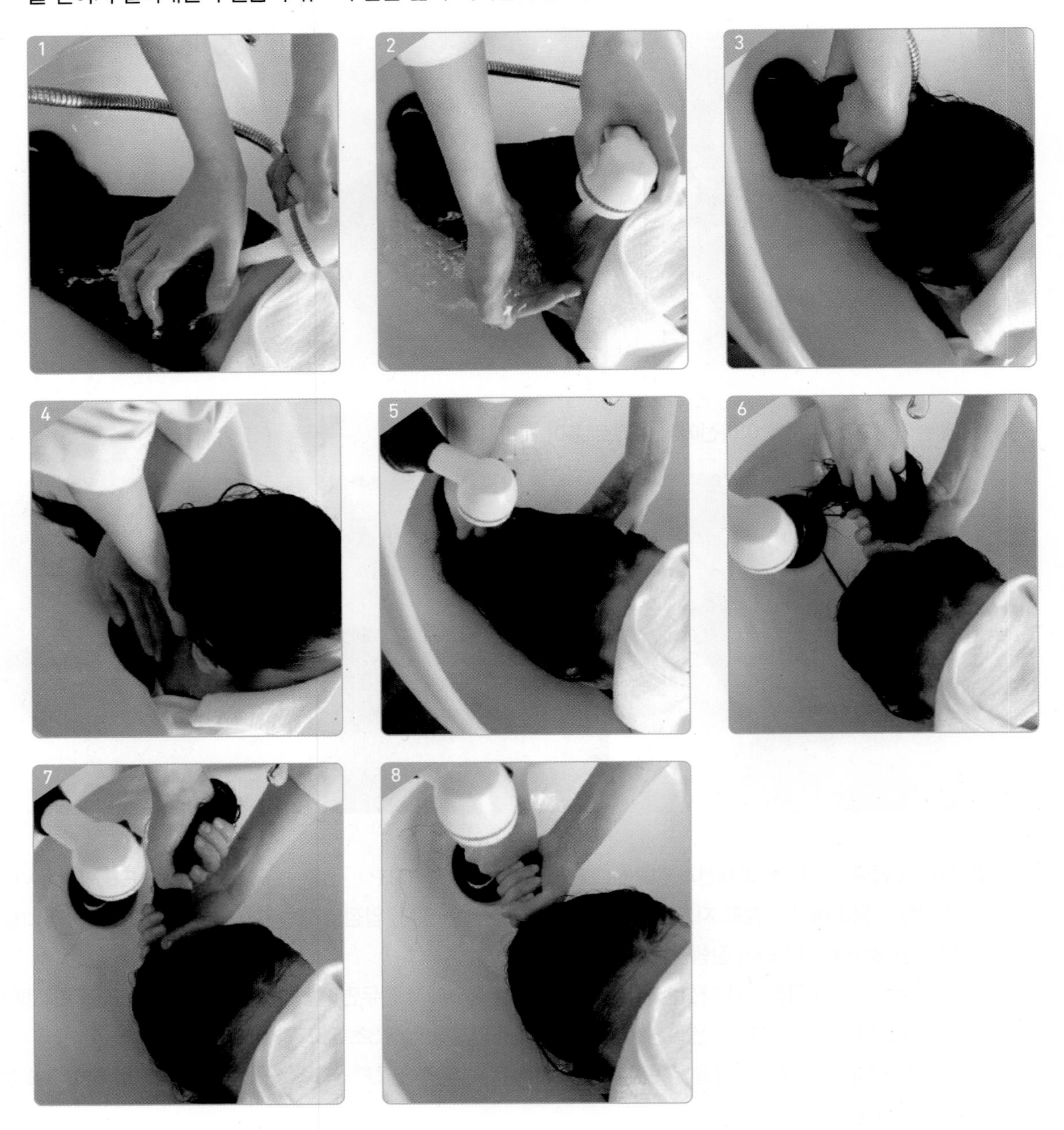

4) 타월 드라이 및 감싸기

⑯ 타월을 이용하여 모델의 헤어라인(이마, 귀, 목선 등)을 먼저 닦은 후에 전체 두상을 감싸며 두피 부분의 물기를 닦는다.

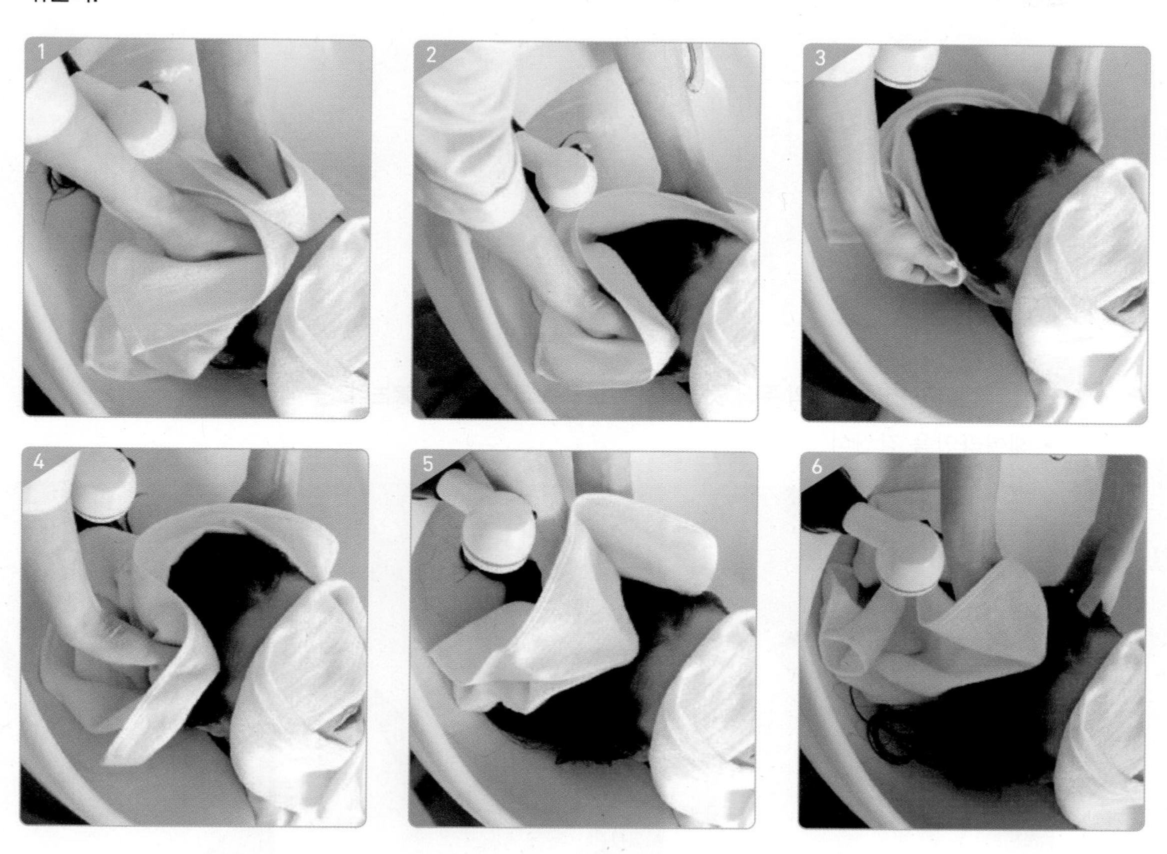

⑰ 타월로 두발을 감싸서 짜내어 물기를 충분히 제거한다.

⑱ 타월을 펴서 끝쪽을 살짝 접는다.

⑲ 타월의 접어진 면을 모델의 두상 뒷면에서 앞면으로 크로스하여 놓는다.

- 헤어라인을 감싼다.

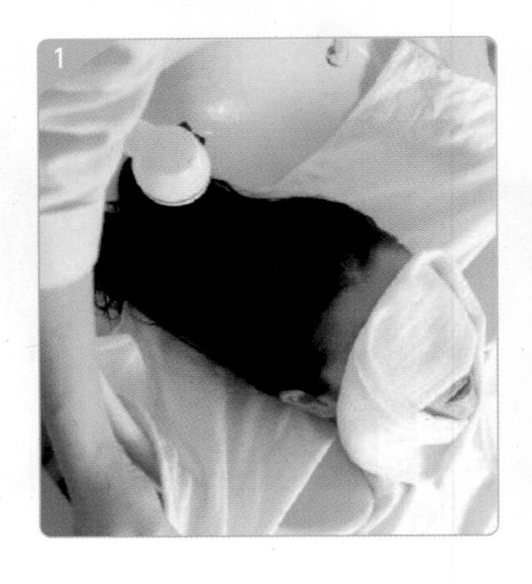
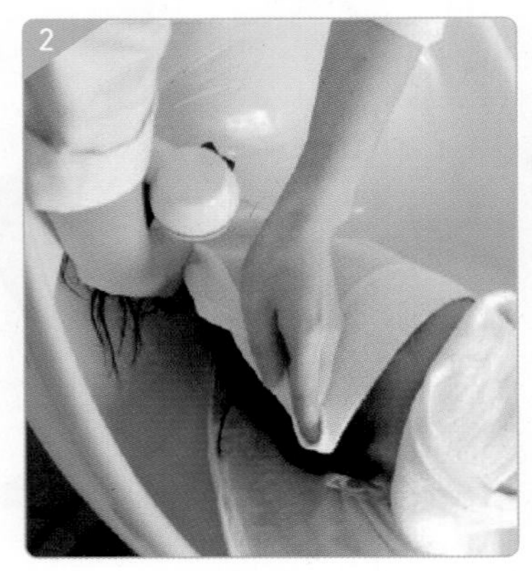
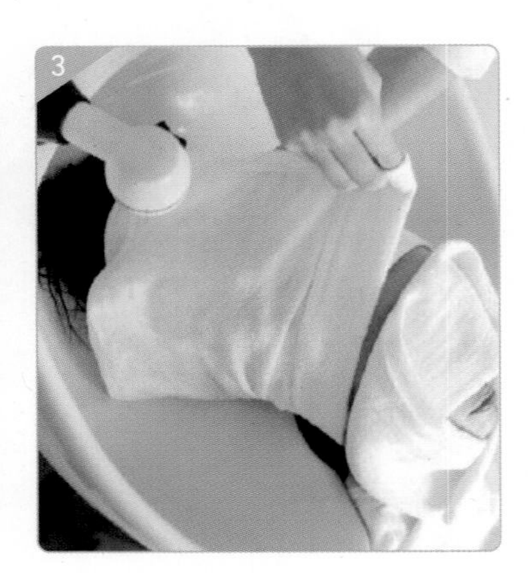

⑳ 얼굴을 가린 타월 제거하기

- 시험자의 손으로 모델의 네이프 라인을 받치며 모델의 상체를 일으킨다.

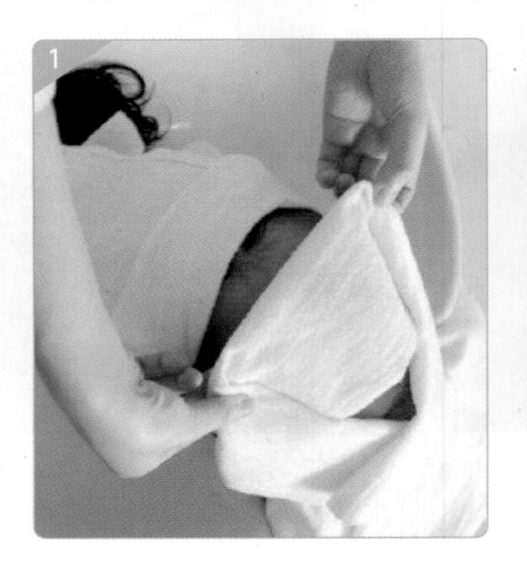
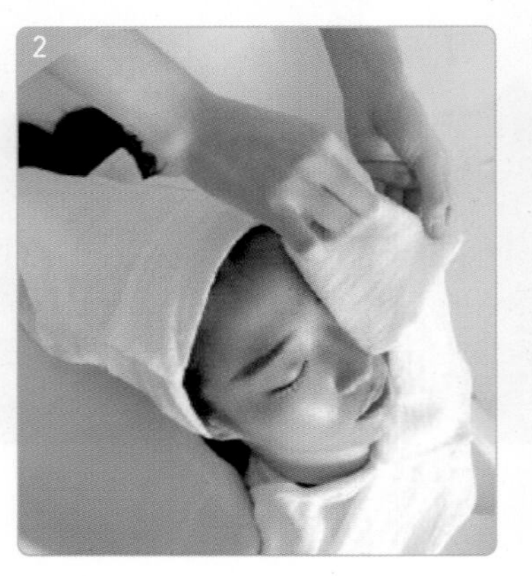
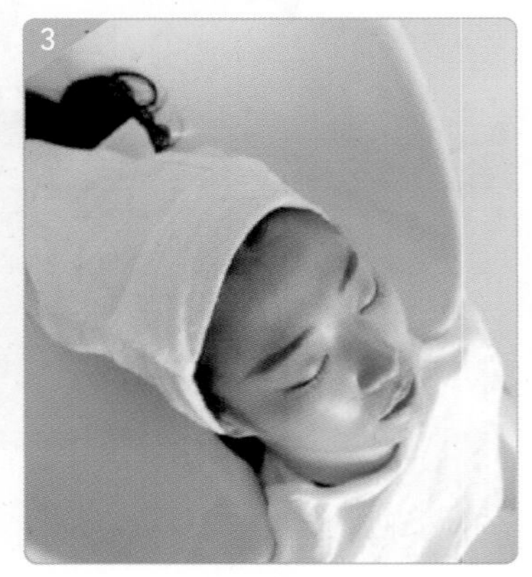

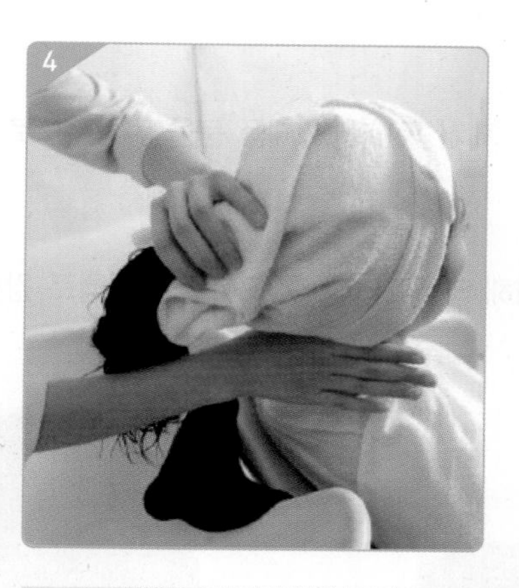

샴푸볼 내에서 헤어밴드(타월이용) 후 어깨 가까이의 목덜미에 손을 받쳐서 일으킨다.

㉑ 모델을 앉힌 상태에서 두발이 빠지지 않도록 깔끔하게 감싸 말아 넣기를 하여 타월 감싸기를 한다(모델을 샴푸볼 내에서 일으킨 상태에서 타월감싸기를 마무리한다).

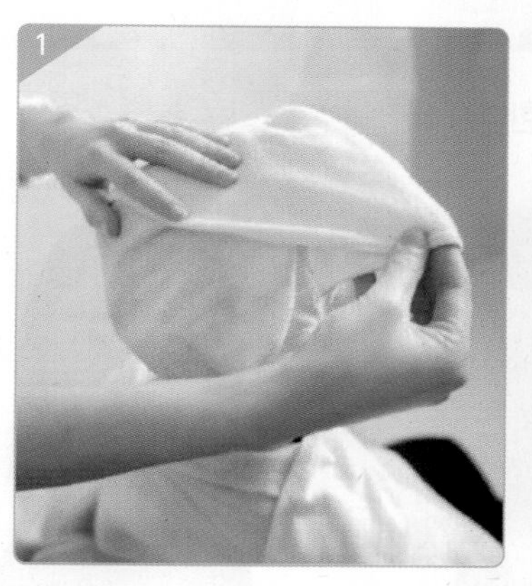

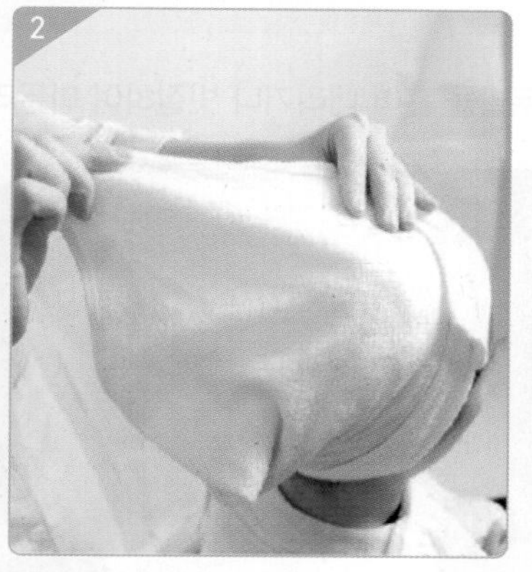

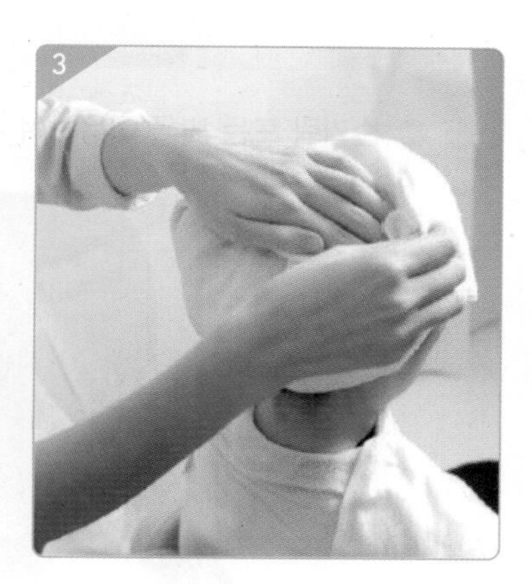

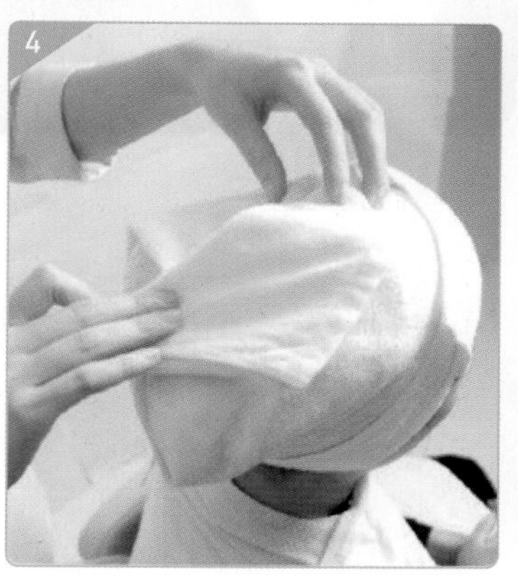

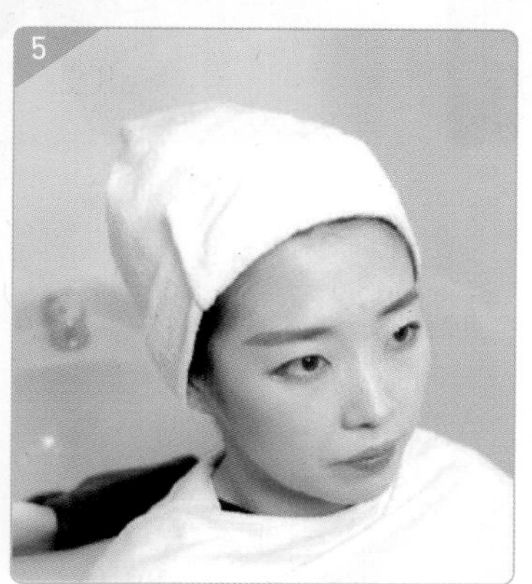

5) 주변정리 및 마무리하기

㉒ 타월 감싸기가 끝난 후 샴푸대 주변(샴푸볼, 의자, 거름망 머리카락 제거 등) 타월, 제품 등을 위생적으로 정리하고 처리한다.

㉓ 주변 정리 후 타월을 이마선에서 풀어서 두개피부와 모근 쪽을 향해 타월드라이 후 모다발을 타월로 감싸 톡톡 두드리면서 물기를 제거한다.

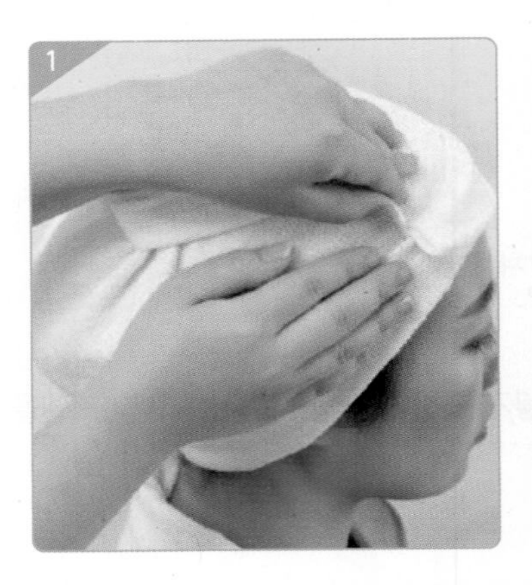

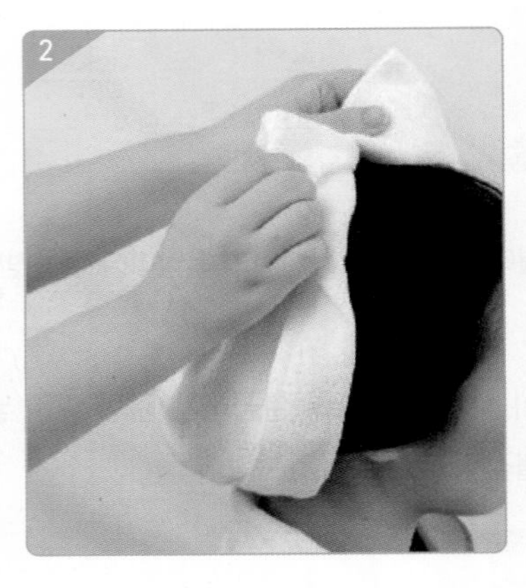

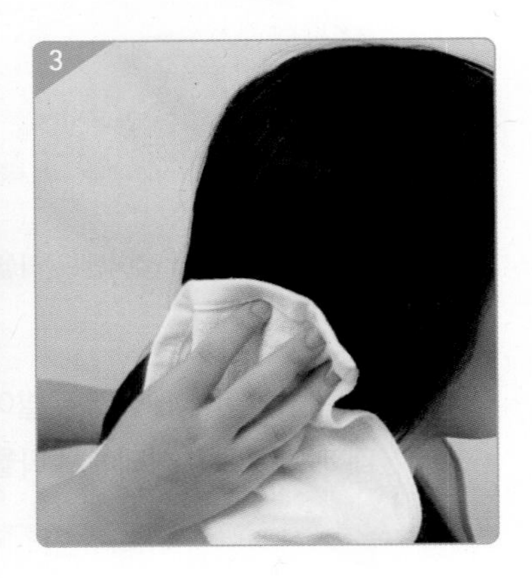

㉔ 손가락 또는 빗을 이용하여 두발을 훑어 내리거나 빗질하여 마무리한다.

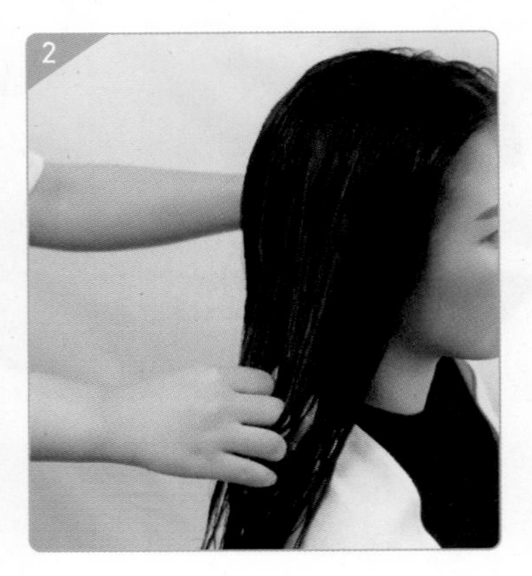

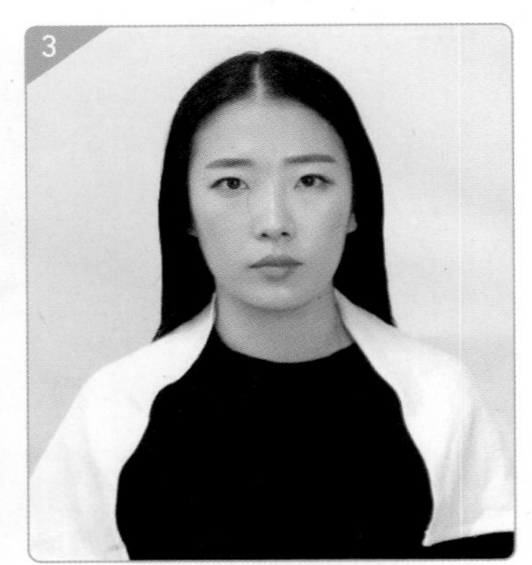

MEMO

PART 02

헤어커트

CHAPTER 01

헤어커트의 이해

Section 01 커트 시 요구 및 유의사항

1 커트 시 요구 및 유의사항

1) 통가발 마네킹(또는 위그) 준비하기

① 두상 전체의 두발을 모근 중심으로 워터 스프레이한다. 이때 마네킹 얼굴이나 주변으로 물이 뚝뚝 떨어지지 않도록 주의하여 두발 내에 골고루 충분히 분무한 후 타월로 가볍게 닦아낸다.

② 블로킹은 커트스타일이 요구하는 등분을 정확하게 지키면서 숙련되게 연결시켜 구획한다.

③ 시험자는 마네킹 물 적시기, 블로킹하기 등의 커트 시 요구사항에 따라 주변을 미리 정리하는 세심한 자세를 유지해야 한다.

유의사항

① 도구 준비 및 과제에 맞게 블로킹하지 않았을 때

② 두발 물 축이기로서 모근에 충분한 물이 적셔지지 않았을 때

③ 작업 자세가 안정되지 않을 때

④ 주변 정리 등이 숙련되지 못한 상태에서 자르고 있을 때

2) 작업 진행 시

① 커트 시 작업순서에서 요구되는 기법인 커트절차의 순서에 따라 주어진 시간(30분) 내에 완성도 있고 정확하게 작업한다.

② 커트스타일의 결과인 가이드 라인(외곽형태선)의 모양과 시술각, 무게선 등이 조화롭게 구성되어야 한다.

③ 작업 진행 중에도 주변 정리와 바른 자세가 요구된다.

유의사항

① 주어진 과제에 맞는 작업순서를 지키지 않았을 때
② 가이드 라인에서 설정된 두발길이를 준수하지 않았을 때
③ 시술각도(단차, 형태선)가 정확하지 않았을 때
④ 과제가 마무리된 후에도 만지고 있을 때
⑤ 재 커트 시 작업 과정에서 요구되는 자세가 아닐 때
⑥ 주변 정리 등이 숙련되게 하지 못할 때

3) 가위 운행법

① 가위 쥐는법에 따라 개폐를 정확하게 한다.
② 과제에서 요구되는 분배(빗질)를 정확하게 한다.
③ 베이스 섹션의 크기는 1~1.5cm를 지켜야 한다.
④ 판넬과 판넬을 이어줄 때 연결 동작을 정확하게 한다.

CHAPTER 02 헤어커트의 세부과제

1 헤어커트의 작업절차(30분, 20점)

- 1984년도 미용사 자격이 마네킹을 모델로 시행하는 과정에서부터 변함없이 현재까지 이어온 헤어커트는 레이어드 형태에서 가이드 라인 길이만 2~3cm 길어졌을 뿐 변함없는 과제이다.
- 지금까지 검정형에서 가위 쥐는법, 자르는 법, 가위나 빗질의 운행법, 블로킹, 섹션 등은 변함이 없으나 그래듀에이션의 호리존탈 분배커트와 레이어드의 버티컬 분배커트가 혼용되어 실제 기술을 볼 수 없도록 변질하였다.

준비자세(4점) → 블로킹 · 섹션 · 빗질 · 시술각도(4점) → 가위운행기술(4점) → 커트형의 완성도(8점)

세부항목	작업요소
1. 준비자세 (4점)	1. 마네킹 두발의 모근쪽에 물을 충분히 반드시 도포한다. 2. 마네킹의 두발을 업셰이핑하여 4~5등분으로 블로킹한다. 주의 특히 T.P → E.B.P까지 연결되는 양쪽 측수직선은 약간의 직선이 되도록 한다. 3. 블로킹은 하나의 두부영역에서 가운데로 향하도록 깔끔하게 틀어서 핀셋으로 핀닝한다. 4. 후두부의 커트 시 마네킹의 두상위치는 반드시 15° 정도의 각도로 앞숙임하여 자른다. 주의 앞숙임하지 않을 경우 가이드 라인 길이는 물론 완성 시 단차를 또한 정확하게 표현할 수 없다. 5. 섹션은 커트의 단위로서 1~1.5cm(가로 세로의 폭)을 유지시켜야 한다. 6. 섹션 후 모근의 파팅선과 동일(평행)한 선에서 빗질이 시작되어야 한다. 7. 빗질은 반드시 굵은빗살의 빗으로 사용한다. 주의 가이드 라인을 제외하고 파팅선이 올라갈수록 굵은빗살로 빗질함으로써 두발에 당김을 주지 않아 지나친 단차 없는 자연스러운 형태선을 만들 수 있다.

2. 작업 과정 (4점)	커트 시 한번 자르면 다시 모발을 붙일 수 없다. 한 커트, 한 커트 자체가 완성품이다 생각하고 정확하게 훈련과 숙달 과정을 거쳐야 한다. 1. 블로킹은 커트형에 맞게 4~5등분한다. 2. 파팅(1~1.5cm 단위의 섹션)의 시술과정 ■ 전대각 파팅은 컨케이브(스파니엘 커트), 후대각 파팅은 컨벡스 라인(이사도라 · 그래듀에이션 · 레이어드 커트)으로서 후두면부터 정확하게 작업한다. 3. 빗질 시 굵은빗살을 이용한다. 자를 시 손가락의 위치는 파팅선과 평행하게 한다. 4. 스케일된 모다발은 노텐션 빗질하여 중지와 인지로 모다발 끝에 와서 판넬을 고정시킨다. 5. 하나의 판넬과 판넬간 이음새 부분은 빗질하여 확인 커트한다. 6. 스케일(레벨과 존)된 모다발을 다 자르고 난 후에는 반드시 콤아웃한 후, 다음 단계로 서 1~1.5cm로 파팅하여 스케일을 유지한다.
3. 가위운행 기술 (4점)	1. 손가락과 평행하게 빗질된 판넬을 자를 시 하나 · 둘 · 셋 · 넷의 자르기 동작을 통해 앞으로만 잘라나간다. 주의 가위운행 시 앞으로만 개폐로 진행한다. 톱질하듯이 하나 자르고 뒤로 밀어내 고 둘 자르고 뒤로 미는 불필요한 행동은 금한다. 2. 빗은 판넬을 쥔 모지와 인지 사이에 넣어서 고정시킨다. 3. 가윗날 끝을 왼손 중지 위의 판넬을 향해 하나 · 둘 · 셋 · 네 번 정도로 개폐하여 자르기를 한다.
4. 커트형의 완성도 (8점)	빗질(모류의 방향)과 형태선, 단차 등이 정확해야 한다. 1. 스파니엘은 N.P에서 C.P까지 4~5cm 길게 컨케이브 형태선을 갖춘 단차가 나와야 한다. 2. 이사도라는 목선과 C.P까지 4~5cm 짧게 컨벡스 라인의 형태선을 갖춘 단차가 나와야 한다. 3. 그래듀에이션은 목선 가이드 라인은 금구선(1~2cm 길게)에서 무게선까지는 4~5cm, 무게선 내에서 1.5cm 정도 그라데이션(미세한 단차)의 컨벡스 형태선을 갖춘 입체 단차를 나타내어야 한다. 4. 레이어드는 N.P에서는 가이드 라인 12~14cm를, T.P에서 12~14cm 두발길이를 연결하는 단차를 나타내어야 한다.

Section 01 스파니엘 커트

1 스파니엘 커트 완성작품

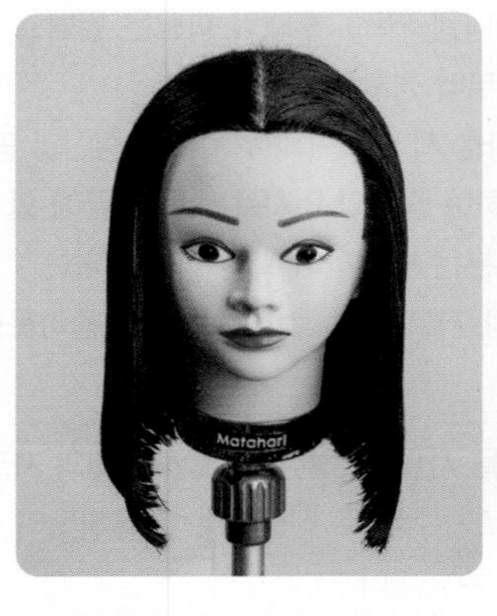

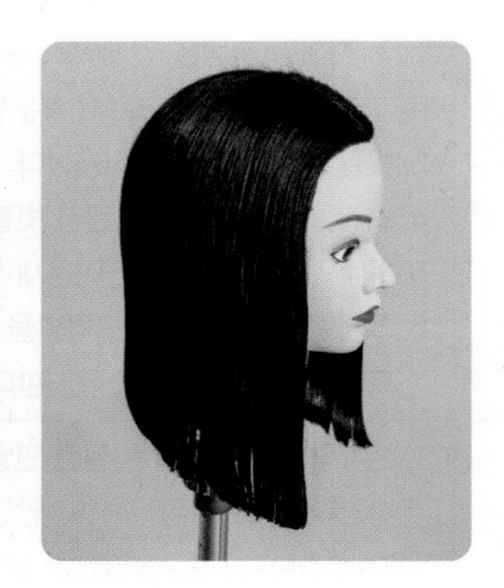

2 스파니엘 커트

목표	시험 규정에 맞게 가위와 커트빗을 사용하여 스파니엘 스타일을 작업한다.	블로킹	4등분
장비	작업대, 민두, 홀더, 분무기	형태선	컨케이브 라인(전대각)
도구	커트 가위, 커트빗, 핀셋	섹션	1~1.5cm
소모품	통가발 마네킹(또는 위그)	시술각	0°(자연분배)
내용	가이드 라인 10~11cm, 단차 4~5cm	손의 시술각도	베이스 섹션과 평행
시간	30분	완성상태	센터파트 후 안마름 빗질

3 사전준비 및 블로킹 순서

도구 및 재료 준비

- ☐ 마네킹
- ☐ 홀더
- ☐ 가위
- ☐ 커트빗
- ☐ 분무기
- ☐ S브러시
- ☐ 핀셋 5개
- ☐ 흰색 타월 1장

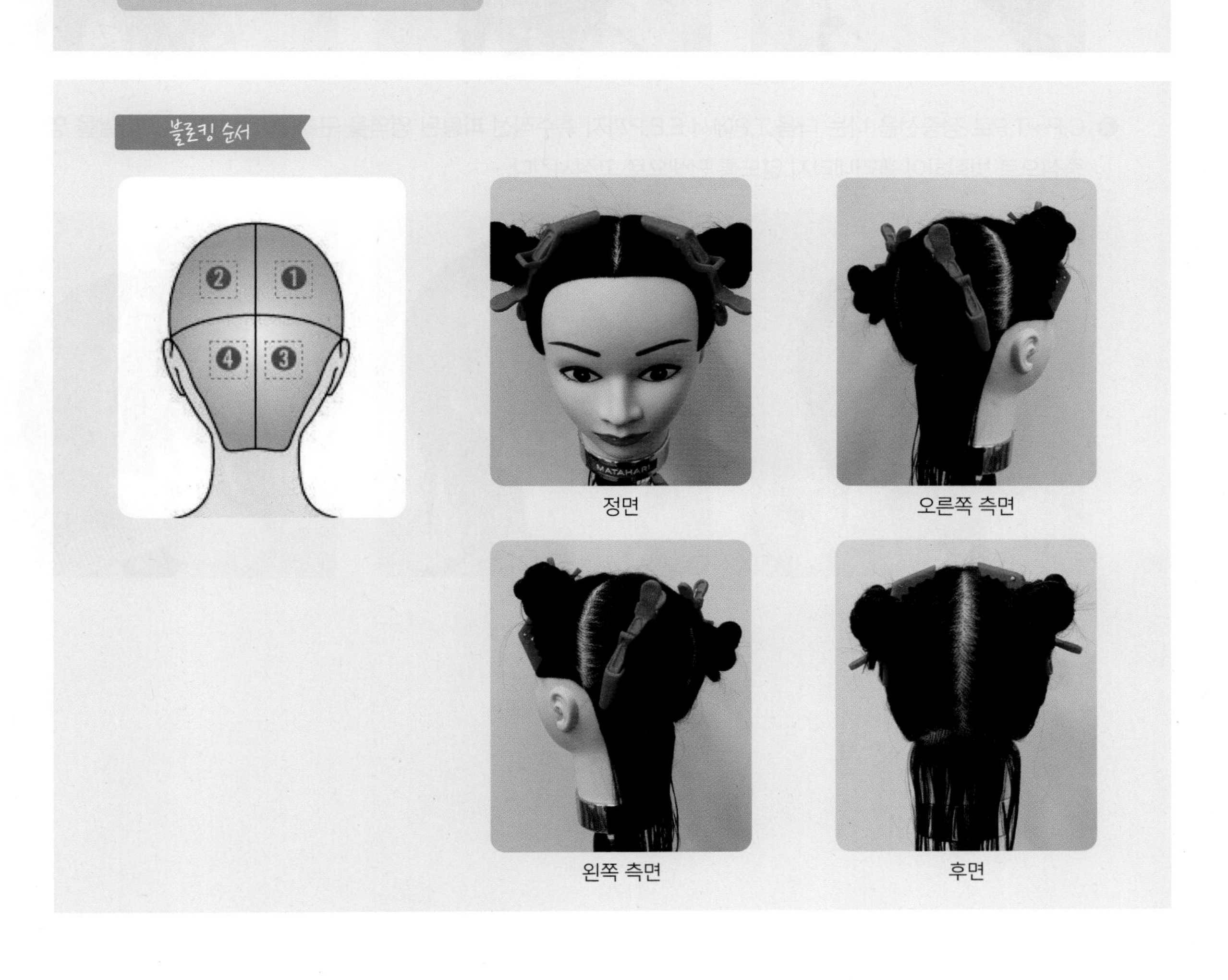

4 원랭스 스파니엘의 실제(30분, 20점)

❶ 반드시 모근을 향해 물을 충분히 분무하여 두발을 업 셰이핑한 후, C.P에서 T.P까지 정중선(프론트 센터) 파팅한다.

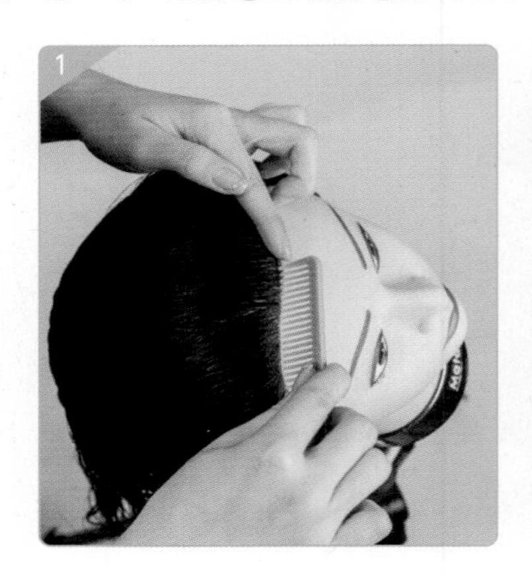

❷ C.P~T.P로 정중선을 나눈 다음 T.P에서 E.B.P까지 측수직선 파팅된 영역을 구획(블로킹)한 후 모다발을 영역의 중심으로 빗질하여 흘러내리지 않도록 핀셋으로 고정시킨다.

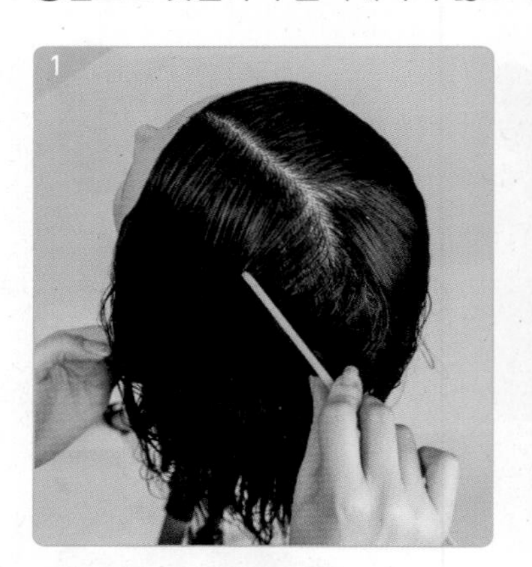

❸ 백 정중선(T.P ~ N.P)으로 파팅하여 후두부를 2개의 좌 · 우 영역으로 나눈 후 모다발을 핀셋으로 고정시킨다.

주의

후두부의 두발을 자를 시 두상위치는 반드시 두상을 앞숙임(15~30°) 상태로 하여 오른쪽 · 왼쪽(양쪽) 전대각 파팅에 따른 컨케이브 라인에서 0° 시술각, 자연분배, 인커트한다.

❹ 후두부의 첫 번째 섹션은 네이프 라인에서 상향(N.P 2cm, N.S.C.P 1.5cm) 전대각 파팅한 후 컨케이브 라인 상태에서 자연스럽게 두발을 빗질(자연시술각 0°)한다.

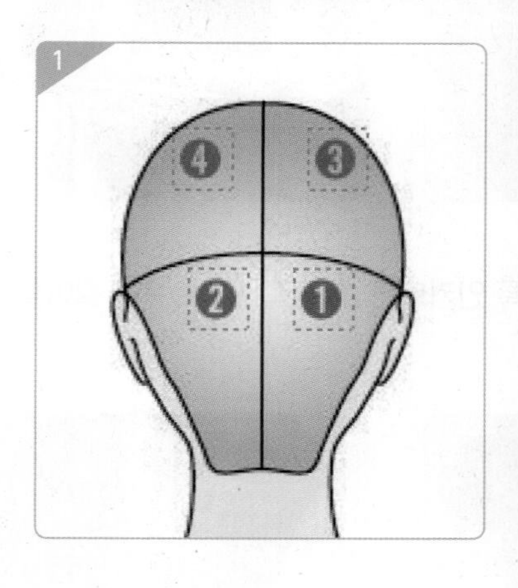

❺ 후두부의 가이드 라인은 N.P 연장선인 금구선을 중심으로 1~2cm 길게(가이드 라인 10~11cm) 설정하기 위해 컨케이브 라인이 되도록 전대각 파팅의 커트 형태선이 결정된다.

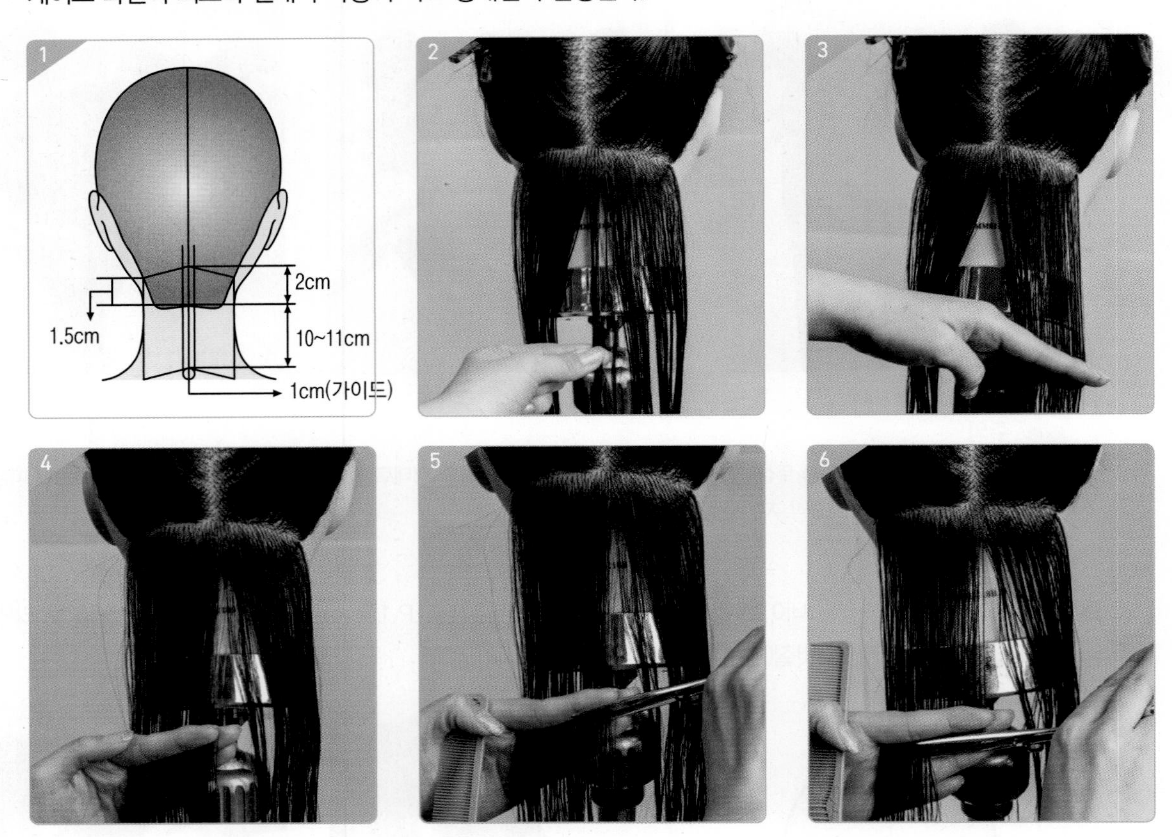

❻ N.P를 중심으로 좌측 N.S.C.P를 향해 0.5cm 길게 전대각이 되도록 인커트한 후 양쪽 N.S.C.P의 길이를 확인하여 후두면의 고정디자인 라인 형태선을 설정한다.

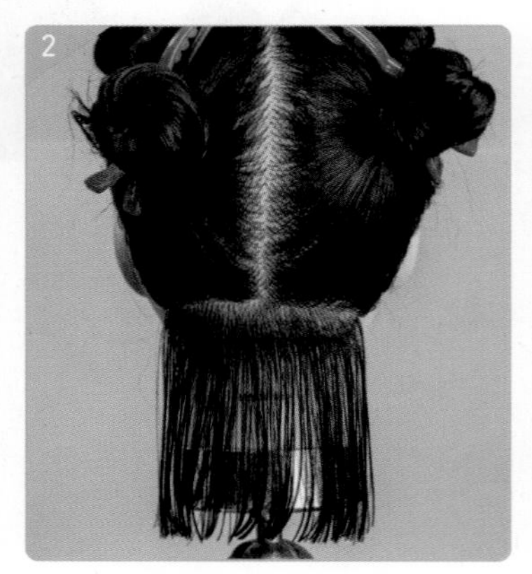

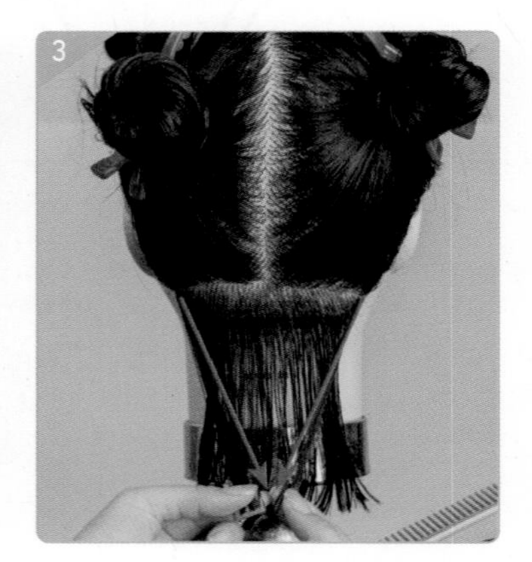

❼ 첫번째 디자인 라인을 토대로 두 번째 섹션(1~1.5cm)을 파팅한다.

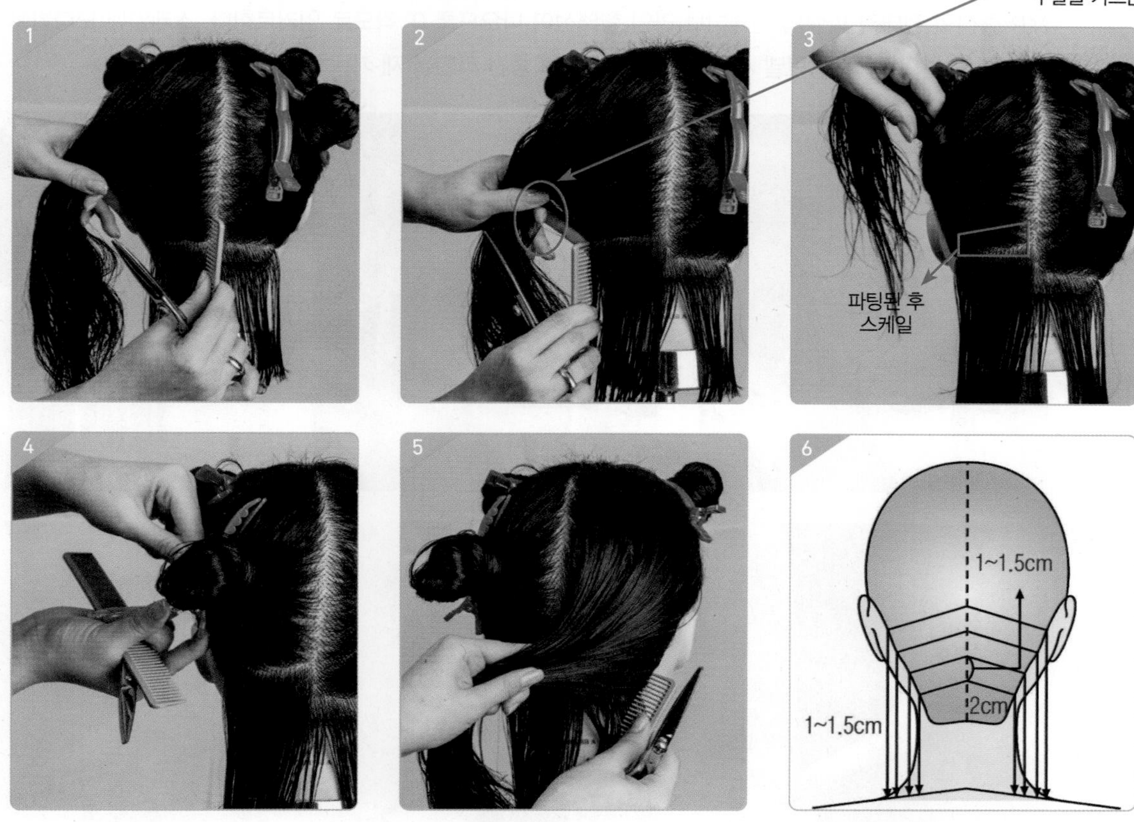

❽ 두 번째 파팅된 컨케이브 라인은 반드시 굵은빗살로 모근에서부터 빗질한 후 손가락 위치는 파팅과 평행으로하여 하나 · 둘 · 셋 · 넷을 개폐 동작으로 손바닥 안으로 인커트한다.

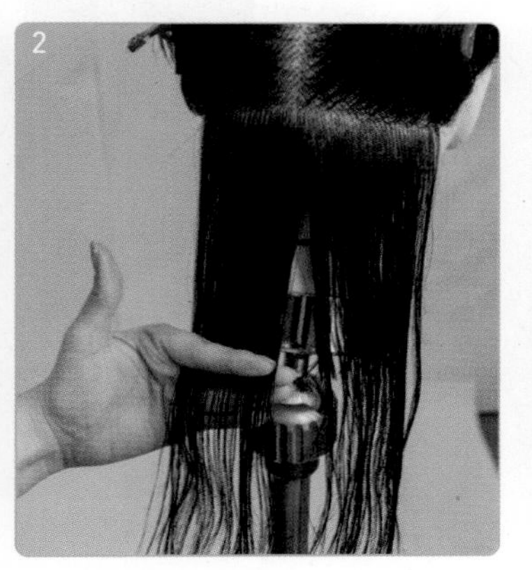

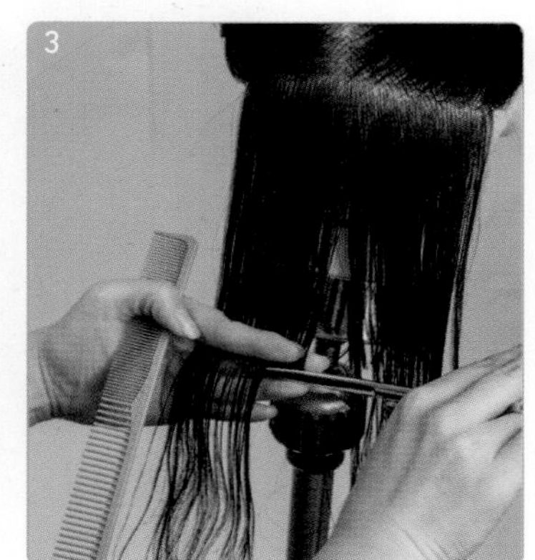

⑨ 세 번째~아홉 번째 파팅 후 스케일까지 첫 번째 설정된 고정가이드 라인을 중심으로 라운드 형태의 두상에 따라 N.P 중심의 전대각 파팅의 컨케이브 라인 형태선이 나오도록 0° 각도로 인커트한다. 스케일된 모다발을 빗질 후 자르고 난 한 판넬과 한 판넬 사이에 다시 빗질하여 중간 라인을 재 커트하여 선을 이어준다.

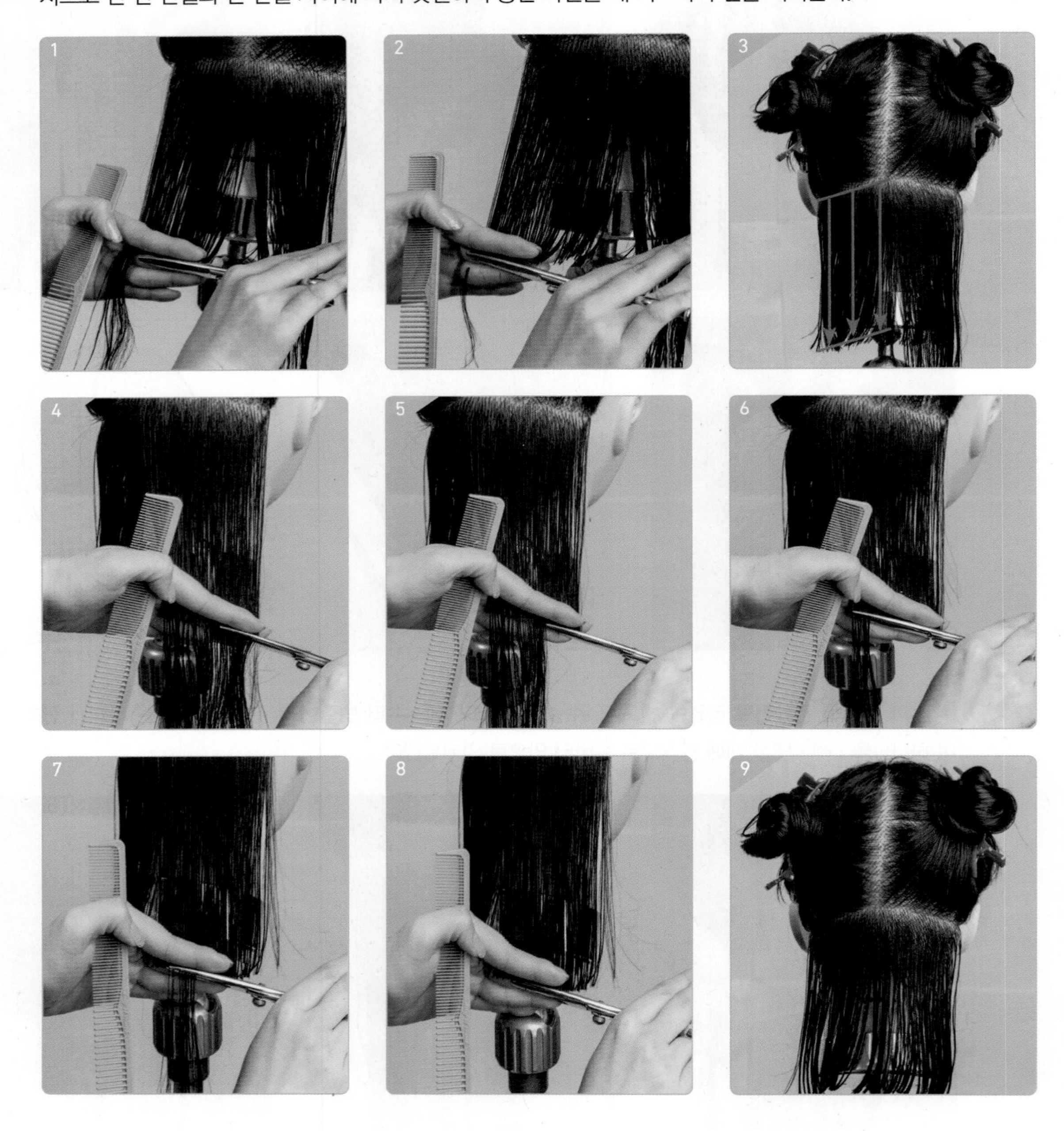

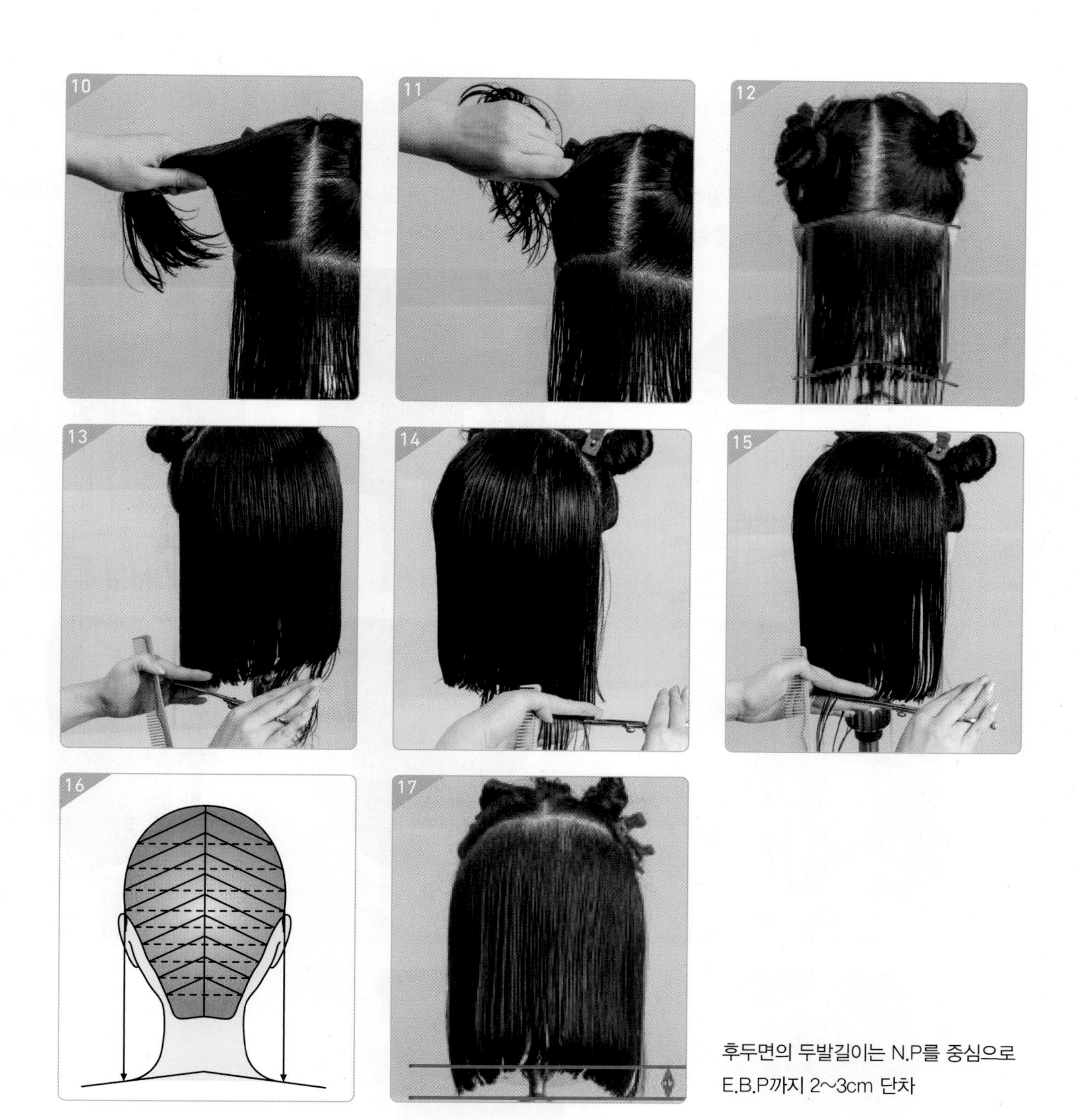

후두면의 두발길이는 N.P를 중심으로 E.B.P까지 2~3cm 단차

- 스케일된 모다발을 빗질 후 자르고 난, 판넬과 판넬 사이에 다시 빗질하여 중간 라인을 재 커트하여 선을 매끄럽게 이어준다.
- 두발이 건조해질 경우 파팅된 모근 가까이에 물 스프레이한 후 모근에서 부터(위에서 아래로) 빗질만으로도 두발은 젖는다. 만약 모근보다 모간을 향해 물을 분무하면 두발 끝쪽으로 물기가 덩어리져 빗질된 상태에서 가이드 라인이 보이지 않을뿐 아니라 길이 또한 일정하지 않게 된다.

측두면은 두상을 반드시 똑바로 한 상태에서 전두부의 첫 번째 섹션(1~1.5cm)을 설정한다.

⑩ 측두면은 후두부에서와 동일하게 약간의 전대각 파팅, 자연분배 및 시술각(0°), 인커트한다. 이때 후두부 커트라인의 연장된 가이드 라인을 중심으로 형태선이 확장된다(N.P보다 4~5cm 긴 전대각 라인이 형성된다).

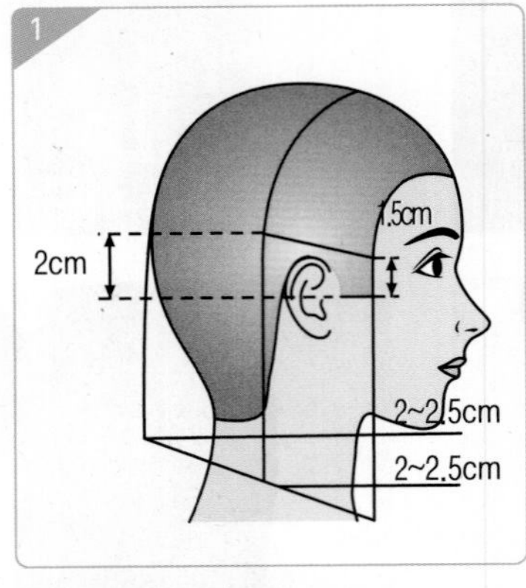

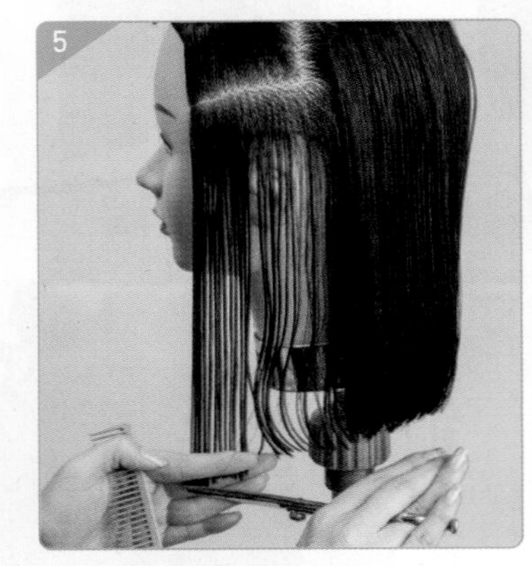

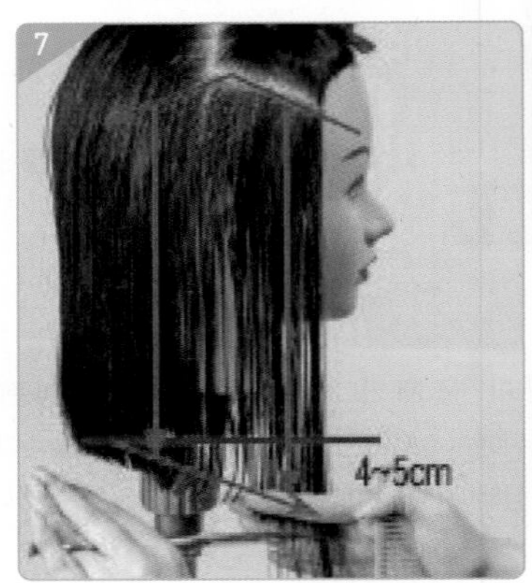

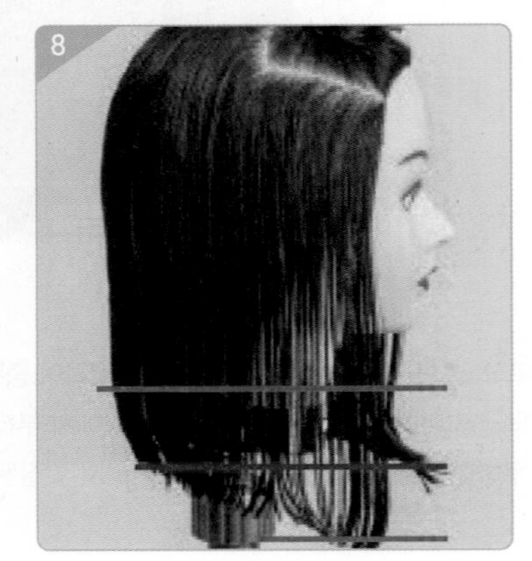

특히 전두면은 형태선의 완성도를 나타내는 영역으로서 긴장감을 주지 않는 빗질(No tension)을 하기 위해 굵은빗살로 자연스럽게 빗질한다.

⑪ 자르는 방법은 후두면의 가이드 라인을 연결하는 전대각 파팅으로 자연분배 후 0°로 손바닥 안에서(인커트) 하나 · 둘 · 셋 · 네번의 가위 개폐로 자른다.

- 두 번째~여섯 번째 섹션(1~1.5cm)까지도 첫 번째 고정가이드 라인을 중심으로 자를 시 외곽형태선(4~5cm 길어지는)이 형성된다.

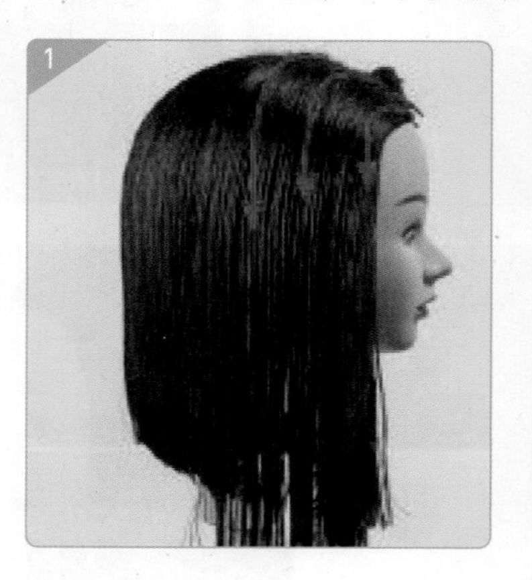

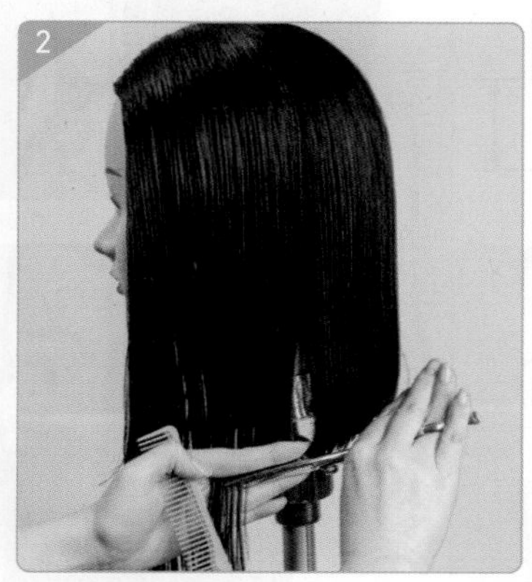

⑫ 전두면의 오른쪽 정중선은 첫 번째~세 번째 섹션이 이루어지는 부분이다. 측정중면을 중심으로 동일한 방법으로 자연분배(자연시술각), 고정디자인 라인, 전대각 파팅으로 인커트한다.

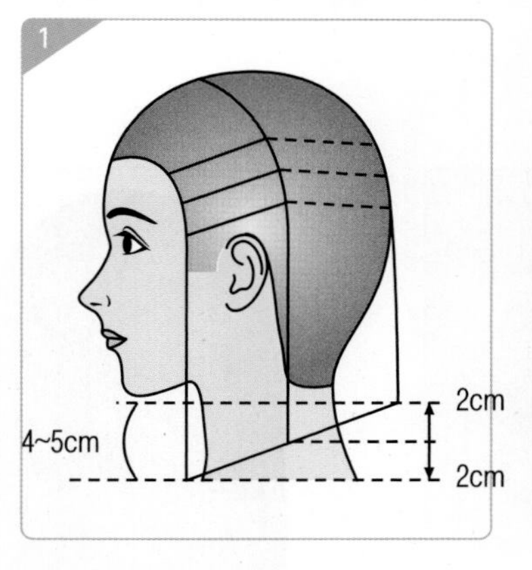

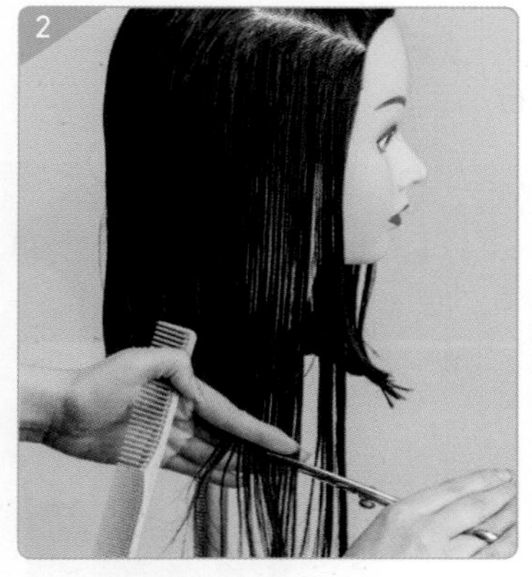

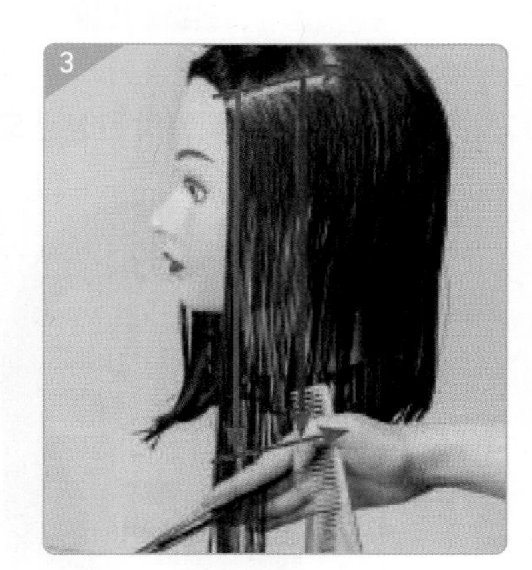

⑬ 왼쪽 전두부의 측두면은 첫 번째~네 번째 섹션(1~1.5cm)이 이루어지는 부분이다. 왼쪽 측두면과 동일한 방법으로 전대각 컨케이브 라인이 형성된다.

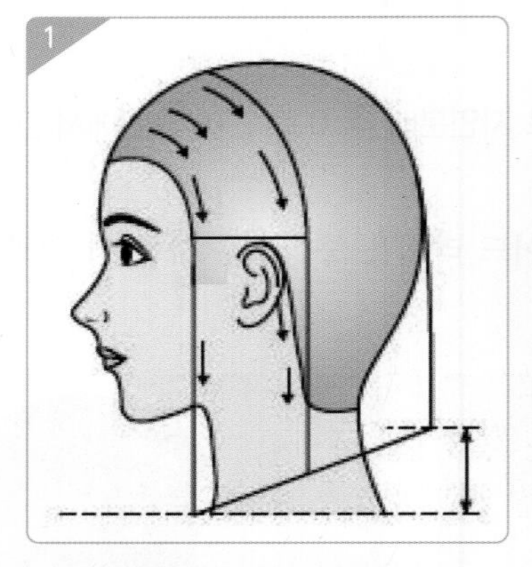

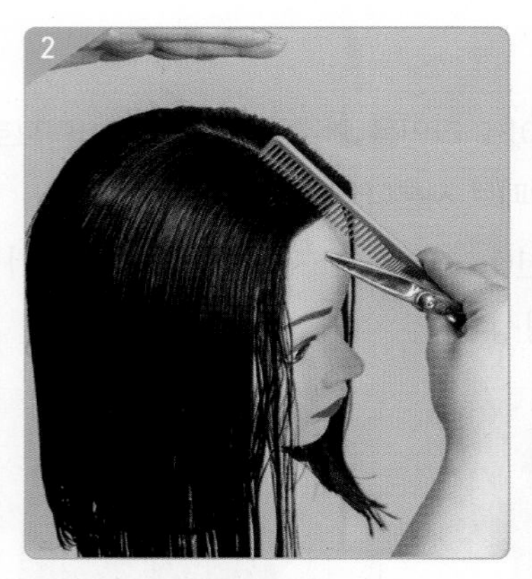

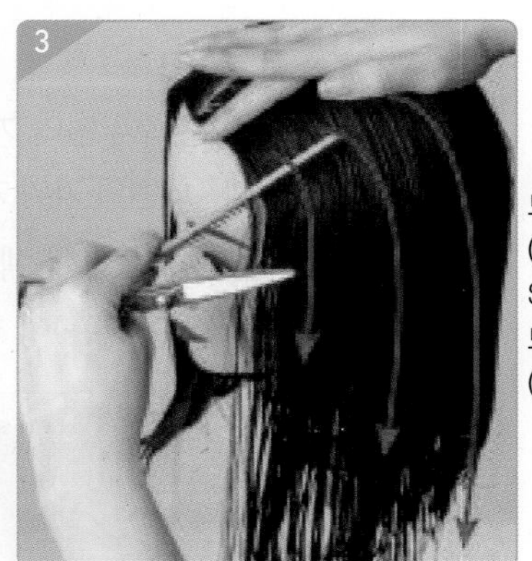

모양다듬기 (Hair Shaping) 또는 빗질 (Combing)

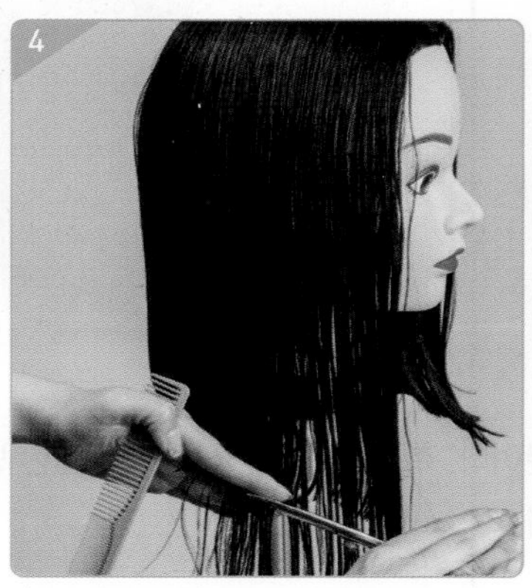

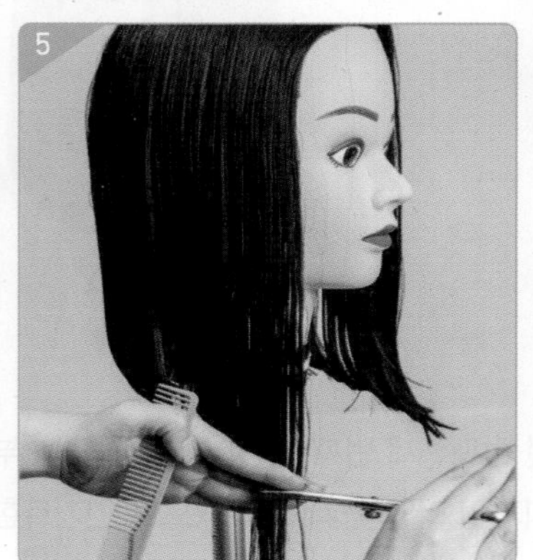

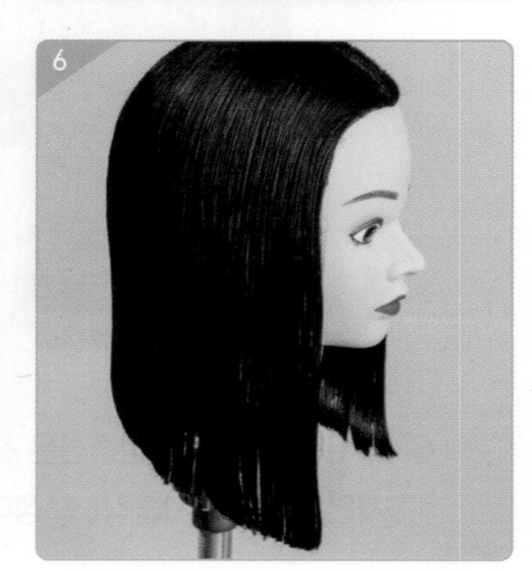

⑭ 스파니엘 스타일의 완성된 모습

Section 02 이사도라 커트

1 이사도라 커트 완성작품

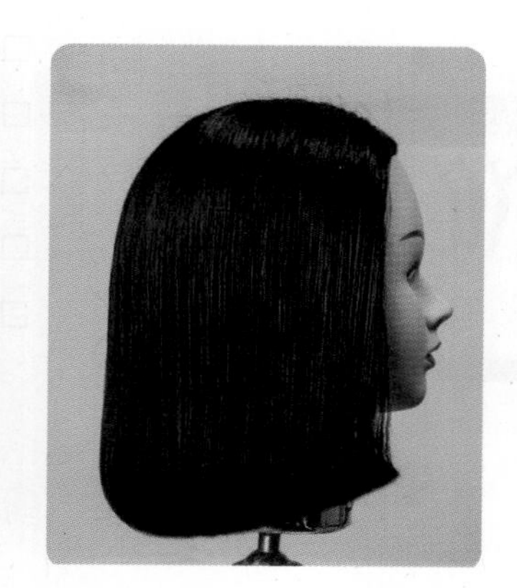

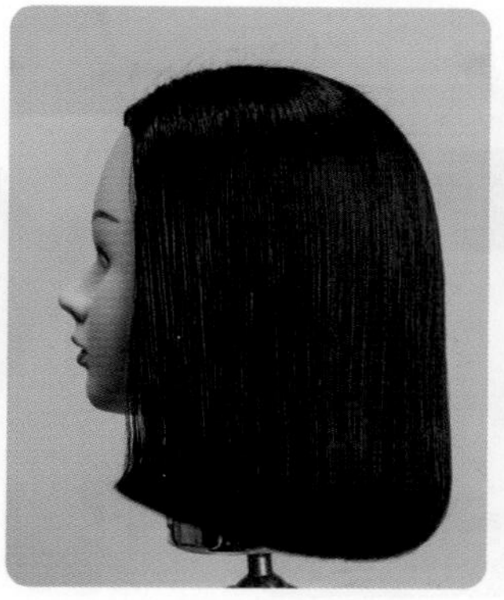

2 이사도라 커트

목표	시험 규정에 맞게 가위와 커트빗을 사용하여 이사도라 스타일을 작업한다.	블로킹	4등분
장비	작업대, 민두, 홀더, 분무기	형태선	컨벡스 라인(후대각)
도구	커트 가위, 커트빗, 핀셋	섹션	1~1.5cm
소모품	통가발 마네킹(또는 위그)	시술각	0°(자연분배)
내용	가이드 라인 10~11cm, 단차 4~5cm	손의 시술각도	베이스 섹션과 평행
시간	30분	완성상태	센터파트 후 안마름 빗질

3 사전준비 및 블로킹 순서

도구 및 재료 준비

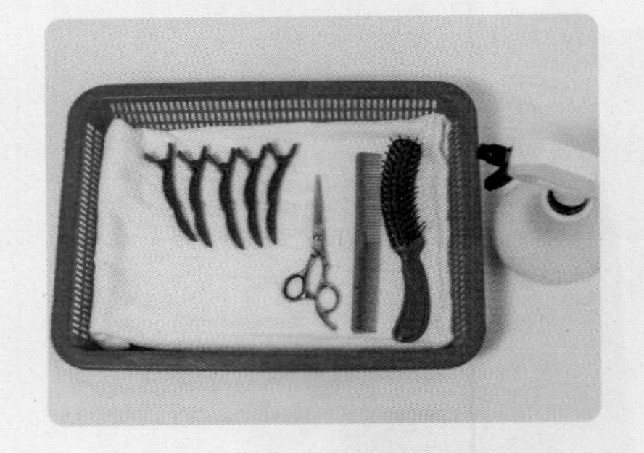

- □ 마네킹
- □ 홀더
- □ 가위
- □ 커트빗
- □ 분무기
- □ S브러시
- □ 핀셋 5개
- □ 흰색 타월 1장

블로킹 순서

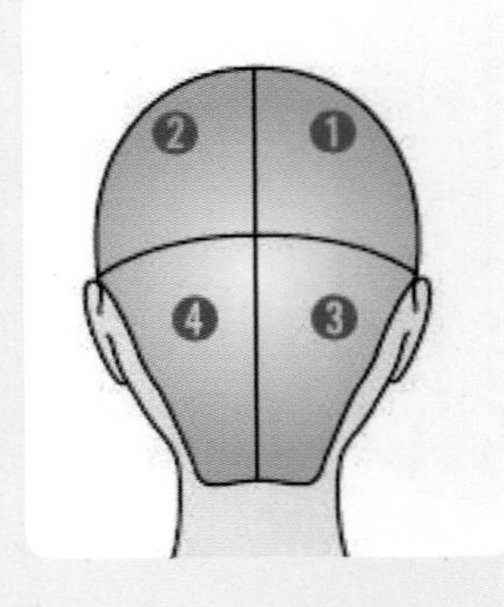

정면

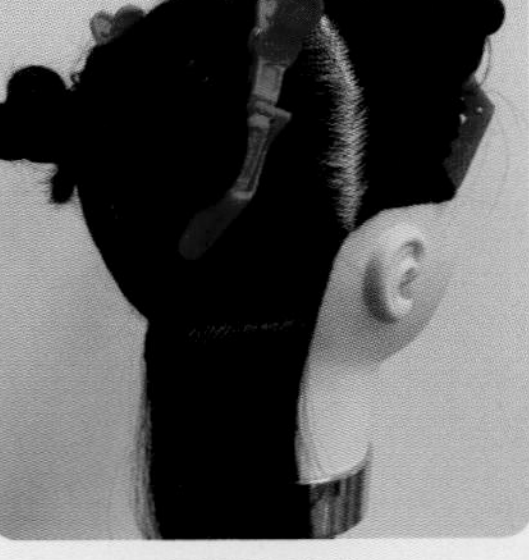
오른쪽 측면

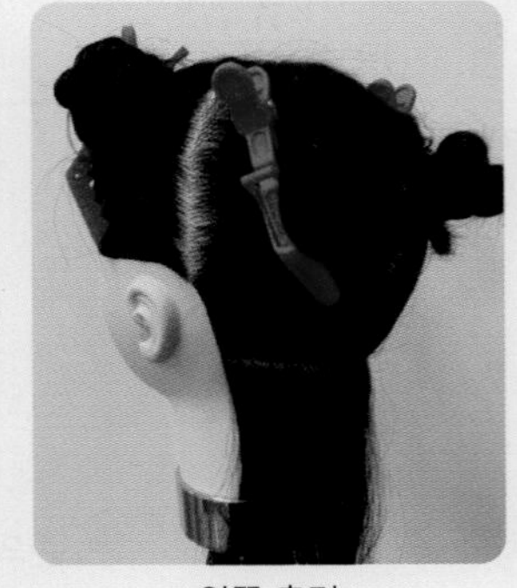
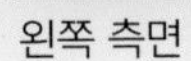
왼쪽 측면

후면

4 원랭스 이사도라의 실제(30분, 20점)

❶ 반드시 모근을 향해 물을 충분히 뿌려서 두발을 적신 후 블로킹을 4등분한다.

❷ 가이드 라인 10~11cm를 설정하기 위하여 두상을 앞숙임(15~30° 정도) 상태로 한다. 후두부의 첫 번째 섹션(N.P–1.5cm, N.S.C.P–2cm)은 네이프 라인으로부터 후대각이 되도록 파팅한 후 컨벡스 라인이 된다. 이때 이사도라 스타일의 형태선을 만들기 위해 자연스럽게 노텐션 0°의 시술각이 되도록 두발을 굵은빗살로 모근에서부터 빗질(분배)한다.

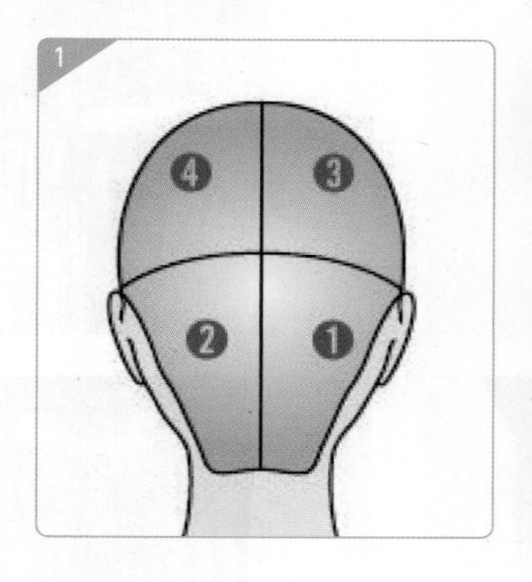

2~3cm

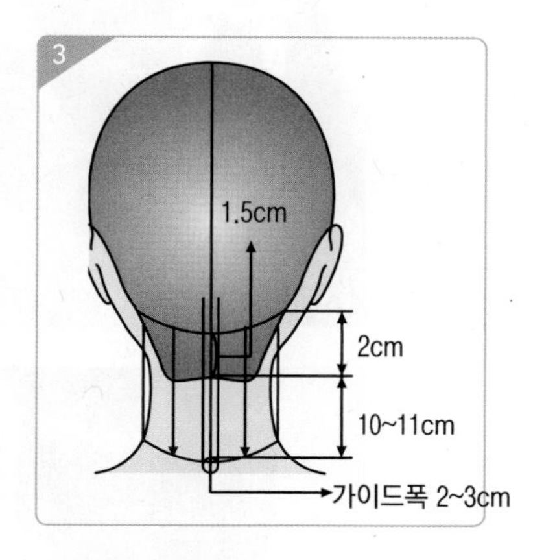

❸ 첫 번째 섹션에서 자르는 방법은 N.P를 중심으로 10~11cm 정도(금구선을 중심으로 1~2cm 길게) 가이드 라인을 설정하여 파팅된 선과 두상의 곡면이 나란하게 컨벡스 라인이 되도록 스케일함으로써 자연시술각으로 손바닥 안으로 하여 하나 · 둘 · 셋 · 넷의 가위 개폐를 통해(인커트)한다.

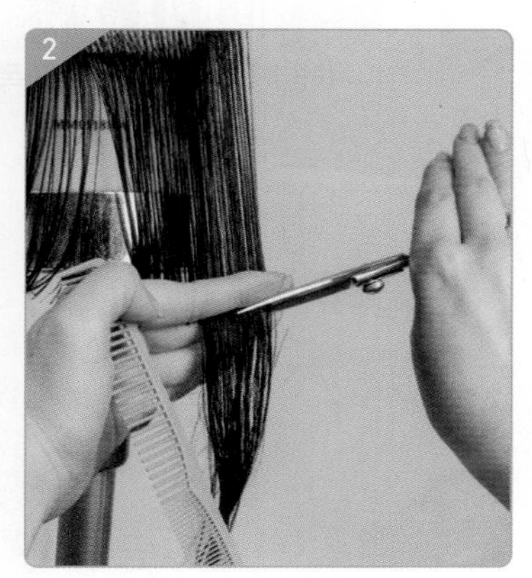

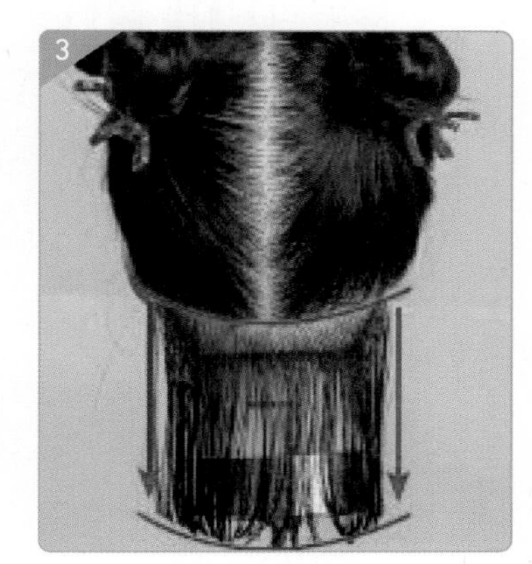

④ 두 번째 섹션(1~1.5cm) 역시 후대각 파팅에 의한 컨벡스 라인으로 한 후 첫 번째 섹션에서 설정된 고정가이드 라인을 중심으로 하여 자연시술각으로 N.P를 기준으로 왼쪽으로 향해 가위날을 하나 · 둘 · 셋 · 넷의 개폐 동작을 통해 자른다.

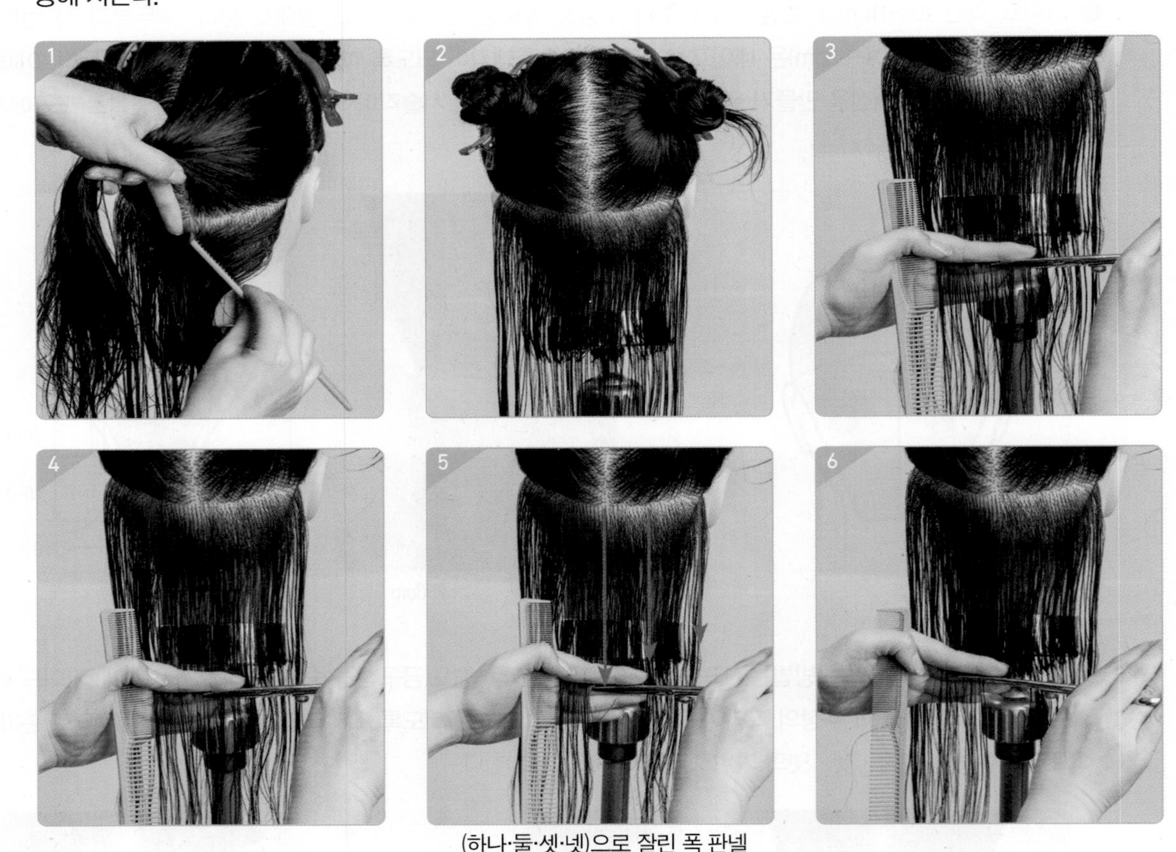

(하나·둘·셋·넷)으로 잘린 폭 판넬

⑤ 세 번째~아홉 번째 섹션까지 첫 번째 설정된 고정가이드 라인을 중심으로 라운드 형태의 두상에 따라 컨벡스 라인의 형태선이 나오도록 인커트한다.

주의

섹션 후 파팅과 빗질은 반드시 굵은빗살을 이용한다.
후두면을 자를 시 반드시 마네킹을 앞숙임하여 작업한다.

❻ 두상을 똑바로 한 상태에서 오른쪽 전두부의 첫 번째 섹션(1~1.5cm)을 설정한다. 후두부에서 동일하게 약간의 후대각 파팅된 컨벡스 라인으로 자연시술각(0°) 인커트한다.

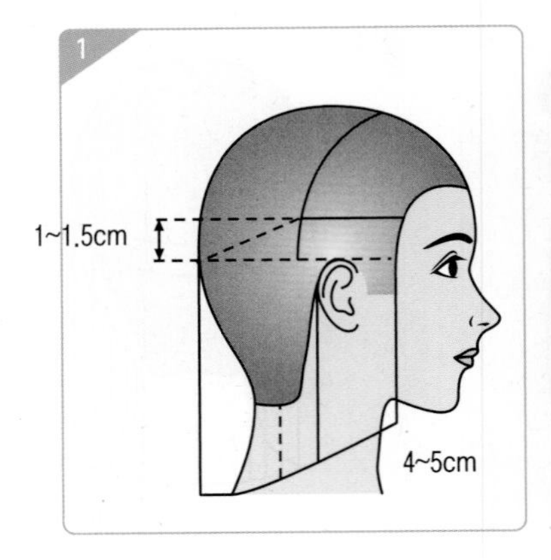

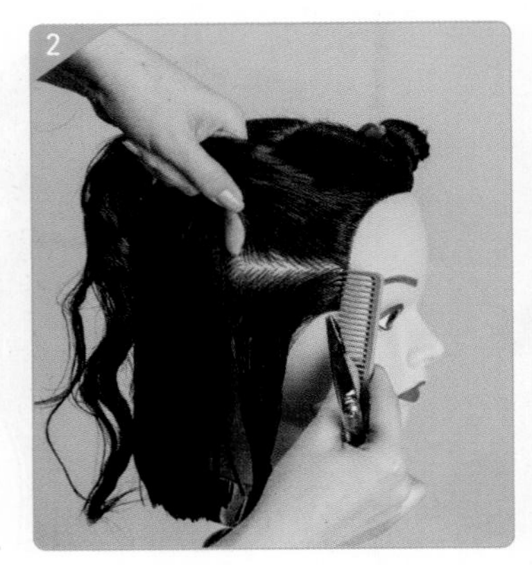

❼ 후두부 커트라인의 연장선으로서 가이드 라인과 동시에 형태선이 확정된다(N.P보다 4~5cm 짧은 후대각 라인이 형성된다).

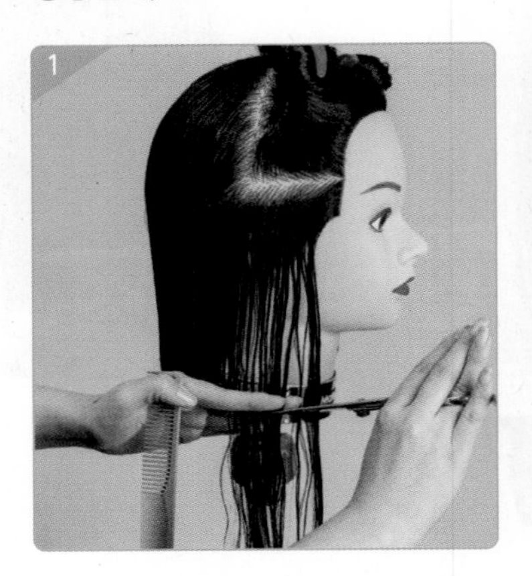

특히 측두면은 형태선의 완성도를 나타내는 영역으로서 긴장감을 주지 않는 빗질(No tension)을 하기 위해 두상위치는 반드시 똑바로 상태에서 굵은빗살로 자연스럽게 빗질하여 인커트한다.

⑧ 첫 번째 섹션에서 스케일로 설정된 두발길이(가이드 라인)를 중심으로 하여 정중면까지 자연시술각으로 후대각 인커트한다.

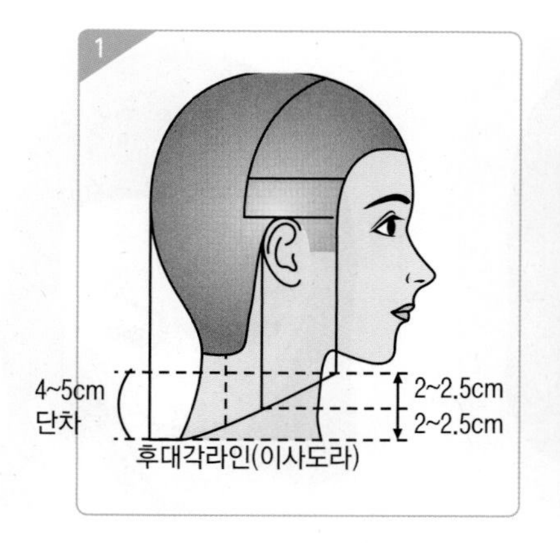

⑨ 오른쪽 후두부와 전두부에서의 후대각 파팅, 고정디자인 라인이 갖는 이사도라 형태선이다.

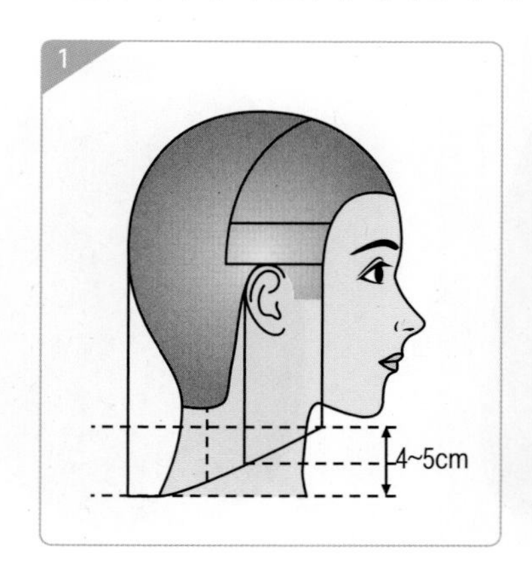

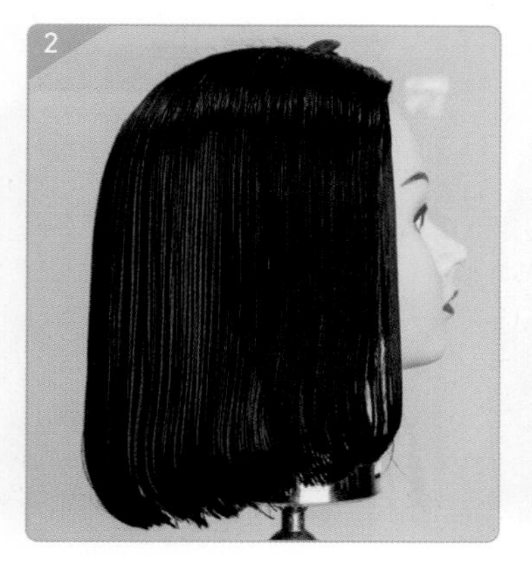

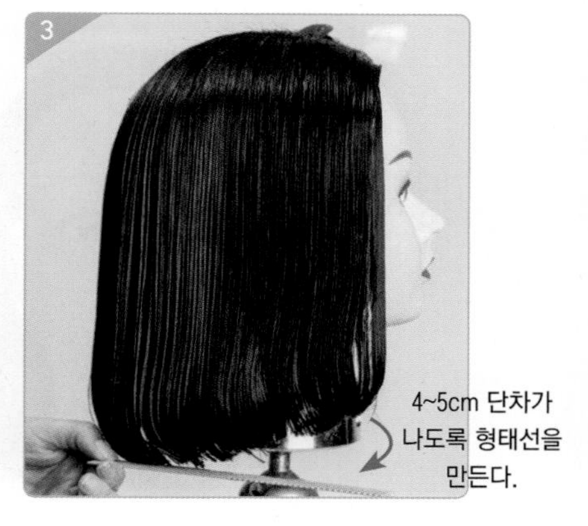

3
4~5cm 단차가
나도록 형태선을
만든다.

⑩ 왼쪽 측두면 역시 오른쪽과 동일하게 후대각 라인으로 하나 · 둘 · 셋 · 넷의 가위 개폐로 인커트한다.

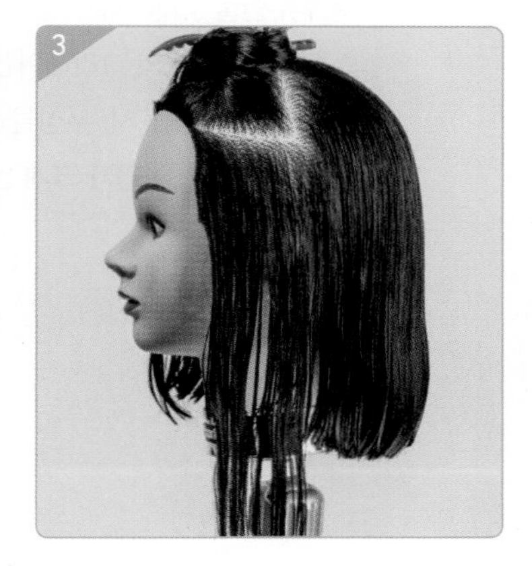

⑪ 정중선을 두상 곡면을 따라 자연스럽게 두발을 빗어준 후 인커트한다. 양쪽 측두면의 형태선을 동일하게 하기 위해 E.S.C.P의 길이를 확인하고 마무리 콤 아웃(Reset)한다.

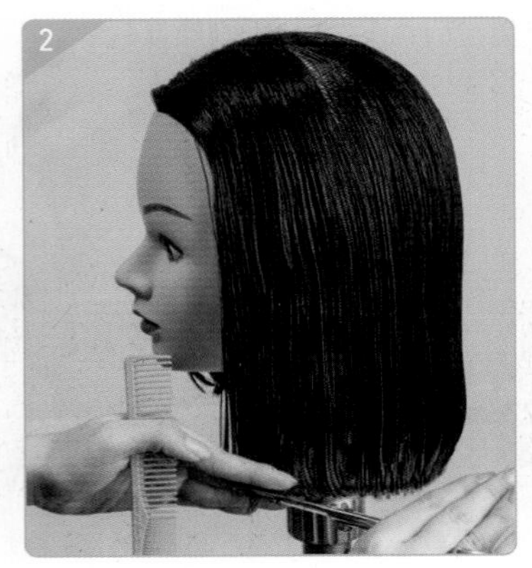

⑫ 완성된 후대각 라인의 이사도라 헤어스타일

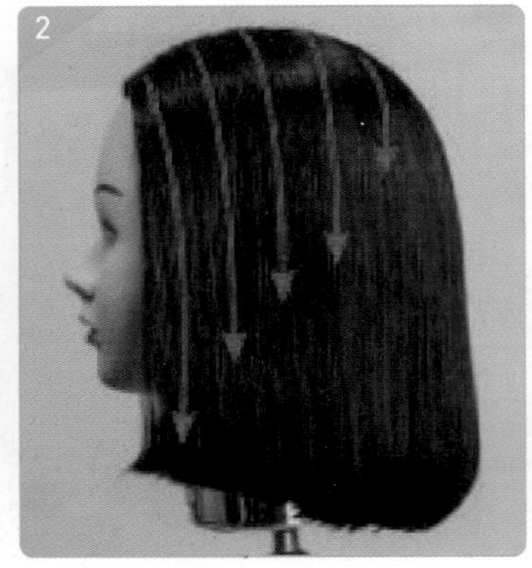

- 이사도라 커트형태는 자를 시 두상위치가 중요하다.
- 후두면을 자를 시는 앞숙임(15~30°) 상태에서 자른다. 이를 이행하지 않을 시, 커트형태가 다 완성되면 단차가 1~2cm 정도의 그라데이션이 형성된다.
- 전두면을 자를 시, 두상을 똑바로 하지 않고 커트형태를 완성할 경우, 거의 원랭스에 가깝거나 N.P와 E.S.C.P간 단차(6~7cm 정도)가 크게 날 수도 있다.

Section 03 그래듀에이션 커트

1 그래듀에이션 커트 완성작품

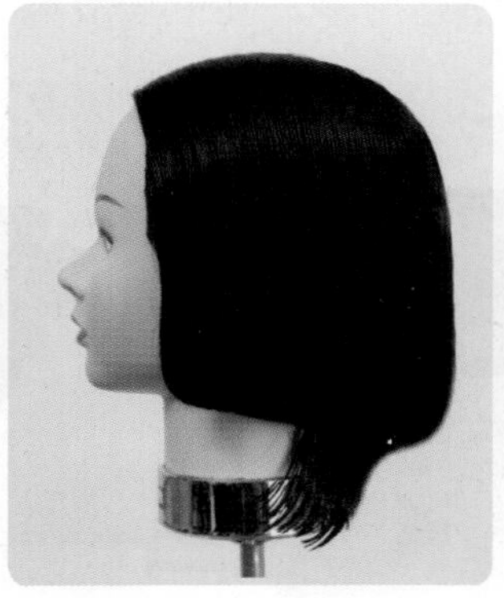

2 그래듀에이션 커트

목표	시험 규정에 맞게 가위와 커트빗을 사용하여 그래듀에이션형을 작업한다.	블로킹	5등분
장비	작업대, 민두, 홀더, 분무기	형태선	컨벡스 라인/무게선 1~2cm 그라데이션 형성
도구	커트 가위, 커트빗, 핀셋	섹션	1~1.5cm
소모품	통가발 마네킹(또는 위그)	시술각	15~45°/가이드 라인과 무게선의 단차 4~5cm
내용	가이드 라인 10~11cm	손의 시술각도	섹션과 평행
시간	30분	완성상태	가운데 가르마 안말음 빗질

3 사전준비 및 블로킹 순서

도구 및 재료 준비

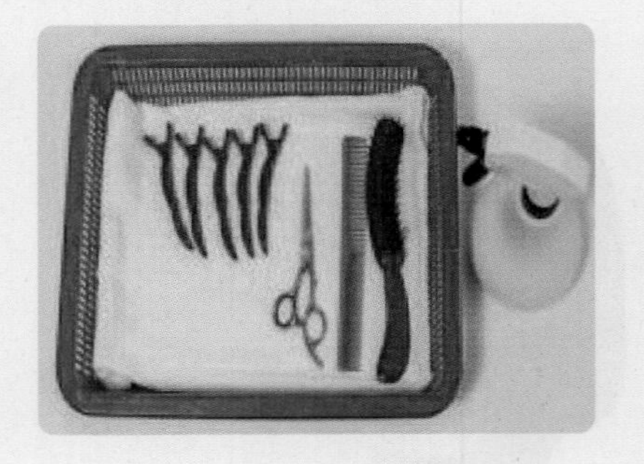

- □ 마네킹
- □ 홀더
- □ 가위
- □ 커트빗
- □ 분무기
- □ S 브러시
- □ 핀셋 5개
- □ 흰색 타월 1장

블로킹 순서

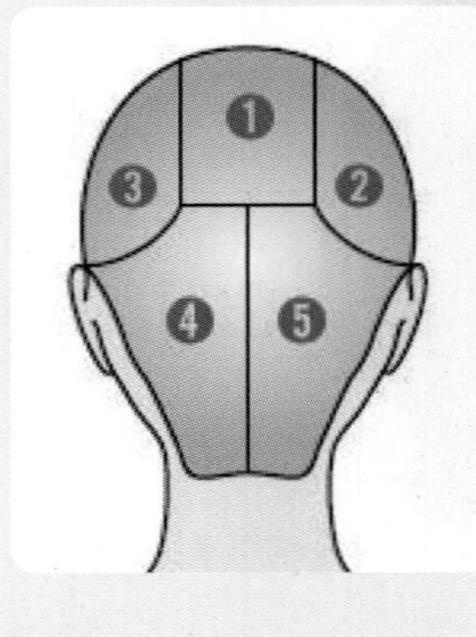

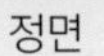
정면

오른쪽 측면

왼쪽 측면

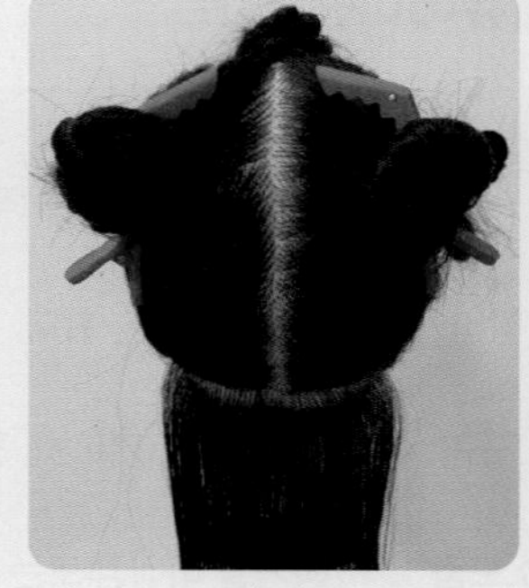
후면

4 그래듀에이션의 실제(30분, 20점)

❶ 두상의 위치를 바르게 한 후 모근과 두발에 물을 충분히 반드시 분무한다.

- C.P를 중심으로 전두면의 영역이 가로 7cm×세로 7cm가 되도록 블로킹한다.

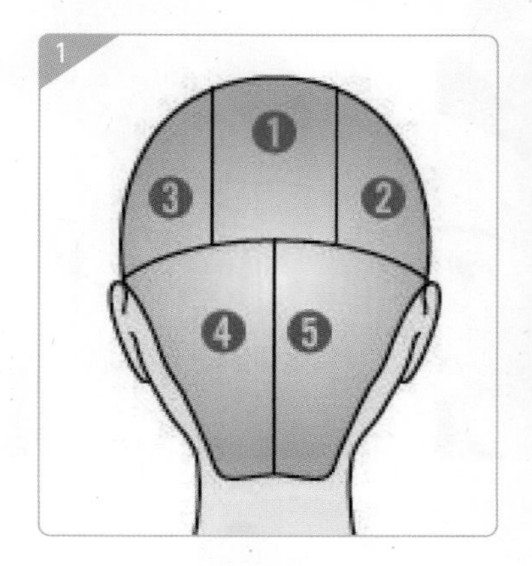

❷ 블로킹된 전두면을 영역화하기 위해 모다발을 전두부 영역의 중간으로 모아 틀어서 사진과 같이 핀닝(Pinning)한다.

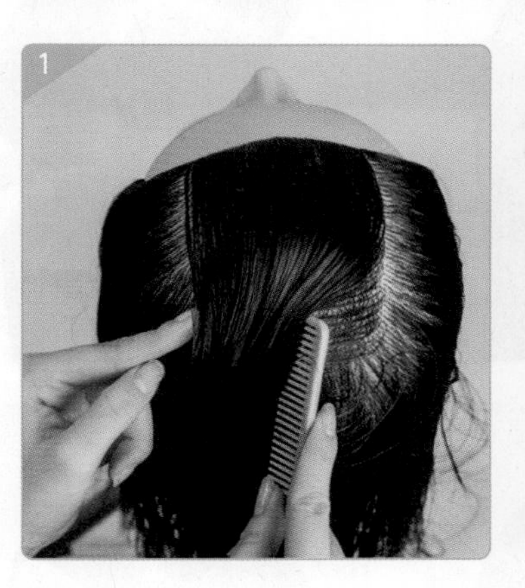

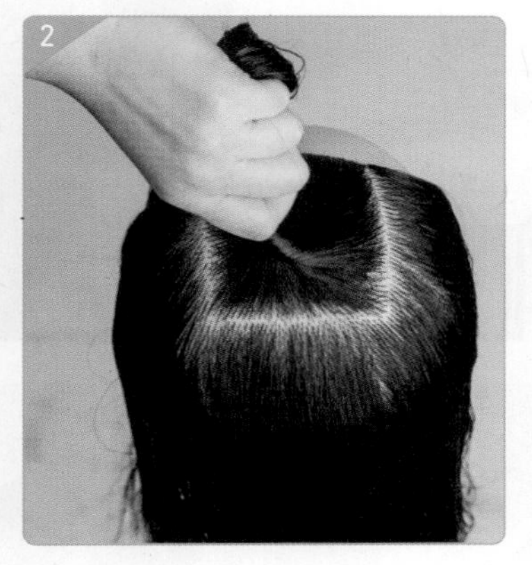

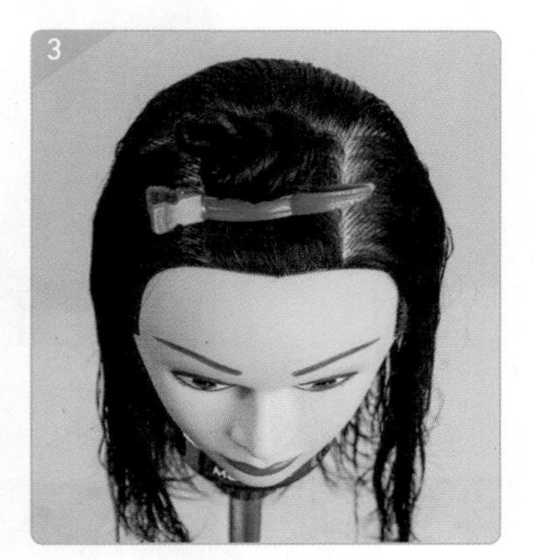

❸ 블로킹된 전두면을 중심으로 양 측면을 넓지 않도록(E.B.P를 향해) 측수직선으로 파팅 후 영역화시켜 핀셋으로 모다발을 핀닝한다.

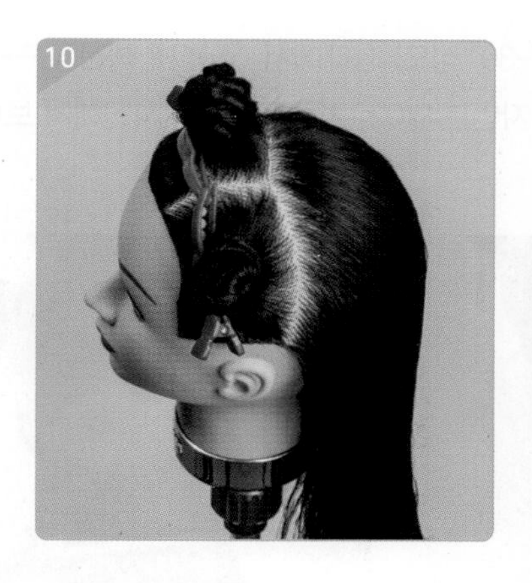

주의

블로킹 영역간 선이 정확하게 보일 수 있도록 반드시 블로킹 중앙에 빗질된 모다발로 틀어서 영역 중간에 안착되도록 하여 핀셋으로 핀닝한다.

④ 후두면은 T.P를 중심으로 N.P까지 백 센터파트하여 오른쪽과 왼쪽으로 영역화하기 위해 블로킹한다.

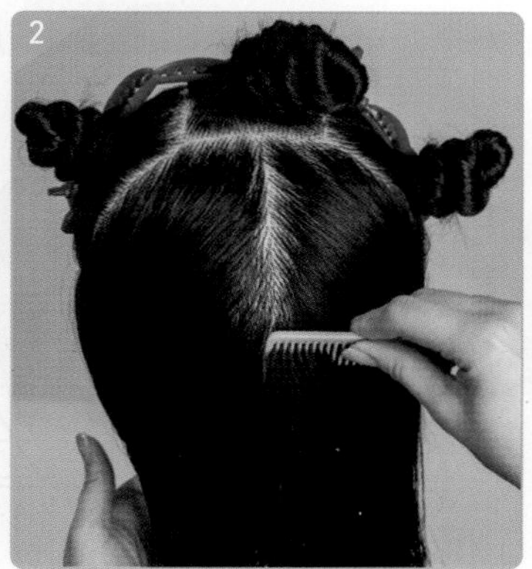

⑤ 백 센터파트를 중심으로 블로킹된 우영역과 좌영역의 모다발을 우측면과 좌측면으로 사진과 같이 모다발을 핀셋으로 핀닝한다.

⑥ 후두면의 가이드 라인을 형성하기 위해 반드시 두상을 앞숙임(15~30° 정도) 상태에서 첫 번째 섹션(N.P-1.5cm, N.S.C.P-2cm)은 네이프 라인으로부터 후대각 파팅, 컨벡스 라인, 자연분배(0°로 빗질)로 하여 사진에서 보여주는 바와 같이 굵은빗살을 이용하여 반드시 빗질한다.

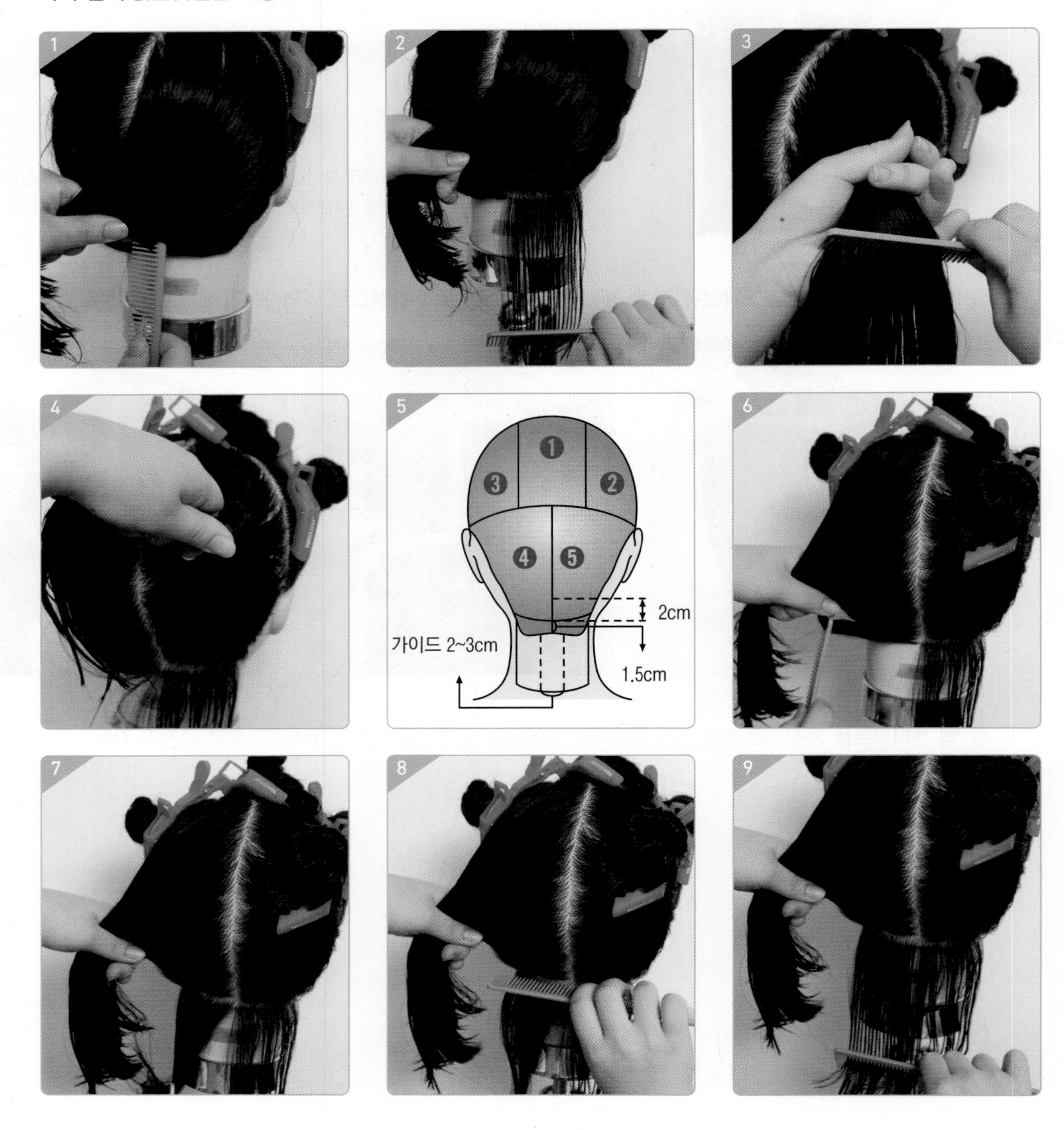

❼ 첫 번째 섹션에서 자르는 방법은 N.P를 중심으로 10~11cm 정도 가이드 라인(외곽형태선이 됨)을 설정하여 파팅된 선(두상의 곡선)과 나란하게 컨벡스 라인의 자연분배 및 시술각으로 인커트한다.

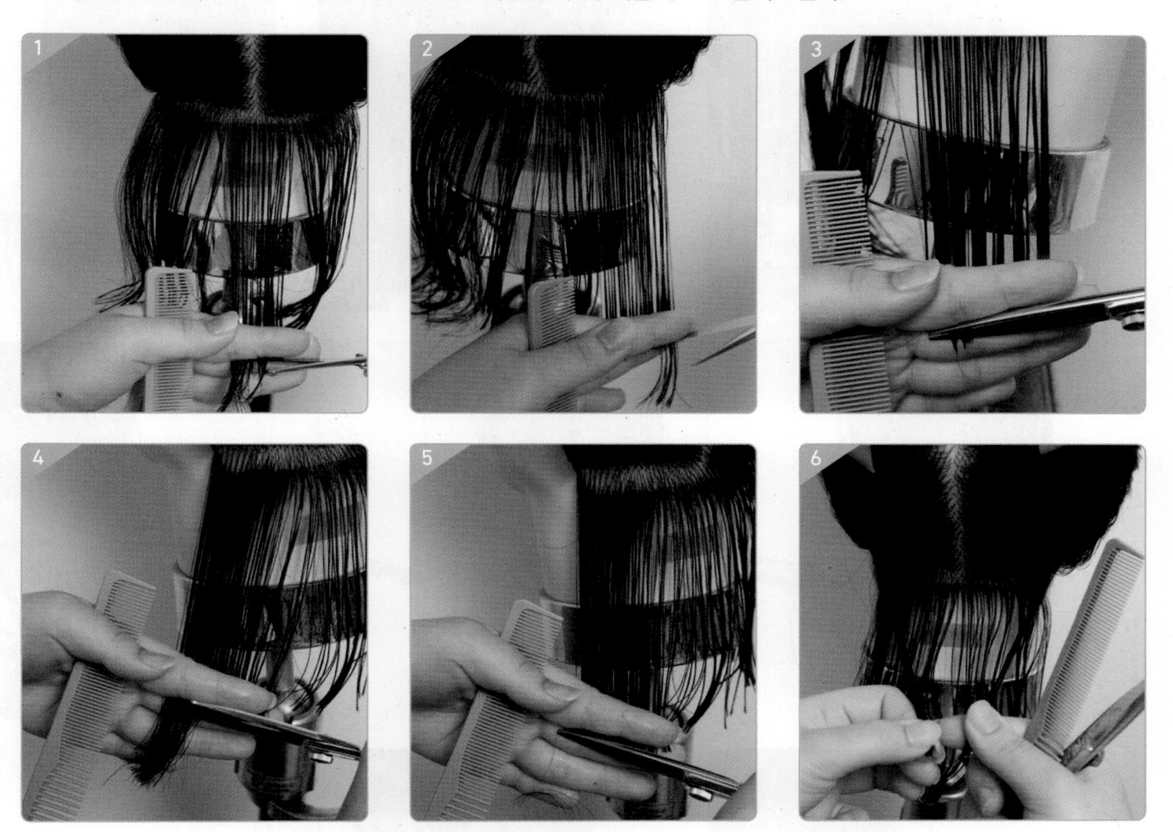

❽ 두 번째 섹션(1~1.5cm) 역시 후대각 파팅 후 컨벡스 라인이 설정된다. 첫 번째 섹션에서 설정된 가이드 라인을 포함한 모다발과 두 번째 섹션된 모다발 간 15° 엘리베이션 기법으로 자른다. 이는(두피에 대해 45°로 빗질함) 진행 디자인 라인으로서 두상 곡면을 따라 평행으로 인커트된다.

- 하나의 스케일(파팅된)은 굵은빗살 쪽을 이용하여 모근에서부터 빗질함으로써 모발 끝에 다달았을 때 왼손의 인지와 중지 사이에 판넬된다.
- 판넬 후 오른손으로 주고 가위의 하나 · 둘 · 셋 · 넷으로 개폐함으로써 잘라나간다.
- 판넬을 다 자른 후 다른 판넬을 만들기 위해 왼손은 ①, ②의 상태를 그대로 유지하여야 그 다음의 판넬을 위해 유지된 각도를 그대로 가져갈 수 있으므로 숙련된(리드미컬) 작업자세를 보여준다.

주의

작업 시 파팅과 손가락 위치가 평행하지 않으면 후두부의 귀 주변으로 갈수록 길이가 길어지거나 짧아질 수 있어 주의해야 한다. 좌측 또는 우측으로 자세를 이동하면서 연결된 정중면과 측정중면의 시술각을 빗질에 의해 동일하게 유지한다.

⑨ 세 번째 ~ 네 번째 섹션에서는 변이분배, 컨벡스 라인, 이동(진행)디자인 라인으로 하는 분배와 시술각으로 인커트한다. 세 번째 섹션은 두 번째 섹션을, 네 번째 섹션은 세 번째 섹션을 변이분배(시술각 30°), 진행디자인 라인으로 평행 인커트한다. 시술각은 30°를 유지한다. 세 번째 섹션된 두발길이의 가이드를 확인하면서 정중선 중심에서 좌우로 온 베이스 인커트한다.

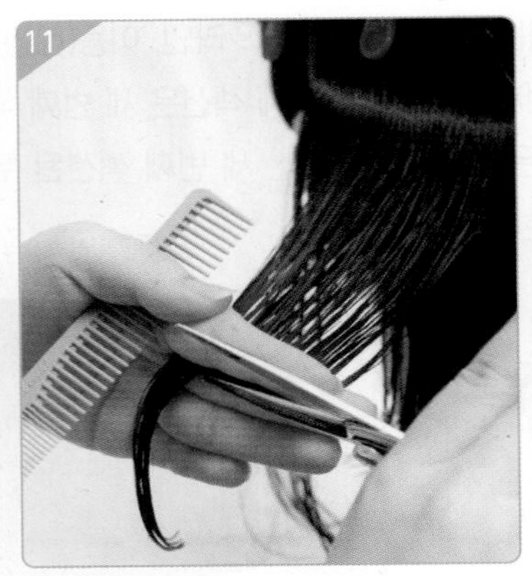

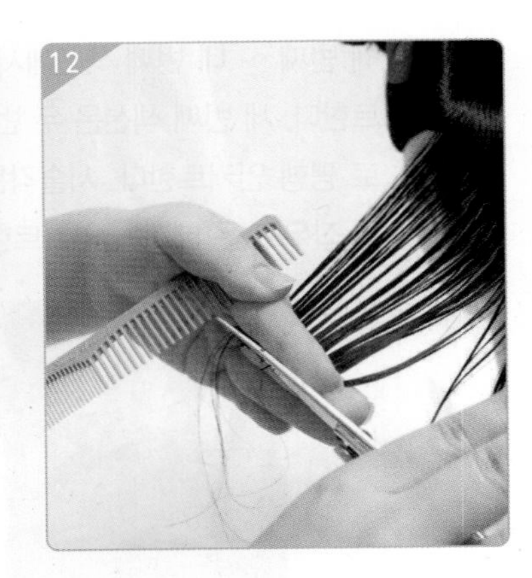

⑩ 네 번째 섹션은 그래듀에이션형의 무게선을 형성시키는 그라데이션 기법이 이루어진다. 이는 혼합디자인 라인으로서 후두부의 열 번째 섹션까지 45° 시술각에 의해 네 번째 섹션이 중심 고정가이드 라인이 된다.

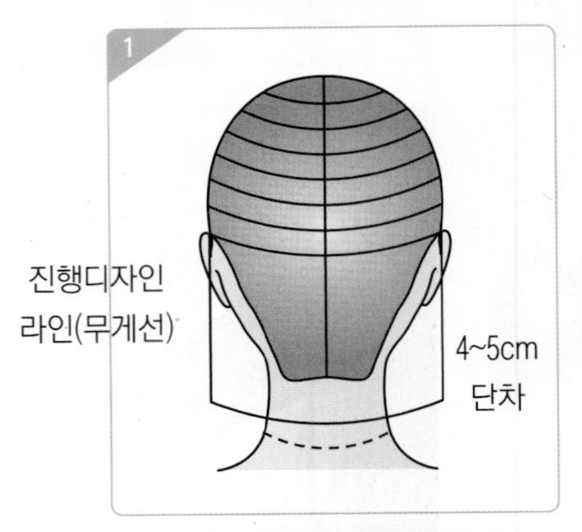

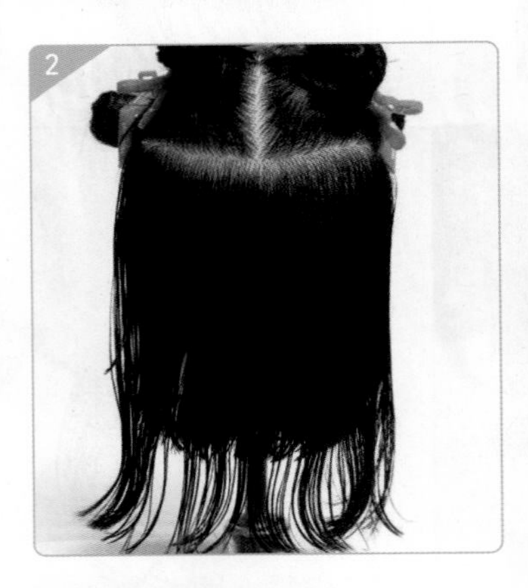

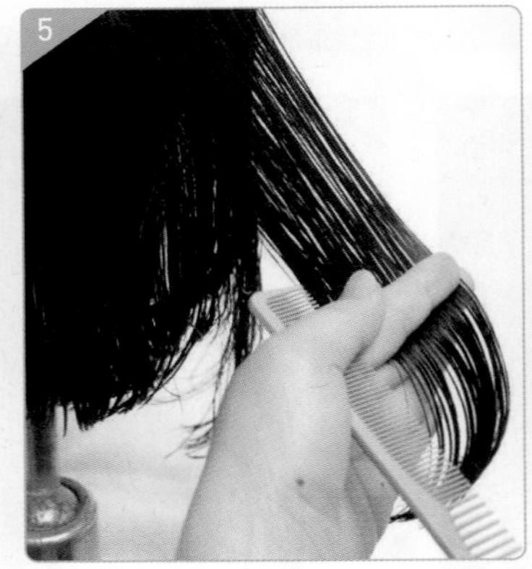

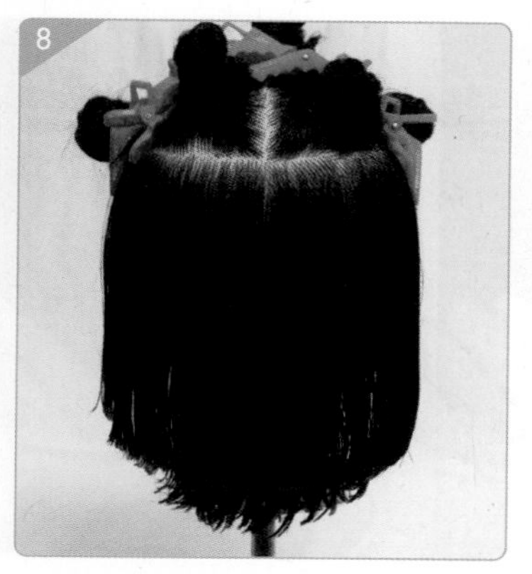

⓫ 다섯 번째 섹션은 혼합 디자인 라인의 무게선(형태선) 가이드 라인의 그라데이션이 형성된다. 네 번째 섹션을 중심으로 열 번째 섹션까지 변이분배, 고정디자인 라인, 컨벡스 라인으로 인커트한다.

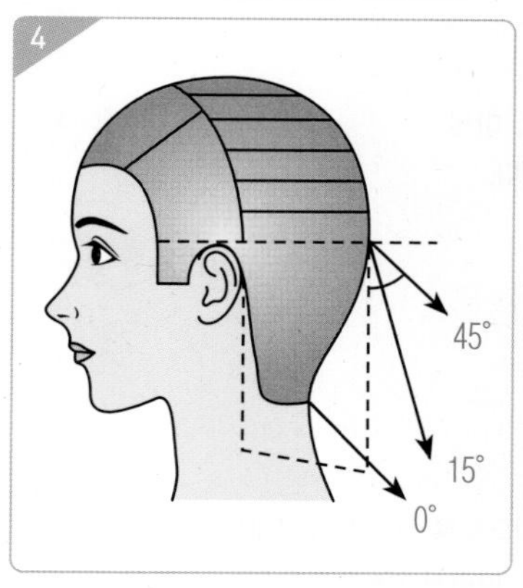

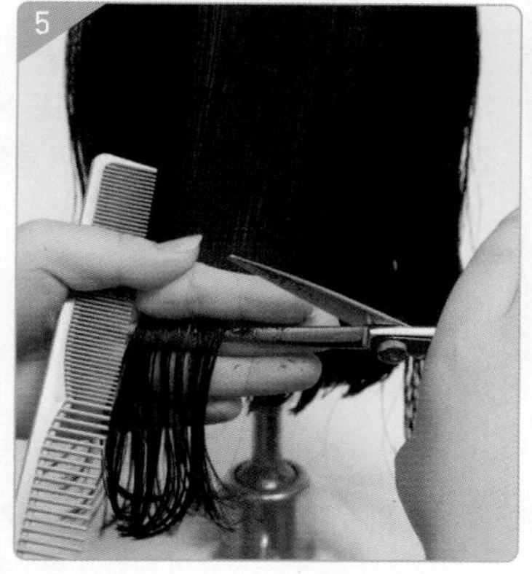

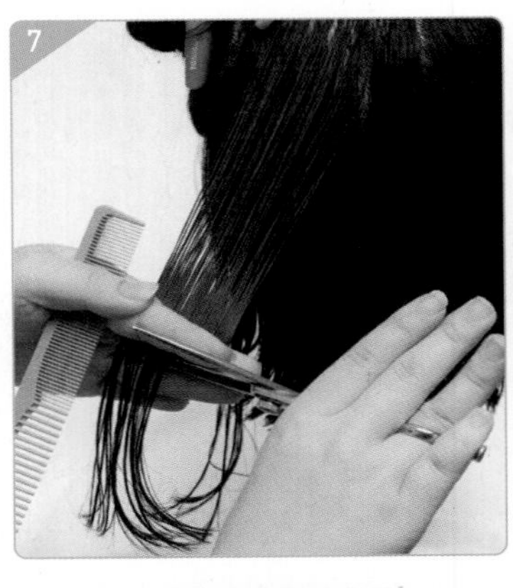

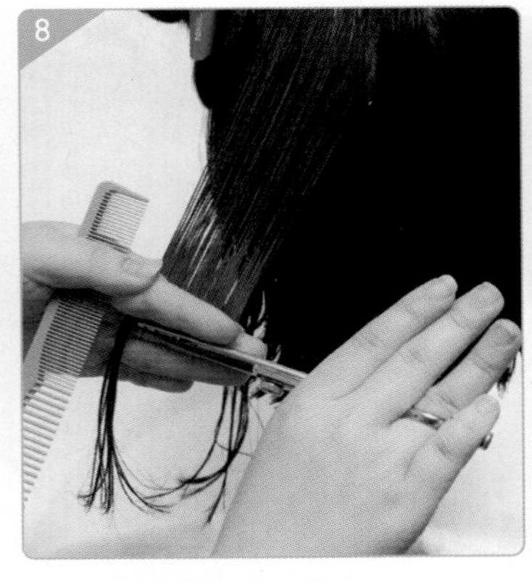

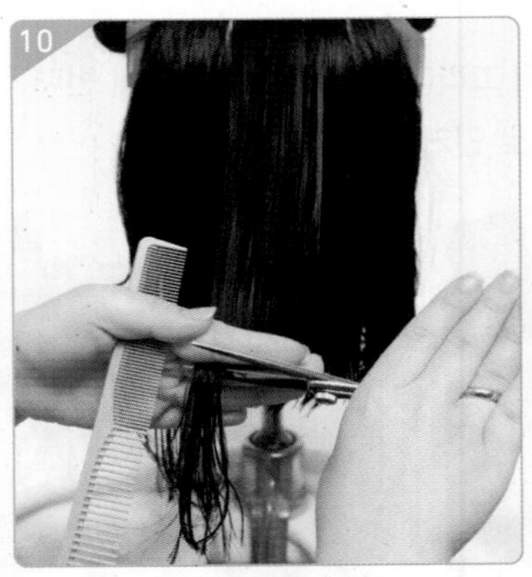

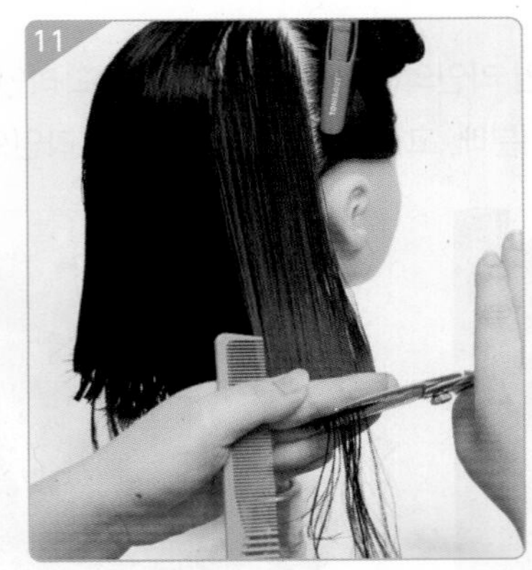

무게선은 1~1.5cm 정도 그라데이션을 통해, 미세 한 단차를 통해 입체감 또는 부피감이 형성된다.

4~5cm 단차

주의

①은 가이드 라인 10~11cm정도로서 ②의 무게선은 ①과 4~5cm 단차가 나오도록 하고 무게선에서도 ③의 1~1.5cm 정도 그라데이션이 부피감이 형성되도록 함으로서 총 5~6.5cm의 단차가 형성된다. 따라서 2중 블럭의 단발(원랭스) 길이의 무게선이 아님을 나타내어야 한다.

⑫ 두상의 위치를 똑바로(Up right) 했을 때 측두면의 첫 번째 섹션은 그래듀에이션의 외곽형태선이 된다. 따라서 후두면의 네 번째 섹션에서의 두발길이를 중심으로 자연시술각, 후대각 파팅으로 인커트한다.

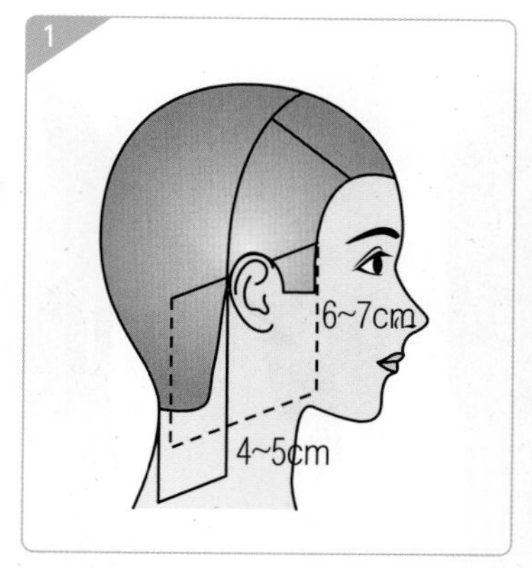

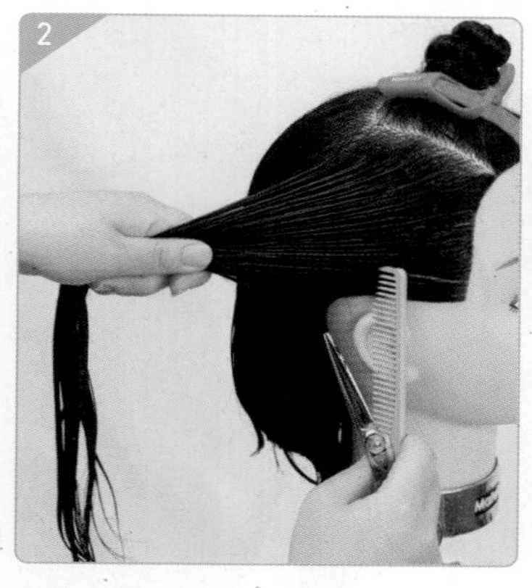

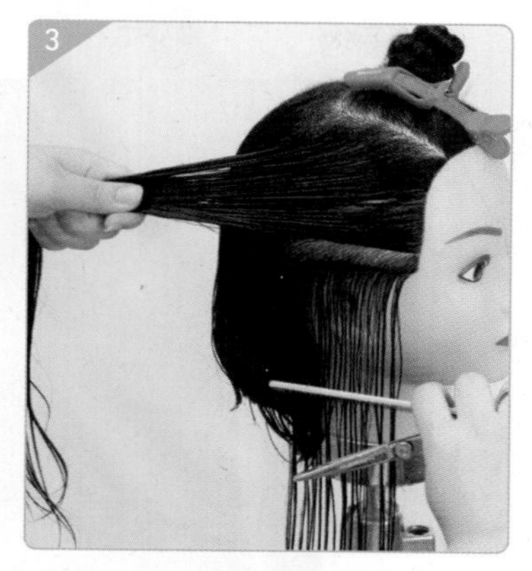

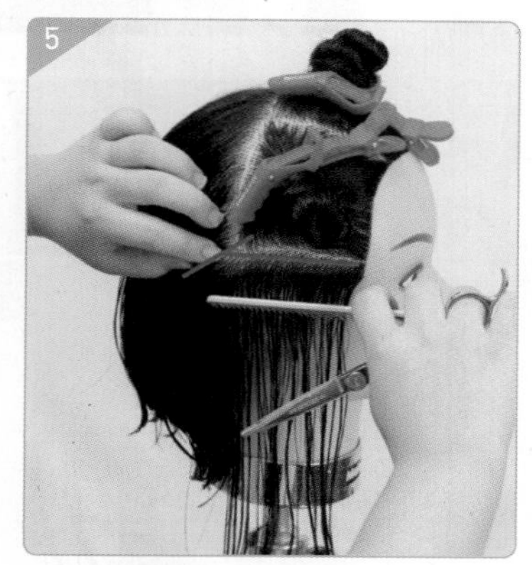

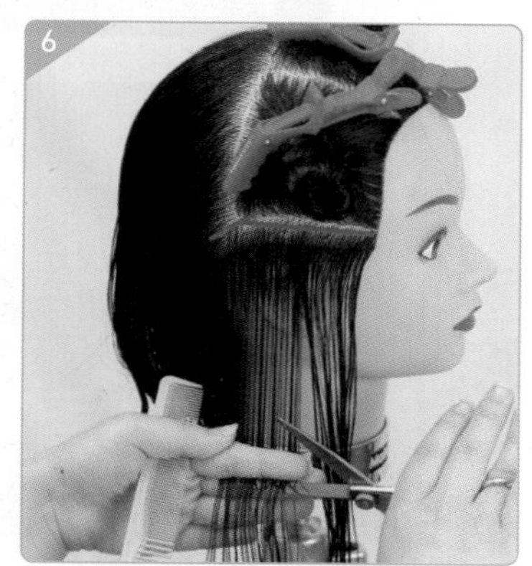

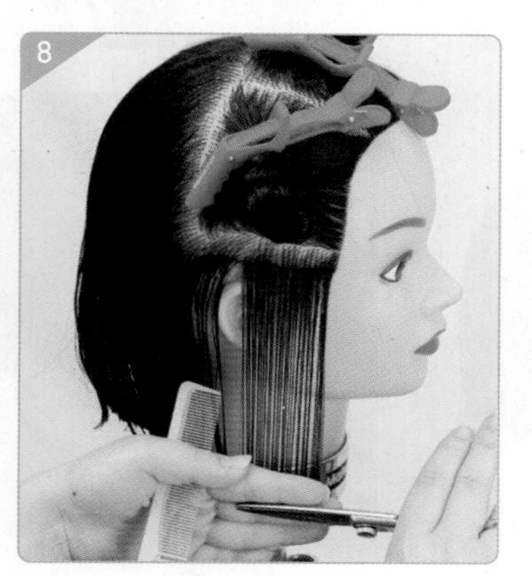

주의

측두면의 파팅(1~1.5cm) 후 두발 빗질 시 반드시 굵은빗살을 이용하여야 노텐션에 따른 길이 조정이 자연스럽게 떨어진다.

⑬ 측두면의 두 번째 섹션(1~1.5cm)~세 번째 섹션은 변이분배로서 30°시술각에 의해 그라데이션된 무게선이 형성된다. 이때 전진(이동)디자인 라인에 의해 블런트 기법으로 인커트한다. 네 번째 섹션 역시 두 번째 섹션을 가이드로 하여 그라데이션 기법으로 인커트된다.

- 사진 ④, ⑤, ⑥ 측두면의 자르기에서와 같이 측정중면을 연결하여 우선 자른 후 얼굴쪽으로 연결하여 자른다.
- 측정중면 쪽과 연결된 측두면 판넬을 자르고 오른쪽으로 연결하여 자를 시 판넬을 잡은 왼손을 잘라 각도를 유지하기 위해 모발 끝을 그대로 잡고 있어야 한다.

⑭ 전두부는 센터 파팅 후 변이분배, 혼합디자인 라인, 인커트 등 동일하게 자른다.

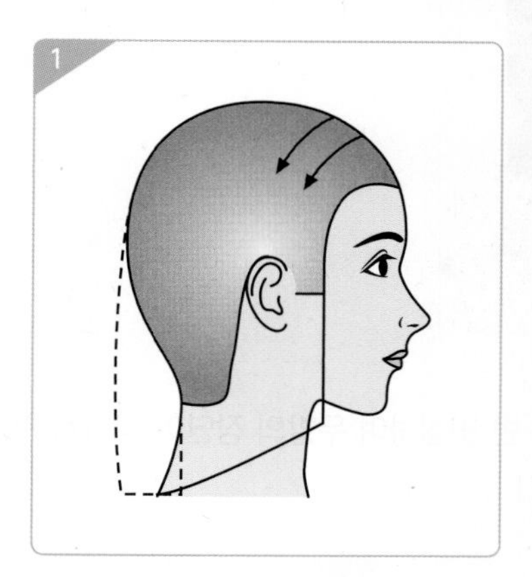

⑮ 양쪽 전두부의 두발을 정중선으로 나누어 여러 번 빗질하고 두발의 장단이 생기지 않도록 커트한다. 커트가 완성된 후 깔끔하게 빗질하면서 콤 아웃으로 마무리한다. 섹션, 변이분배, 혼합디자인 라인, 인커트 등 동일하게 자른다.

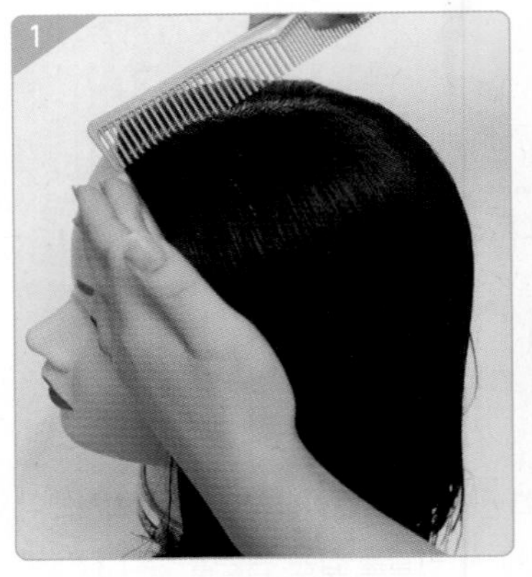

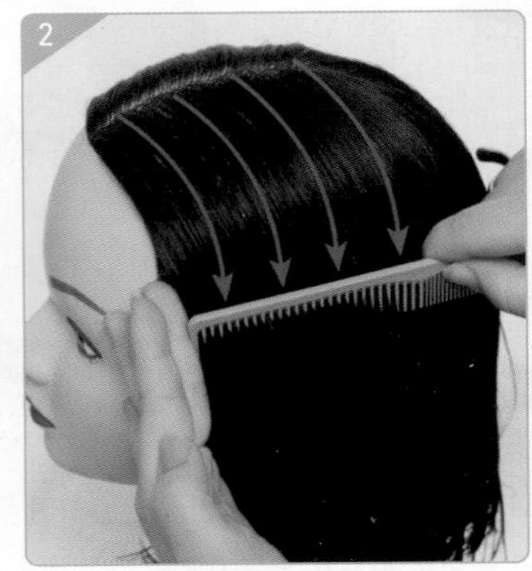

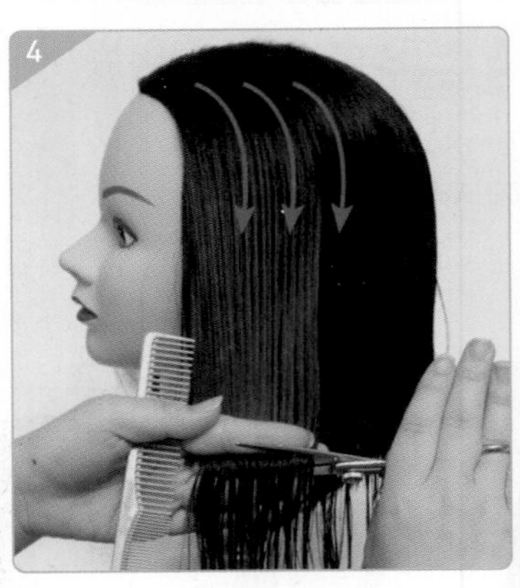

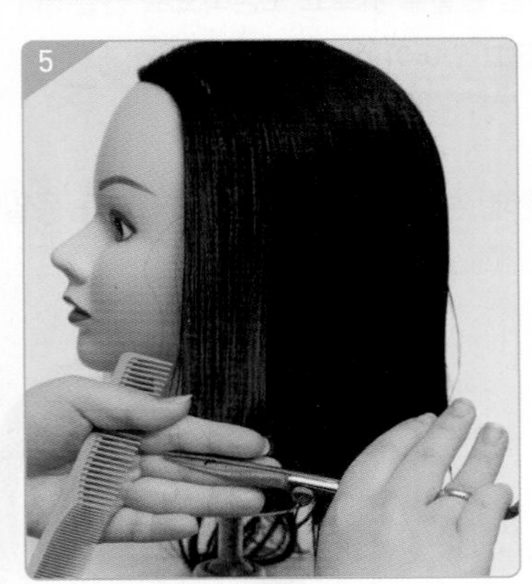

⑯ 좌측도 동일한 방법으로 커트한다. 두발을 정중선으로 나누어 여러 번 빗질하여 두발의 장단이 생기지 않도록 굵은빗살로 노텐션 빗질 후 하나 · 둘 · 셋 · 넷의 가위 개폐로서 자른다.

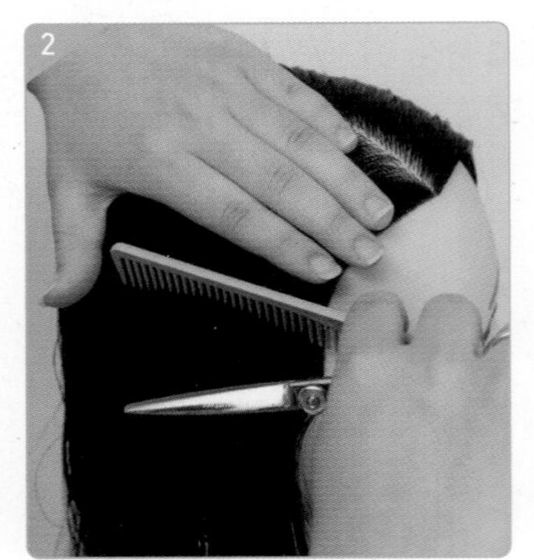

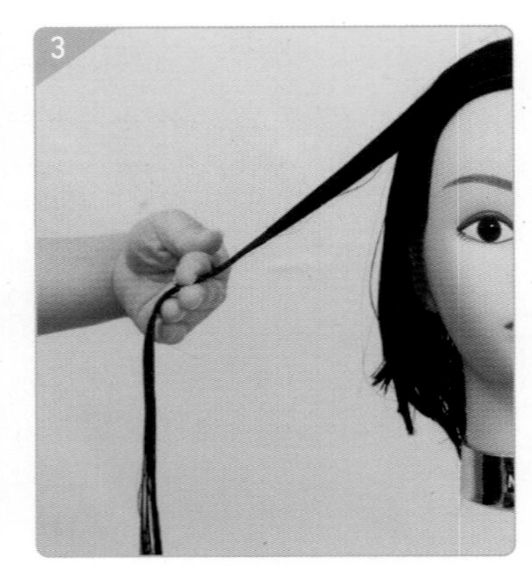

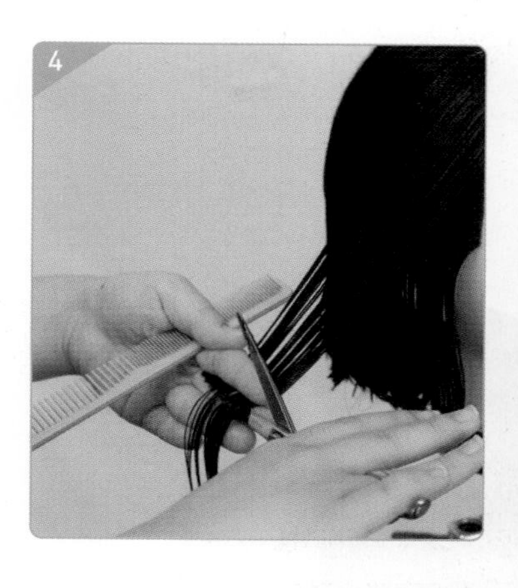

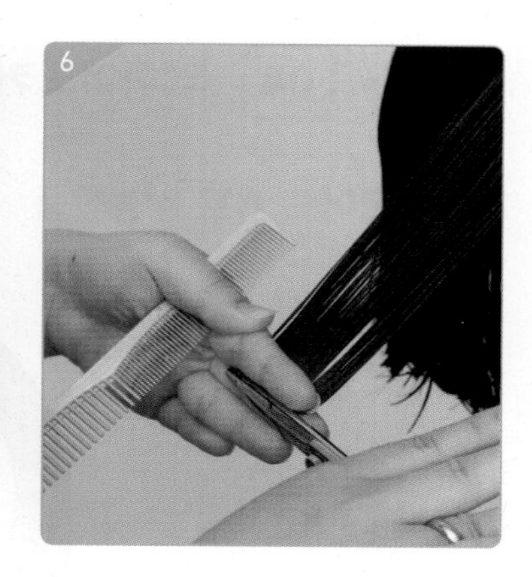

⑰ 커트가 완성된 후 깔끔하게 빗질하여 콤 아웃으로 마무리함으로써 컨벡스 라인의 그라데이션 기법에 따른 그래듀에이션형이 완성된다.

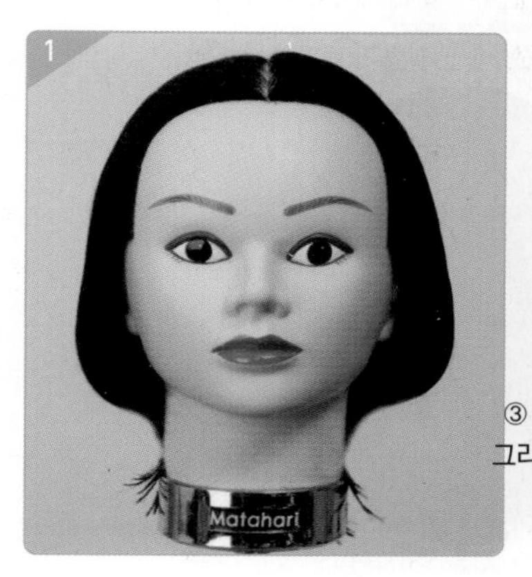

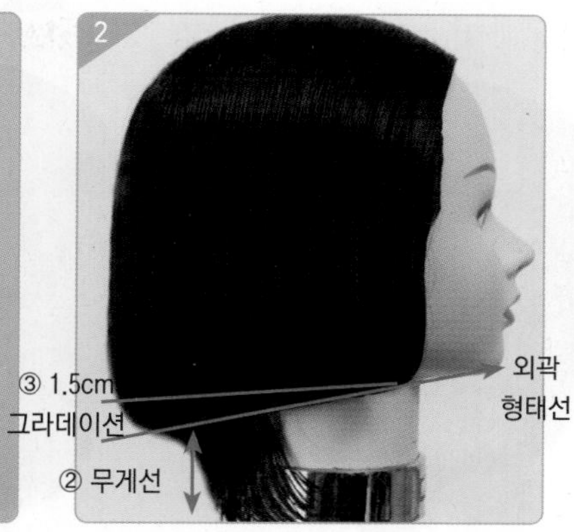

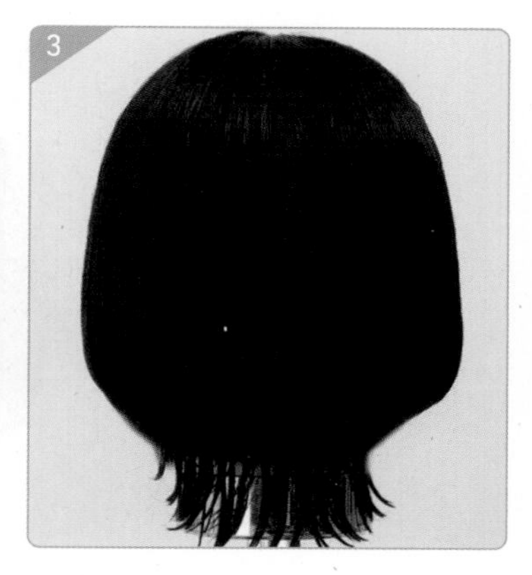

Section 04 레이어드 커트

1 레이어드 커트 완성작품

2 레이어드 커트

목표	시험 규정에 맞게 가위와 커트빗을 사용하여 레이어드형을 작업한다.	블로킹	5등분
장비	작업대, 민두, 홀더, 분무기	형태선	컨벡스 라인
도구	커트 가위, 커트빗, 핀셋	섹션	1~1.5cm
소모품	통가발 마네킹(또는 위그)	시술각	90°(직각분배)
내용	가이드 라인 12~14cm	손의 시술각도	섹션과 직각, 온 베이스
시간	30분	완성상태	센터파트 후 안마름 빗질

3 사전준비 및 블로킹 순서

도구 및 재료 준비

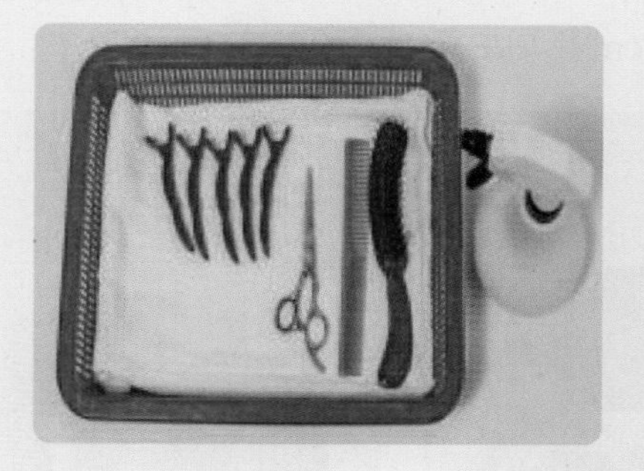

- ☐ 마네킹
- ☐ 홀더
- ☐ 가위
- ☐ 커트빗
- ☐ 분무기
- ☐ S 브러시
- ☐ 핀셋 5개
- ☐ 흰색 타월 1장

블로킹 순서

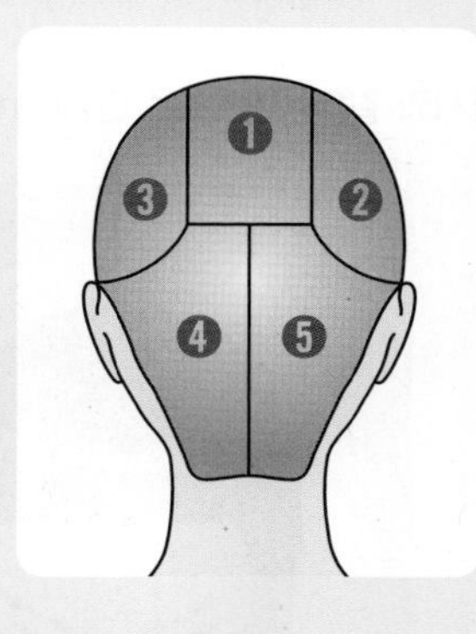

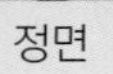

정면

오른쪽 측면

왼쪽 측면

후면

4 레이어드의 실제(30분, 20점)

❶ 두상의 위치를 바르게 한 후 반드시 두피 가까이 모근에 물을 충분히 분무한다.

- C.P를 중심으로 전두면의 영역이 가로 7cm ×세로 7cm가 되도록 블로킹한다.

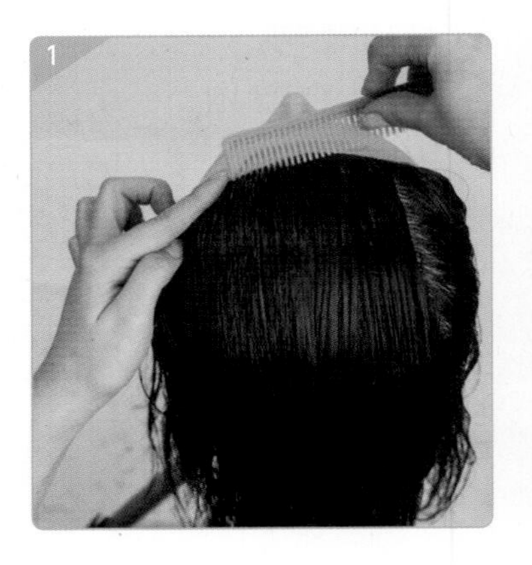

❷ 블로킹된 전두면을 영역화하기 위해 양 측두선을 연결하여, 모다발을 사진에서와 같이 핀셋으로 핀닝(Pinning)한다.

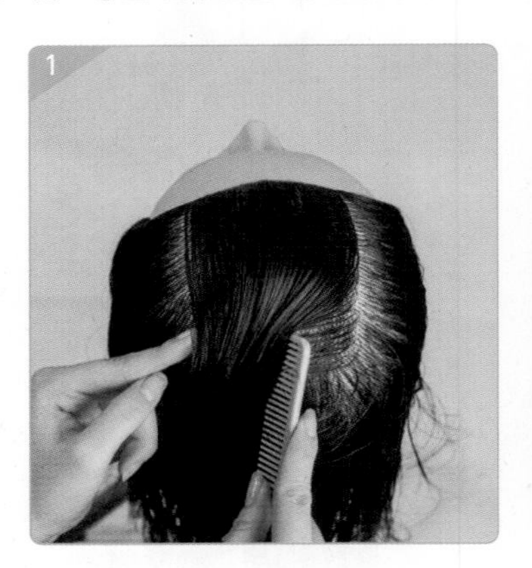

❸ 블로킹된 전두면을 중심으로 양 측면을 영역화시킨 측중면의 모다발을 핀닝한다.

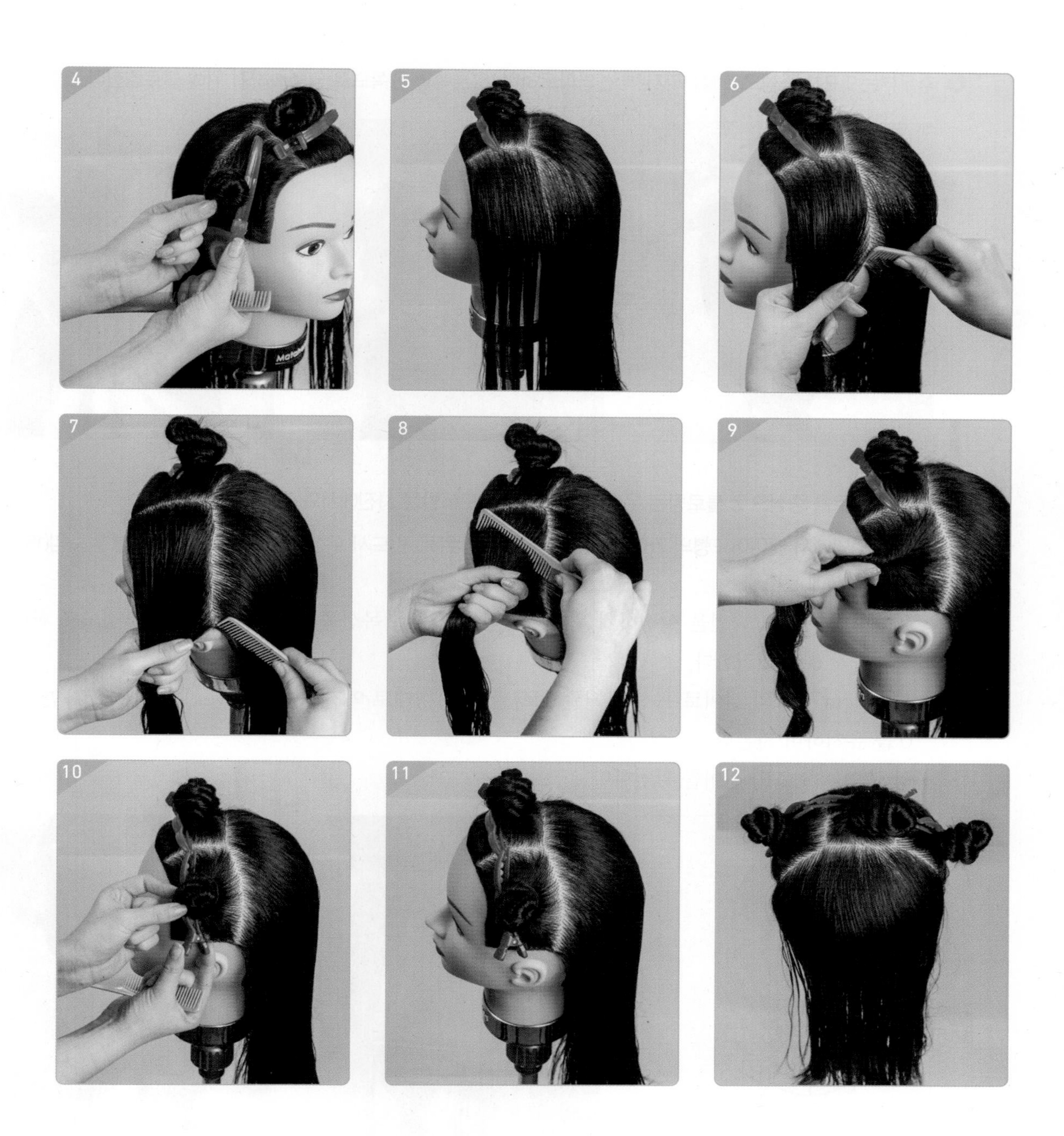
4
5
6
7
8
9
10
11
12

❹ 후두부는 T.P를 중심으로 N.P까지 백 센터파트하여, 오른쪽과 왼쪽으로 영역화하기 위해 블로킹한다.

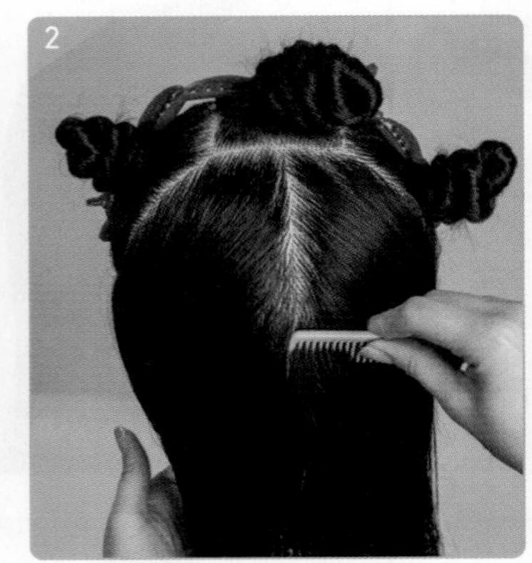

❺ 백 센터파트를 중심으로 블로킹된 우영역과 좌영역의 모다발을 사진에서와 같이 핀닝한다.

❻ 후두부 영역에서 레이어드형의 가이드 라인을 설정하기 위해, 반드시 두상위치(Head position)를 앞숙임(15~30° 기울임) 상태에 둔다.

- 외곽선인 가이드 라인을 설정하기 위해, 첫 번째 섹션은 목선을 기준으로 상향 2cm 정도로 하여 자연시술각 0°로 빗질한다.
- 12~14cm 정도의 길이로 목선을 기준으로, 두상의 형태로 약간 둥근(Convex) 느낌으로 자연시술각 0°를 유지하며 자른다.
- 양 측면(N.S.C.P) 길이를 확인한다.

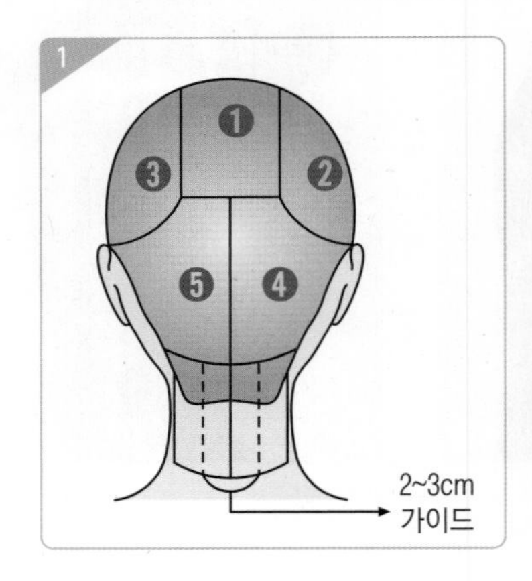

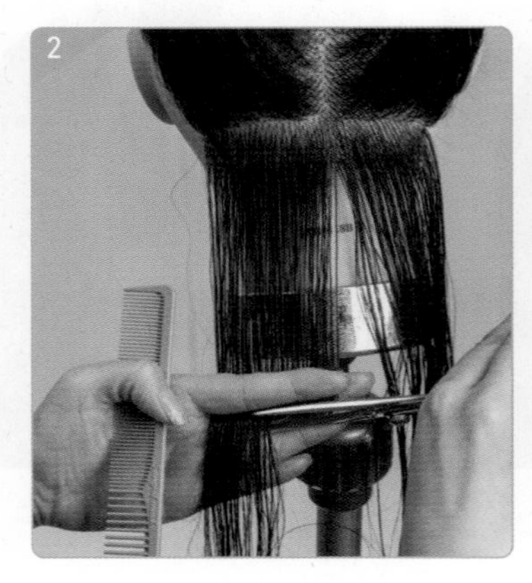

❼ 두 번째 섹션(1~1.5cm)은 컨벡스 라인으로 하고 빗질 방향과 시술각은 첫 번째 섹션을 가이드 라인으로 하여 90°(직각분배) 온 베이스로 진행디자인 라인, 인커트한다.

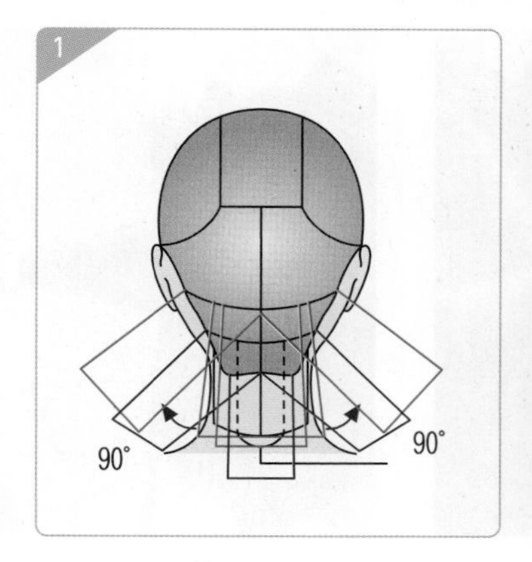

❽ 세 번째 섹션의 컨벡스 라인 후대각 파팅은 두 번째 섹션을 가이드 라인으로 하여 레이어 기법으로 직각분배(90°), 온 베이스로 수평 진행디자인 라인, 인커트(손바닥이 보이도록 하여 모다발을 쥐고 커트 함)한다.

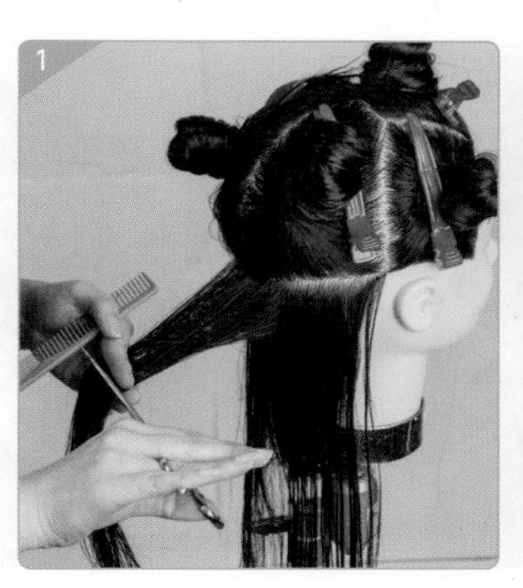

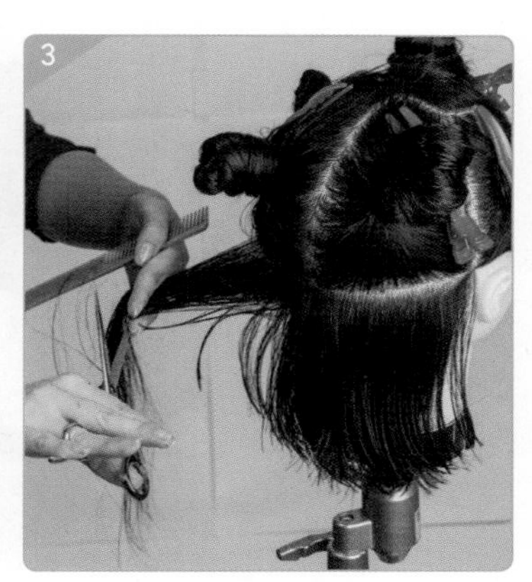

⑨ 네 번째 섹션의 컨벡스 라인은 13~14cm 길이가 되도록 ⑧의 레이어된(층이 난) 두발을 가이드로 하여 90°, 온 베이스, 인커트한다.

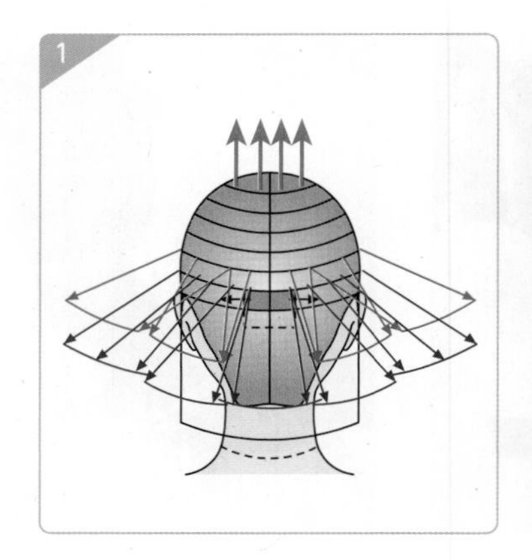

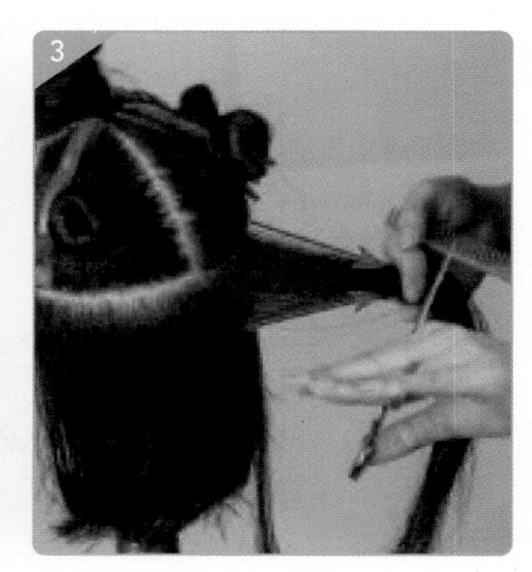

⑩ 다섯 번째~여섯 번째 섹션의 컨벡스 라인은 ⑨의 레이어된 두발을 가이드로 하여 두피에 대하여 직각분배, 온 베이스, 인커트한다.

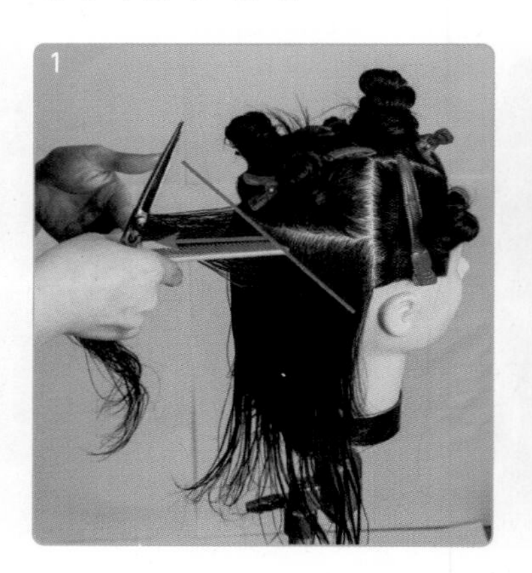

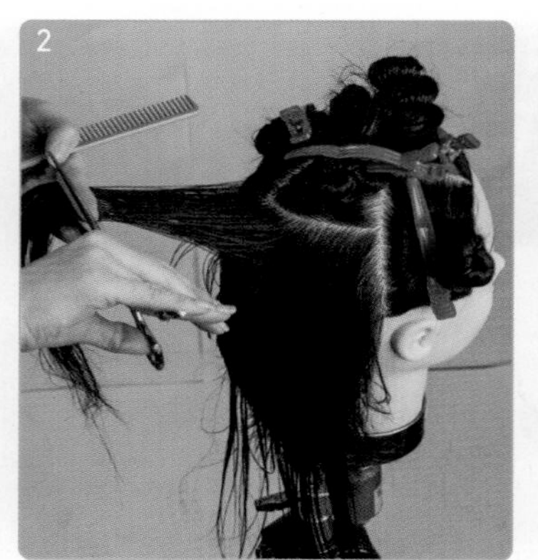

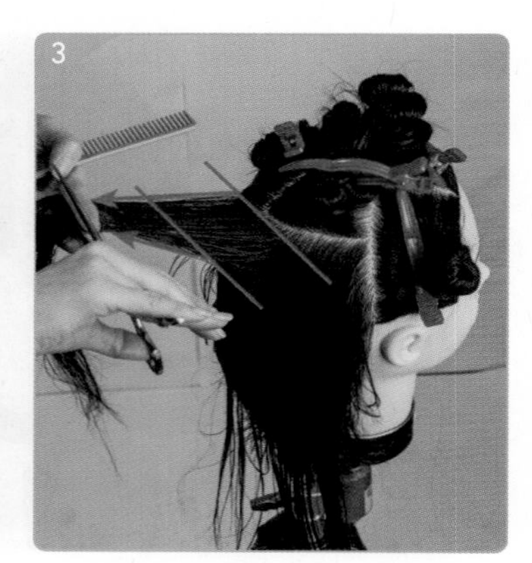

⑪ 일곱 번째 섹션(1~1.5cm 폭)의 컨벡스 라인은 13~14cm가 유지되도록 ⑩을 가이드 라인으로 직각분배(모근에 대해 90°), 온 베이스, 하나 · 둘 · 셋 · 넷의 가위 개폐 동작에 따른 아웃커트(손등이 밖으로 향하는)를 한다.

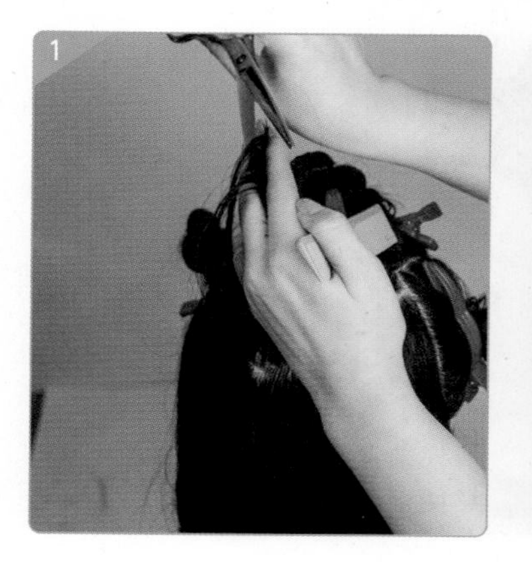

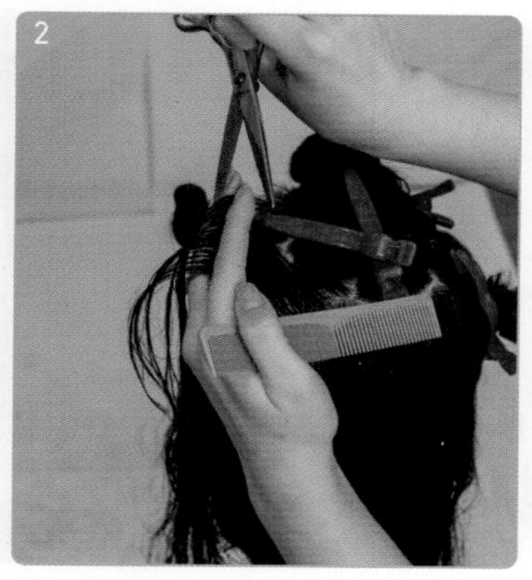

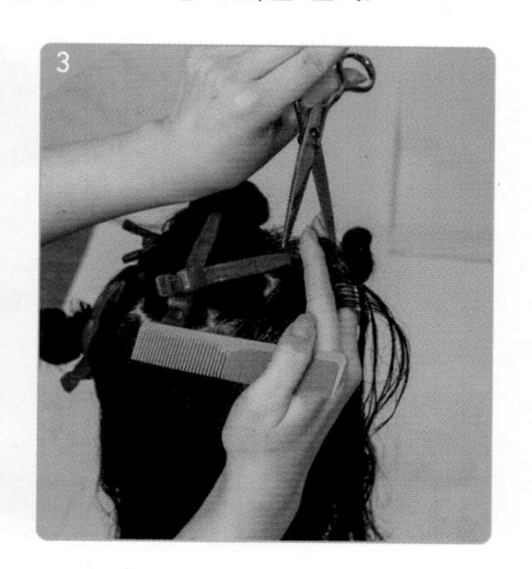

⑫ 두정부의 두정면에서 여덟 번째 섹션의 컨벡스 라인은 13~14cm가 유지되도록 ⑪을 가이드 라인으로 직각분배(진행디자인 라인), 온 베이스, 아웃커트한다.

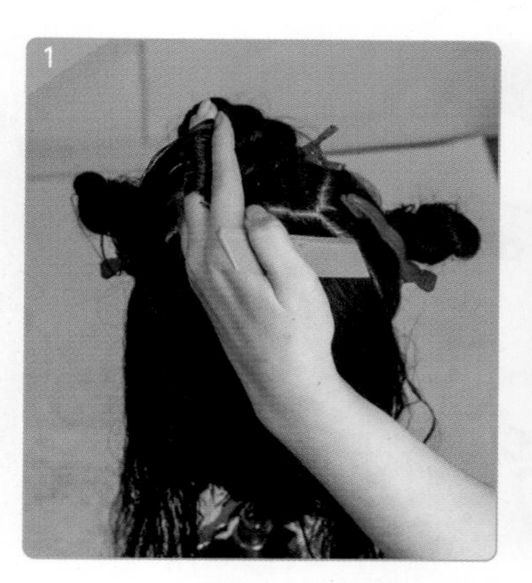

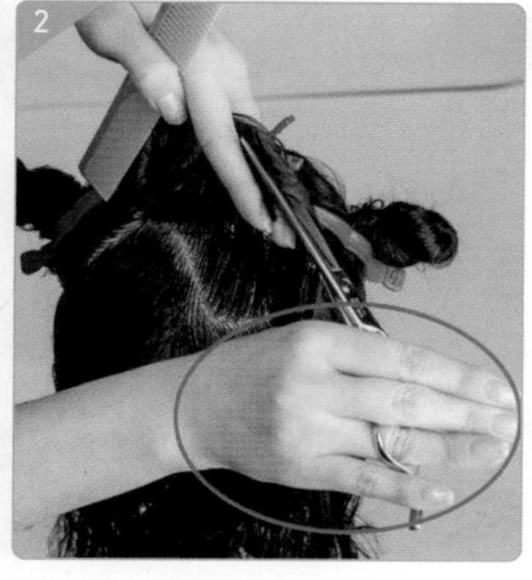

버티컬 라인드로잉된 파팅과 온 베이스 빗질에 따른 손등이 보이도록 가위 쥐는 동작에 반드시 주의해야 한다.

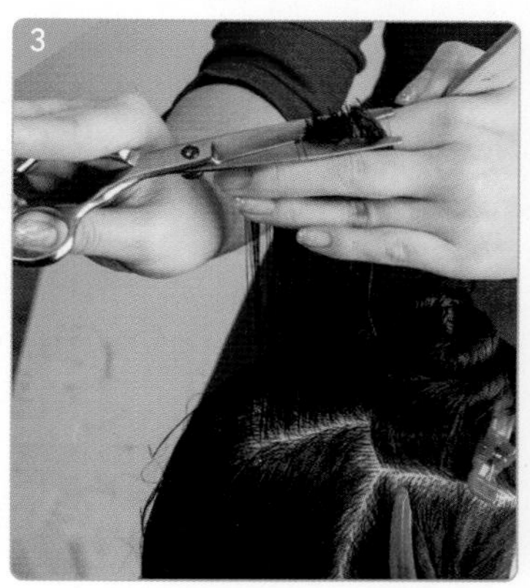

⑬ 오른쪽 측두면(2영역)의 모다발을 호리젠탈(수평)라인으로 2cm 정도 가이드(외곽)라인으로 파팅하여 0°(Natural fall)로 빗질한다.

⑭ 측두면의 첫 번째 섹션은 측정중면을 가이드 라인으로 기준길이를 원랭스로 설정한 후 다시 층을 내기 위해 자연분배, 자연시술각, 인커트한다.

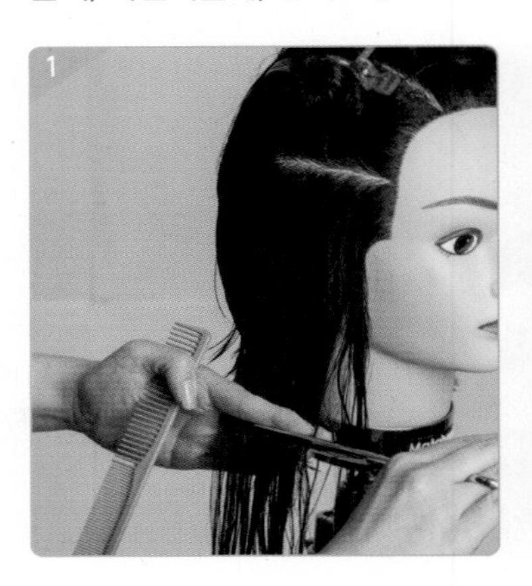

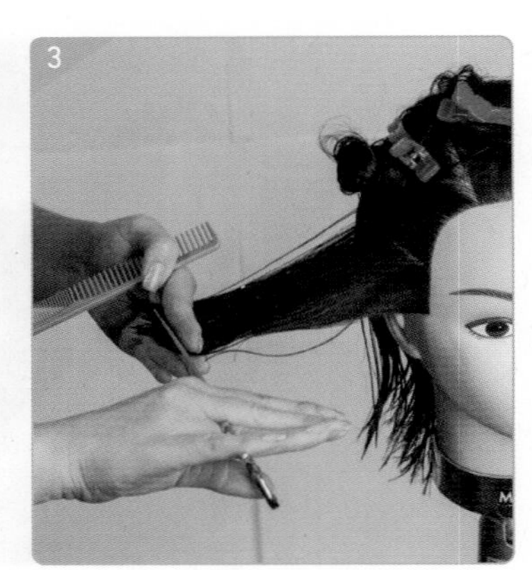

⑮ 측두면의 두 번째~세 번째 섹션은 수평 파팅 또는 직각 파팅으로서 측정중면과 ⑭을 중심가이드 라인으로 13~14cm가 유지되도록 직각분배, 온 베이스, 진행디자인 라인, 인커트한다.

⑯ 왼쪽 측두면(❸영역) 역시 오른쪽 측두면 커트절차와 동일한 방법인 진행디자인 라인, 인커트한다(정확하게는 그림에서와 같이 레이어로 자르기는 가이드 라인을 제외하고 버티칼 파팅을 한 후 직각분배(모근에서 90° 빗질), 아웃커트를 해야 한다. 그러나 거의 대부분 시험자가 수평 파팅과 인커트를 통해 자르고 있기 때문에 자르는 선이 일정하지 않고 자를 시 절도있는 정확한 동작이 나오지 않고 있다).

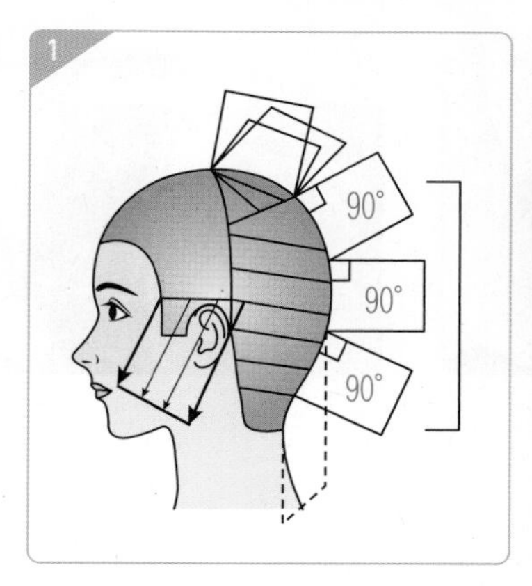

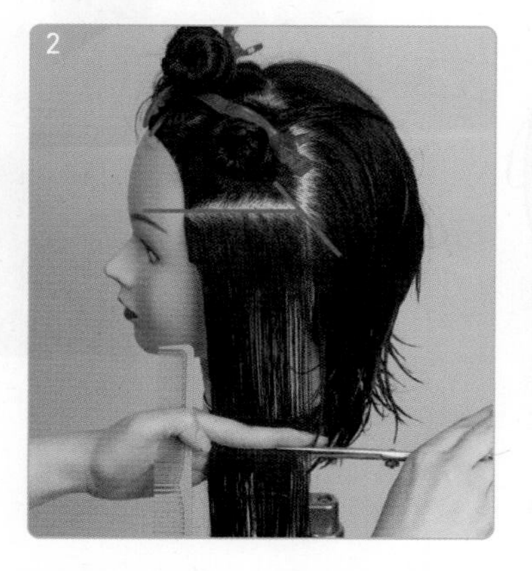
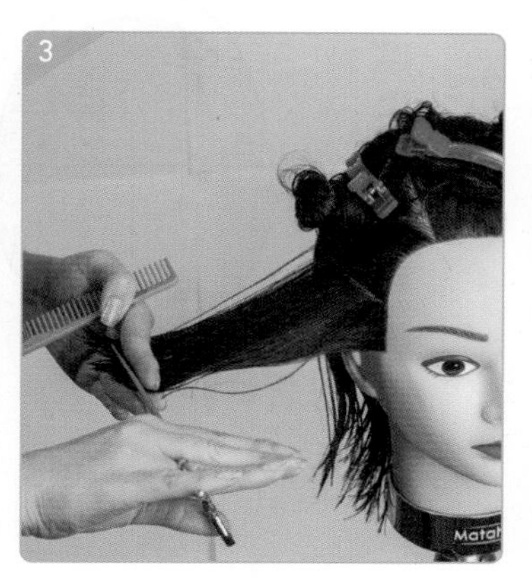
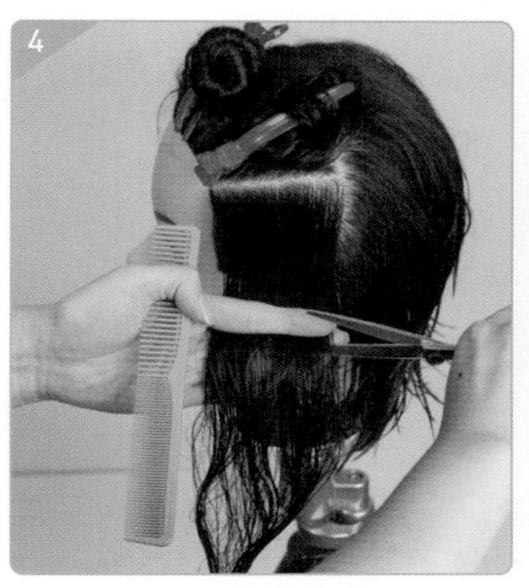
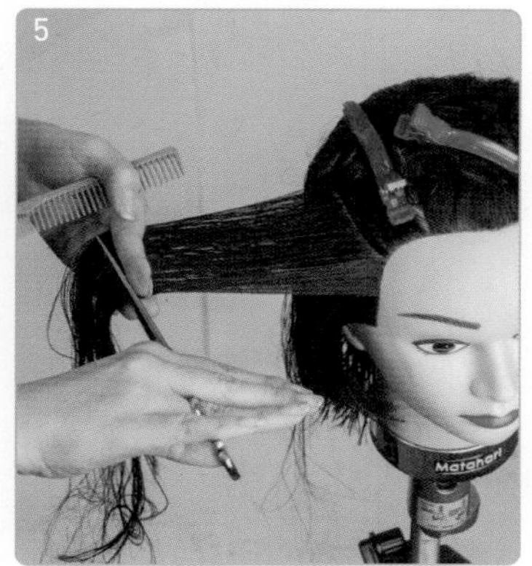

⑰ 전두부(1영역)는 C.P를 중심으로 1~1.5 섹션으로 파팅한 후, T.P의 두발길이(후두부 가이드 라인)를 중심으로 직각분배, 온 베이스, 진행디자인 라인, 아웃커트한다.

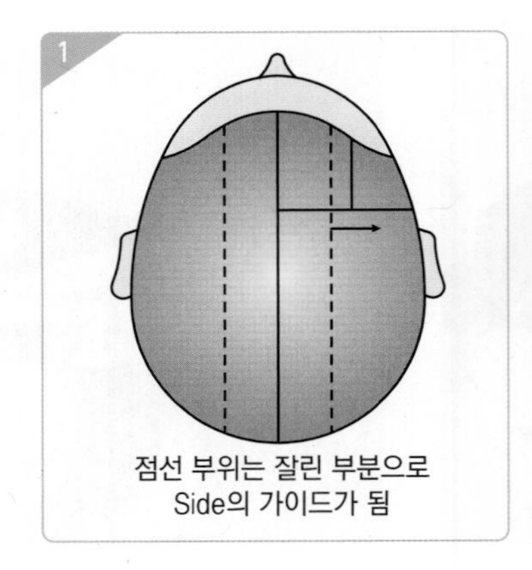

1
점선 부위는 잘린 부분으로
Side의 가이드가 됨

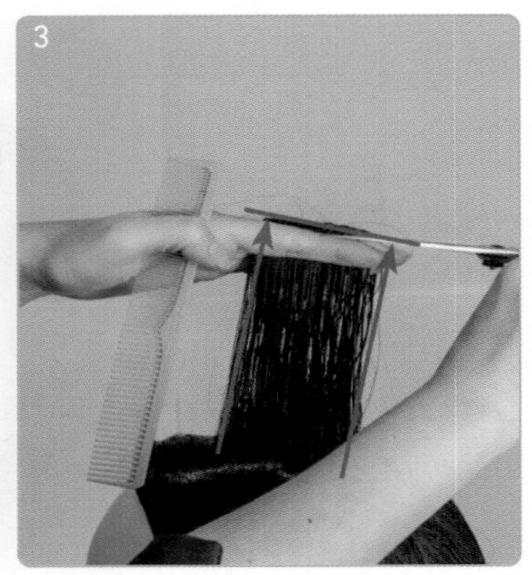

⑱ T.P~C.P까지 13~14cm의 길이를 유지하기 위해 직각분배, 온 베이스, 아웃커트한다.

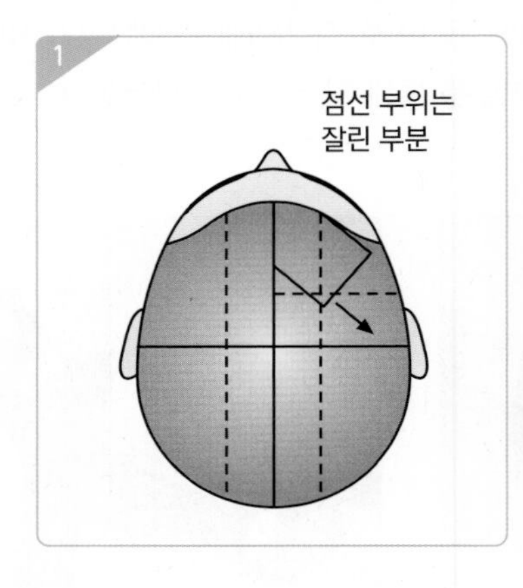

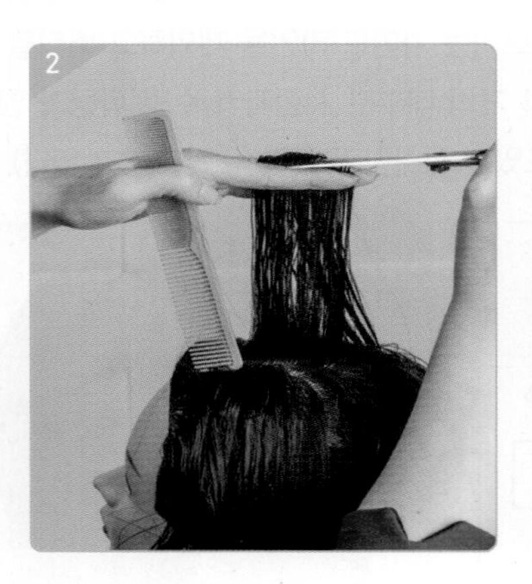

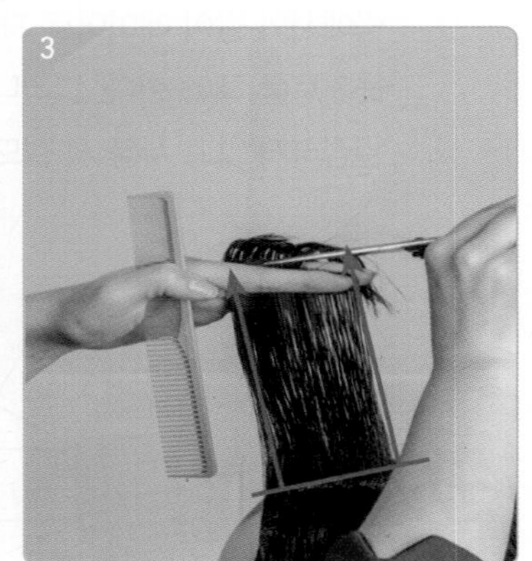

⑲ 정중면의 두발길이를 가이드 라인으로 하여 전두부의 양 측면의 두발이 13~14cm 되도록 직각분배, 온 베이스, 아웃커트한다.

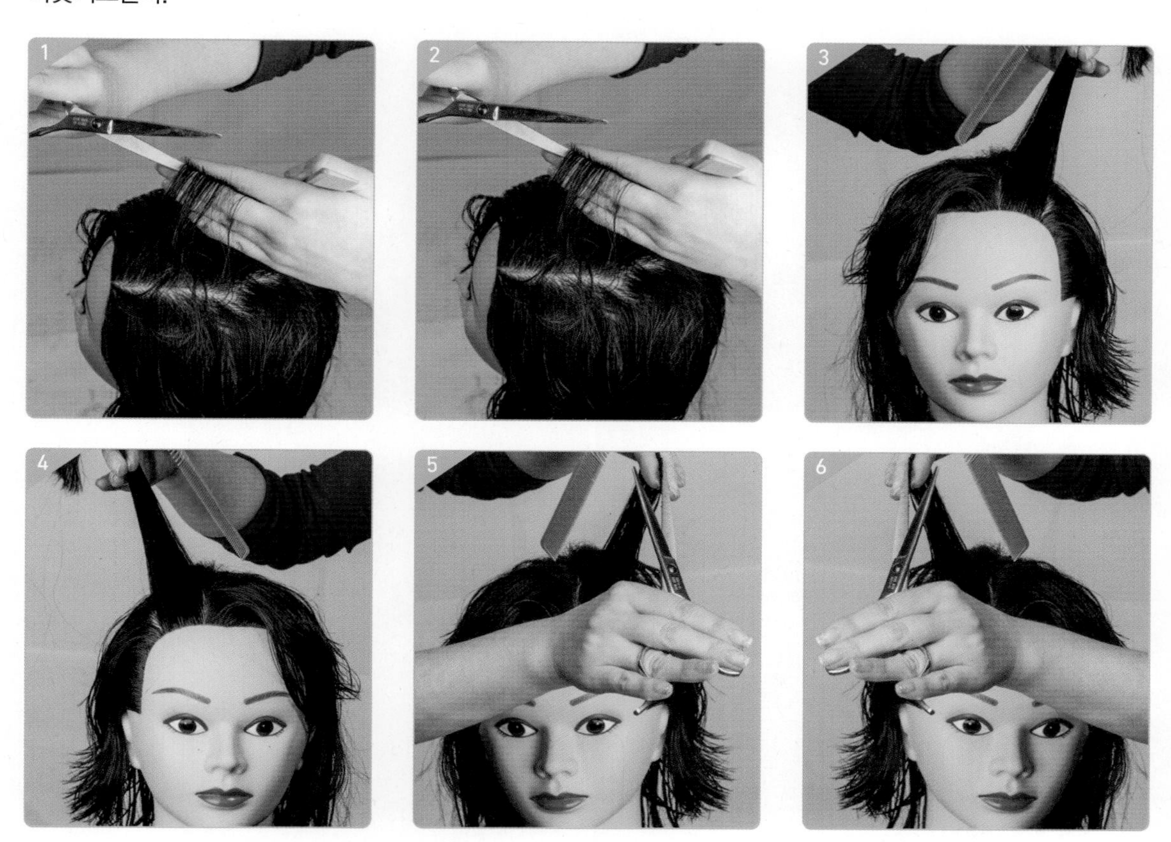

⑳ 레이어 기법에 따른 유니폼 레이어드형이 완성된다.

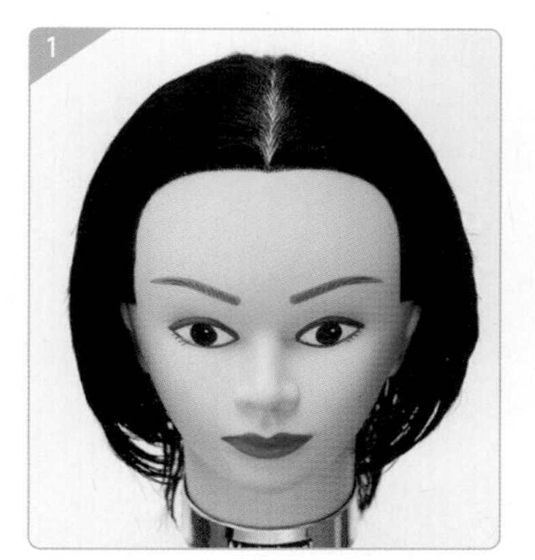

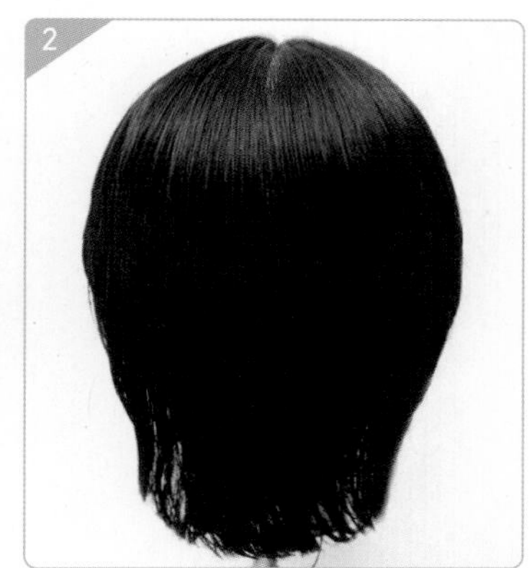

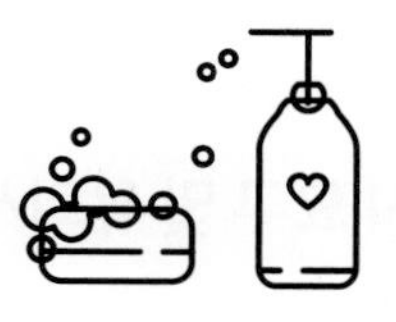

PART
03
블로드라이 스타일

CHAPTER 01

블로드라이 스타일의 이해

Section 01 블로드라이 스타일링 시 요구 및 유의사항

1 블로드라이 스타일링 시 요구 및 유의사항

(1) 통가발 마네킹 또는 위그

① 두상 전체의 두발을 모근 중심으로 골고루 적당히 건조한다.

② 블로킹은 블로드라이 시 요구되는 등분을 정확하게 연결시켜 구획한다.

③ 시험자는 블로드라이 스타일의 요구사항에 따라 주변을 정리하며 작업에 요구되는 세심한 자세를 유지한다.

유의사항

① 도구 준비 및 과제에 맞게 준비하지 못하였을 때

② 블로킹이 블로드라이 작업에 적절하지 못할 때

③ 작업자세가 올바르지 않을 때

④ 주변정리 등 능숙하게 준비하지 못할 때

(2) 블로킹

① 작업순서에 따라 블로킹 과정과 드라이 작업순서로 진행과정이 정확해야 한다.

② 두상을 4등분으로 하고 네이프에서부터 블로드라이 스타일링을 숙련되게 진행한다.

유의사항

① 두상을 4등분하지 않았을 때

② 네이프부터 블로드라이어 스타일링을 숙련되게 진행하지 않을 때

(3) 직경 및 스케일

① 롤러의 직경에 따른 베이스 크기를 정확하게 지켜야 한다.

② 블로킹 부위별로 베이스 크기(롤러의 직경)를 활용하여 가로 또는 사선으로 숙련되게 파트한다.

(4) 각도 및 열처리

① 두상이 갖는 시술각의 볼륨을 활용해야 한다.
② 전체 두상의 조화미를 고려한 시술각을 활용할 수 있어야 한다.
③ 드라이어와 브러시의 운행각도는 작업하고자 하는 모다발의 방향과 동시에 열처리된다.

유의사항

① 네이프, 백 · 톱의 영역별 두상이 이루는 각도를 고려하여 균형있는 볼륨과 시술각이 지켜지지 않았을 때
② 두상 측면(사이드)에 너무 많은 볼륨이 형성된 경우
③ 드라이어와 브러시의 활용방법이 미숙할 때
④ 드라이어의 브러시 활용 시 열처리 기법이 미숙할 때

(5) 드라이어 활용

① 드라이어를 잡은 손과 빗을 잡은 손의 활용이 능숙해야 한다.
② 빗과 드라이어의 거리를 조절할 수 있는 활용력이 있어야 한다.

(6) 드라이어와 브러시 운행

① 모다발은 90° 이상의 온 베이스, 논 스템이 되게 브러시를 안착시킨다.
② 안착된 브러시는 모근에서 1/3 지점까지, 3번 정도 스트레이트 방식으로 스트레치 드라잉한다. 드라이어와 브러시 각도는 90°를, 모다발은 모근의 90°를 유지한다.
③ 모근에서 1/3 지점 이후, 모간의 2/3 지점까지 3번 정도 스트레이트 방식으로 스트레치 드라잉한다. 드라이어와 브러시 각도는 90~180° 정도를, 모다발은 모근의 45°를 유지한다.
④ 모근 2/3 지점(모간 끝부분)까지, 3번 정도 스트레이트 방식으로 열처리 후 롤링으로 다림질한다. 드라이어와 브러시 각도는 180~270° 정도를, 모다발은 모근의 45~0°를 유지하면서 브러시 아웃한다.

유의사항

① 드라이어를 잡은 손과 브러시를 쥐는 손의 활용이 미숙할 때
② 드라이어의 스케일된 모다발 간 거리 조절이 미숙할 때
③ 드라이어와 브러시의 각도 및 열처리 방법이 미숙할 때
④ 모근, 모간, 모간 끝부분 브러시 활용방법과 시술각처리, 열처리 기법이 미숙할 때

(7) 모발의 질감 표현

① 블로드라이어의 열풍을 이용하여 다림질된 모발 상태는 윤기가 나야 한다.
② 모다발 끝의 상태는 다림질(드라이 열처리와 브러시 동작이 수반되는)이 되지 않아 꺾임이나 엉킴이 없어야 한다.

유의사항

① 드라이 스타일이 완성된 상태에서 모발 표면이 건조하고 윤기가 없을 때

② 다림질이 제대로 되지 않아 모다발 끝이 꺾이거나 엉키는 등 질감 표현이 미숙할 때

(8) 완성도 및 조화미

① 두상의 볼륨과 관련된 전체적인 구도에서 완성미를 갖추어야 한다.

② 블로드라이 스타일링 상태에서 조화미를 갖추어야 한다.

유의사항

① 두상에서 볼륨 처리가 미숙할 때

② 전체적으로 스타일링의 숙련도가 부족할 때

③ 스타일링된 완성 상태의 조화미가 미숙할 때

블로드라이 스타일의 세부과제

1 블로드라이 스타일의 작업절차(30분, 20점)

- 모근을 업(볼륨을 갖는)시키기 위해, 모다발을 135°로 들어 온 베이스, 논 스텝이 되도록 롤 브러시를 안착시킨다. 1직경 스케일에 안착된 모근에 열을 가하여 볼륨과 모류를 결정시킨다. 온 베이스 넌스템 상태에서 모발길이에 3등분하여 열처리 다림질한다. 이는 모다발 줄기의 근원(모근)에서 1/3 정도 다림질 후, 나머지 2/3는 45° → 0°로 이행함으로써 롤 브러시가 모다발로부터 빠져(brush out)나온다.
- 커트의 형태선에 따라 컨벡스 라인으로 파팅한 후 두상의 중간 → 좌우 측면으로 롤 브러시 바디 길이에 따라 판넬작업된다.
- 드라이어는 대체적으로 노즐 또는 클립(손잡이)을 오른손에 쥐고 롤 브러시는 왼손으로 쥔 상태에서 운행된다.
- 브러시 운행 각도법은 대체적으로 모다발을 에어포밍(블로드라이어의 열풍으로 열처리)할 시 모근을 가장 먼저 살린 후 다림질을 한다. 이때 모근쪽 – 90°, 모간(줄기)쪽 –45°, 모간 끝쪽 – 0°를 유지하면서 연속적으로 운행(롤링)하여 인커버 또는 인컬이 되도록 다림질한다.

준비상태 및 블로킹과 파팅(2점) → 스케일 및 롤 브러시 선정(4점) → 분배 및 시술각도(6점) → 드라이어와 브러시 운행(6점) → 모류 및 질감의 조화미(2점)

세부항목	작업요소
준비상태(2점)	블로드라이 스타일링을 위한 준비상태 • 모발 수분 상태(모근 90%, 모간 80% 건조) 본처치 드라이를 위한 모류방향 설정에 따른 드라이 절차를 알고 해야 한다. • 블로드라이 작업에 요구되는 도구(라운드 롤 브러시 대 · 중 · 소)를 두발길이에 따라 선정하여 사용할 수 있어야 한다. • 전처치(애벌) 드라이로서 젖은 두발을 후두부 → 두정부 → 측두부 → 전두부로의 순차적으로 모근에는 볼륨 업, 모간에는 스트레치 드라잉을 가볍게 해야 한다.

블로킹과 파팅	블로킹과 파팅 • 블로킹을 4~5등분 한다. → 특히, 측두면과 전두면은 롤 브러시의 바디 길이보다 좁은 폭으로 블로킹한다. → 블로킹 시 파팅선은 지그재그 또는 일직선으로 가로 또는 세로선을 넣을 수 있다. 이는 파팅선에 열에 의한 자국을 주지 않기 위함이다. • 본처치 드라이를 위한 블로킹 내 파팅 순서는 후두부(그림 1–③, ④, ⑤ 또는 그림2–③, ④, 그림 3–③, ④)에서 전두부(그림 1–①, ②)로 향한다. 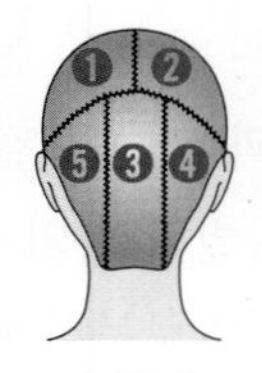 〈그림 1〉 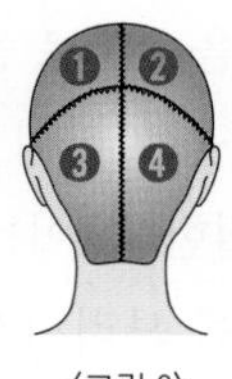 〈그림 2〉 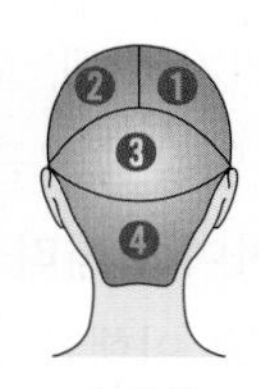 〈그림 3〉
스케일 및 롤브러시 선정(4점) 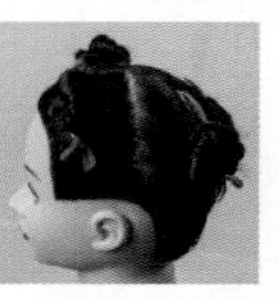 ① 롤 브러시 폭(길이)보다 짧은 듯이 영역화한다.	• 드라이 작업의 첫 번째 스케일은 두발길이(N.P 10~11cm)로서 롤 브러시를 선택(중–인컬, 소–아웃컬)하여 사용하며 G.P로 올라갈수록, 두발길이가 길어질수록, 큰 롤 브러시를 선정하여 사용한다. • 블로킹 내 파팅된 스케일은 롤 브러시의 두께(1직경 · 1.5직경 · 2직경)를 적정하게 선정해야 한다.
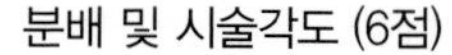 분배 및 시술각도 (6점) 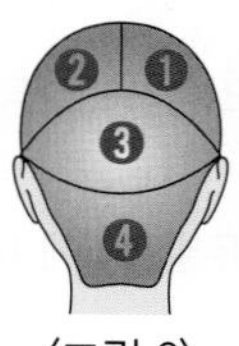 〈그림 3〉	후두면에서 B.P를 경계로 아래〈그림 3–④〉에서 스케일된 상 · 중 · 하 영역〈그림 3–1〉 • 스케일된 〈그림 3–1〉〈하〉영역에서 인컬 시 가이드 라인(형태선을 유지하는 두발) – 모발길이가 스파니엘 또는 그래듀에이션형에서 가장 짧은 길이로서 소자 롤 브러시를 이용하여 90° → 45° 시술각도로 하여 안말음 스트레치 드라잉한다. • 스케일된 〈그림 3–1〉〈하〉영역에서 아웃컬 시 이사도라형에서 가장 짧은 길이의 형태선을 베이스로 하는 스트랜드이다. – 소자 롤 브러시를 이용하여 P.P 지점에 볼륨을 준 후에 0° 각도로 모발 끝에서 2바퀴 정도 겉말음으로 롤링 다림질한다. • 〈그림 3–1〉의 〈중〉영역 스케일에서의 인컬 시 – 소자 롤 브러시에 모다발을 베벨 언더(논 스템, 온 베이스) 후, 135°(모근 업) → 90° → 45°로 스트레치 드라잉한다. • 스케일된 〈그림 3–1〉의 〈중〉영역에서 아웃컬 시 – 소자 롤 브러시를 사용하여 135°(모근 업) → 90°로 스트레치 드라잉 후 0°로 다운시켜 베벨업하여 겉말음으로 2바퀴 1/2 정도 감아서 롤링 다림질한다.

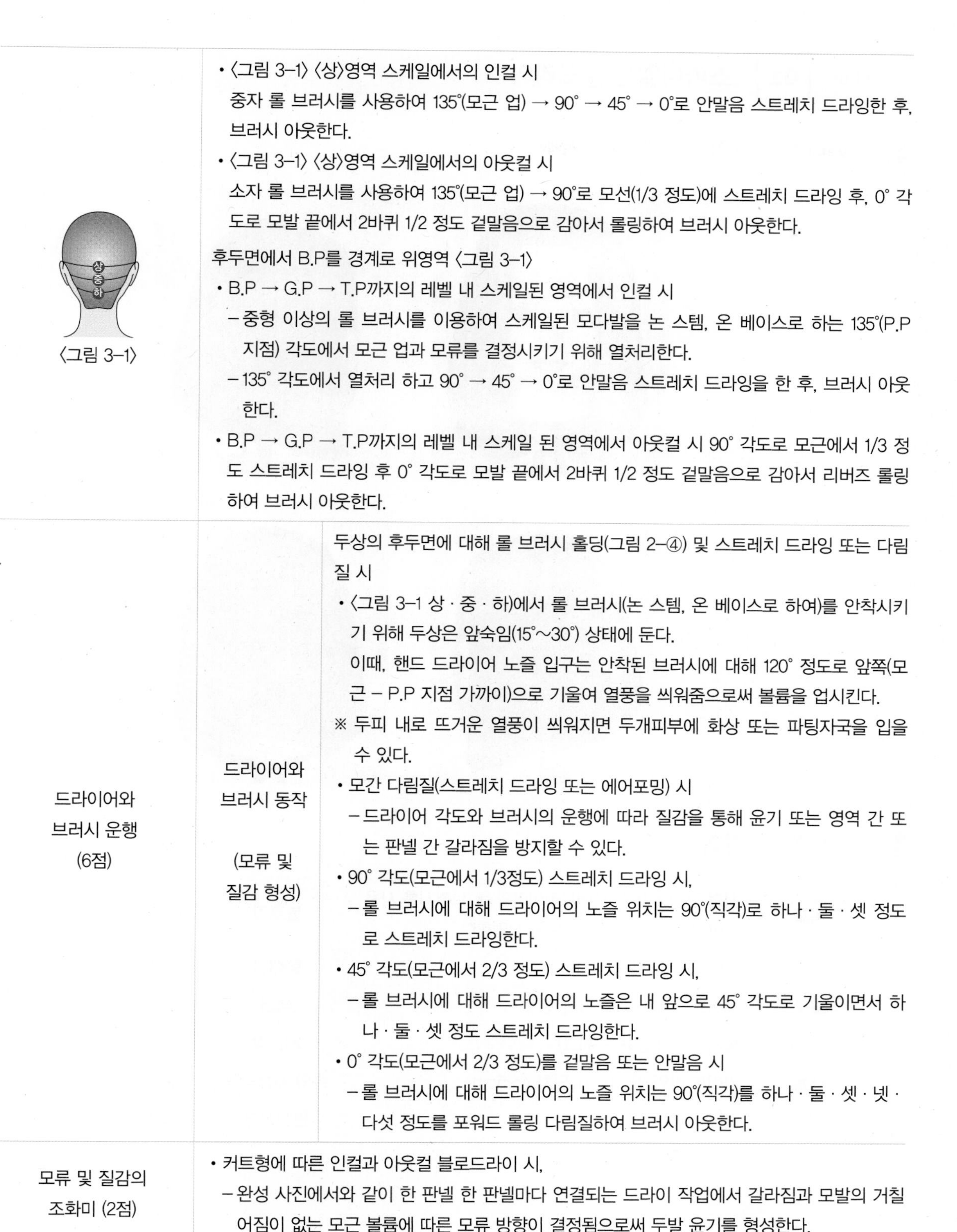

〈그림 3-1〉		• 〈그림 3-1〉 〈상〉영역 스케일에서의 인컬 시 중자 롤 브러시를 사용하여 135°(모근 업) → 90° → 45° → 0°로 안말음 스트레치 드라잉한 후, 브러시 아웃한다. • 〈그림 3-1〉 〈상〉영역 스케일에서의 아웃컬 시 소자 롤 브러시를 사용하여 135°(모근 업) → 90°로 모선(1/3 정도)에 스트레치 드라잉 후, 0° 각도로 모발 끝에서 2바퀴 1/2 정도 겉말음으로 감아서 롤링하여 브러시 아웃한다. 후두면에서 B.P를 경계로 위영역 〈그림 3-1〉 • B.P → G.P → T.P까지의 레벨 내 스케일된 영역에서 인컬 시 – 중형 이상의 롤 브러시를 이용하여 스케일된 모다발을 논 스템, 온 베이스로 하는 135°(P.P 지점) 각도에서 모근 업과 모류를 결정시키기 위해 열처리한다. – 135° 각도에서 열처리 하고 90° → 45° → 0°로 안말음 스트레치 드라잉을 한 후, 브러시 아웃한다. • B.P → G.P → T.P까지의 레벨 내 스케일 된 영역에서 아웃컬 시 90° 각도로 모근에서 1/3 정도 스트레치 드라잉 후 0° 각도로 모발 끝에서 2바퀴 1/2 정도 겉말음으로 감아서 리버즈 롤링하여 브러시 아웃한다.
드라이어와 브러시 운행 (6점)	드라이어와 브러시 동작 (모류 및 질감 형성)	두상의 후두면에 대해 롤 브러시 홀딩(그림 2-④) 및 스트레치 드라잉 또는 다림질 시 • 〈그림 3-1 상 · 중 · 하)에서 롤 브러시(논 스템, 온 베이스로 하여)를 안착시키기 위해 두상은 앞숙임(15°~30°) 상태에 둔다. 이때, 핸드 드라이어 노즐 입구는 안착된 브러시에 대해 120° 정도로 앞쪽(모근 – P.P 지점 가까이)으로 기울여 열풍을 씌워줌으로써 볼륨을 업시킨다. ※ 두피 내로 뜨거운 열풍이 씌워지면 두개피부에 화상 또는 파팅자국을 입을 수 있다. • 모간 다림질(스트레치 드라잉 또는 에어포밍) 시 – 드라이어 각도와 브러시의 운행에 따라 질감을 통해 윤기 또는 영역 간 또는 판넬 간 갈라짐을 방지할 수 있다. • 90° 각도(모근에서 1/3정도) 스트레치 드라잉 시, – 롤 브러시에 대해 드라이어의 노즐 위치는 90°(직각)로 하나 · 둘 · 셋 정도로 스트레치 드라잉한다. • 45° 각도(모근에서 2/3 정도) 스트레치 드라잉 시, – 롤 브러시에 대해 드라이어의 노즐은 내 앞으로 45° 각도로 기울이면서 하나 · 둘 · 셋 정도 스트레치 드라잉한다. • 0° 각도(모근에서 2/3 정도)를 겉말음 또는 안말음 시 – 롤 브러시에 대해 드라이어의 노즐 위치는 90°(직각)를 하나 · 둘 · 셋 · 넷 · 다섯 정도를 포워드 롤링 다림질하여 브러시 아웃한다.
모류 및 질감의 조화미 (2점)		• 커트형에 따른 인컬과 아웃컬 블로드라이 시, – 완성 사진에서와 같이 한 판넬 한 판넬마다 연결되는 드라이 작업에서 갈라짐과 모발의 거칠어짐이 없는 모근 볼륨에 따른 모류 방향이 결정됨으로써 두발 윤기를 형성한다.

Section 01 스파니엘 인컬 드라이

1 스파니엘 드라이 완성작품

2 스파니엘 드라이

목표	시험 규정에 맞게 헤어드라이어와 롤 브러시를 사용하여 스파니엘 인컬 스타일을 작업한다.	블로킹	4등분
장비	작업대, 민두, 홀더, 분무기	형태선	컨케이브 라인(전대각)
도구	헤어드라이어, 롤 브러시, 핀셋	섹션	롤브러시의 직경
소모품	통가발 마네킹(또는 위그)	시술각	0~90°
내용	가이드 라인 10~11cm, 단차 4~5cm	손의 시술각도	섹션과 평행
시간	30분	완성상태	센터파트 후 안말음 빗질

3 사전준비 및 블로킹 순서

도구 및 재료 준비

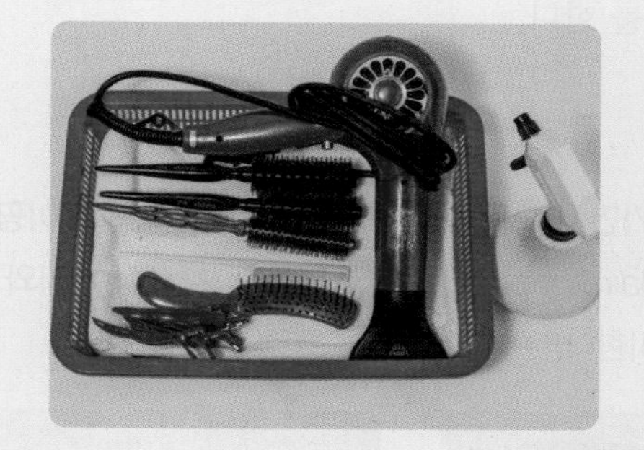

- □ 마네킹
- □ 헤어드라이어
- □ 홀더
- □ 분무기
- □ 핀셋
- □ S 브러시
- □ 롤 브러시(대, 중, 소)

블로킹 순서

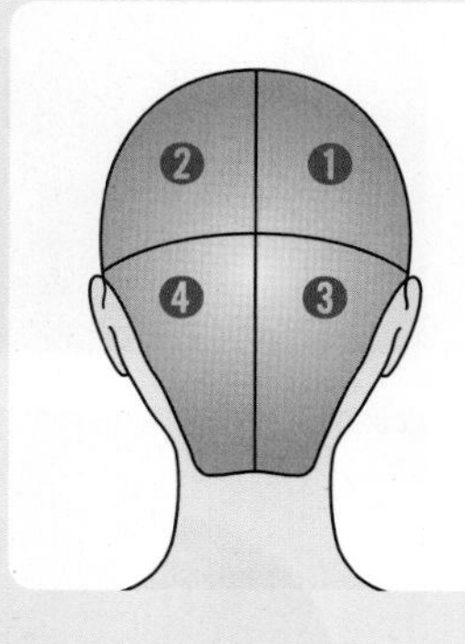

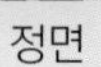
정면

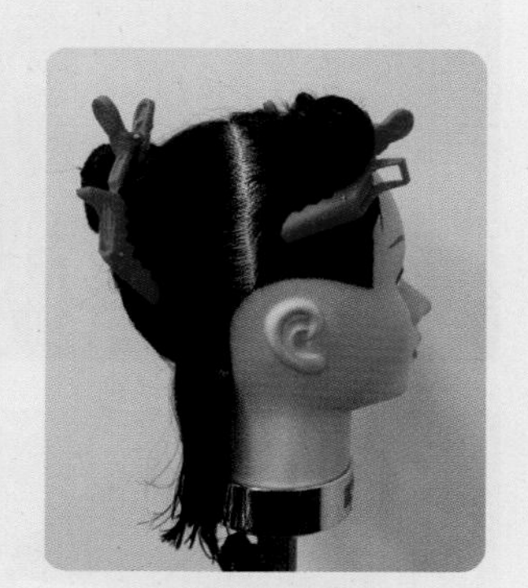
오른쪽 측면

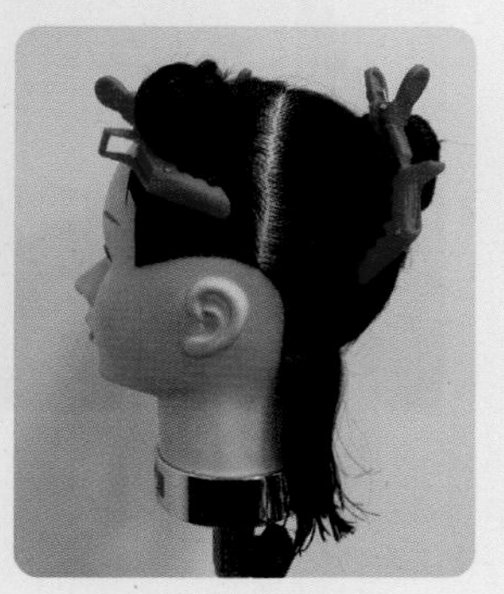

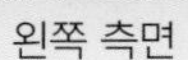
왼쪽 측면

후면

4 스파니엘형의 인커브 실제

두상의 위치를 바르게 한 후, 타월로 물기를 닦아낸다. 전두부에서부터 빗질을 하여 모양다듬기를 한 후, 블로드라이어의 열풍과 냉풍을 이용하여 후두부 → 두정부 → 측두부 → 전두부 순서로 모근을 업(Up) 시키는 볼륨을 준다. 파팅된 모류에 따라 전처리 블로드라이이를 한다.

❶ 프리드라이(전처리 블로드라이 스타일)

두피에 직접 열이 가지 않도록 손가락으로 모발을 흩뜨려가면서 모근을 살리거나 모다발을 업 셰이핑하여 모근 가까이에 열을 주어서 볼륨과 모류를 결정시키는 모양(Hair shaping)을 미리 만든다. 블로킹 처리와 함께 롤(Round) 브러시를 사용하여 본처리 드라이할 수 있도록 준비한다.

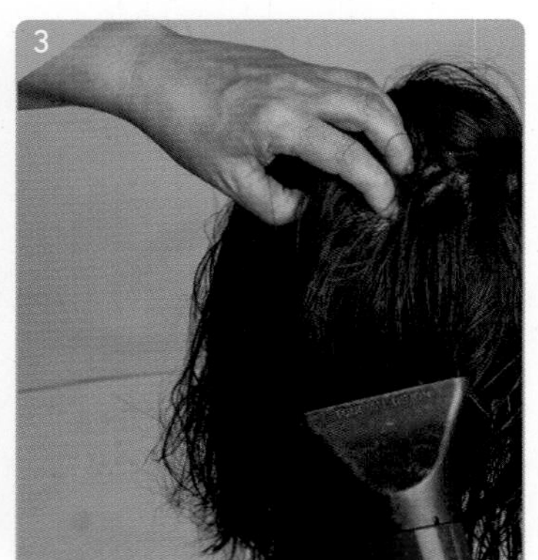

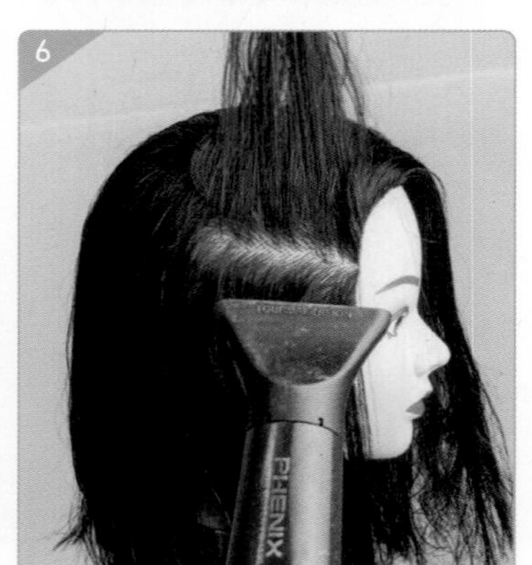

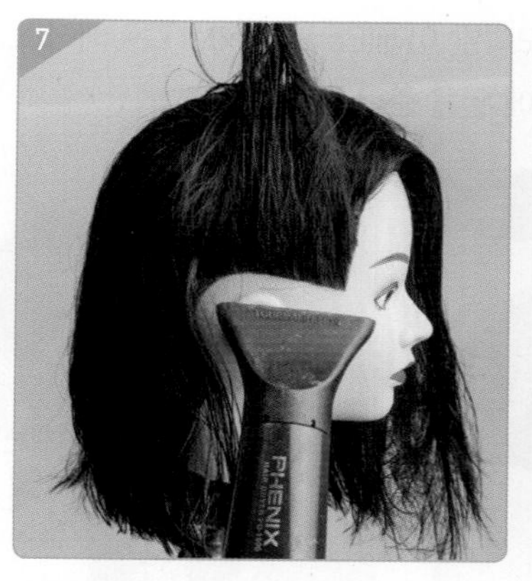

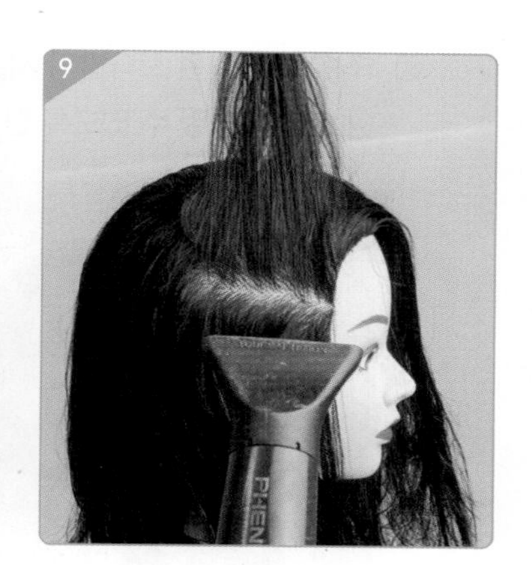

❷ 후두부의 첫 번째 직경은 롤 브러시의 굵기(폭)를 기준으로 하며 네이프 라인에서 상향으로 라운드 브러시 직경 만큼 스케일을 위해 파트를 나누고 핀셋으로 나머지 영역을 고정시킨다.

> 후두면은 두상을 앞숙임(30° 정도)한 상태에서 후두부의 블로킹을 지그재그 또는 수직 또는 수평으로 파트함으로써 열 자국이 생기지 않도록 한다. 수직 파트를 할 경우 드라이어 사용에 따라 주변의 열에 의해 파팅 자국이 생길 수 있다.

〈수직파트로서 1직경 스케일과 블로킹 상태〉

❸ 1직경 스케일된 모다발의 시술각은 135°로 하여 소형 롤 브러시를 모다발 아래(Bevel under) 온 베이스, 논 스템이 되도록 놓일 수 있도록 한 후 모근 가까이(Pivot point, p.p 지점)에 열을 준다.

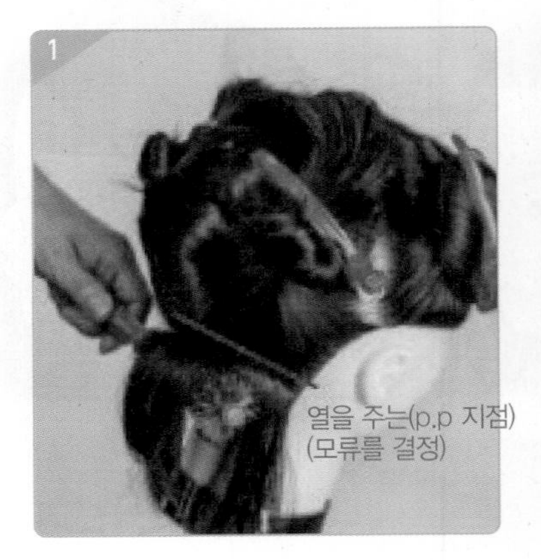

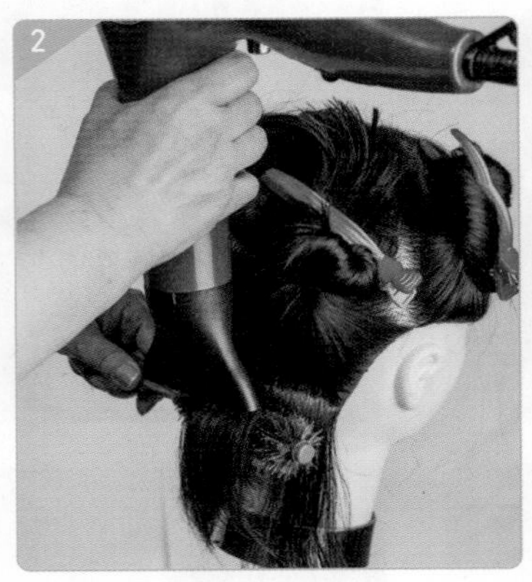

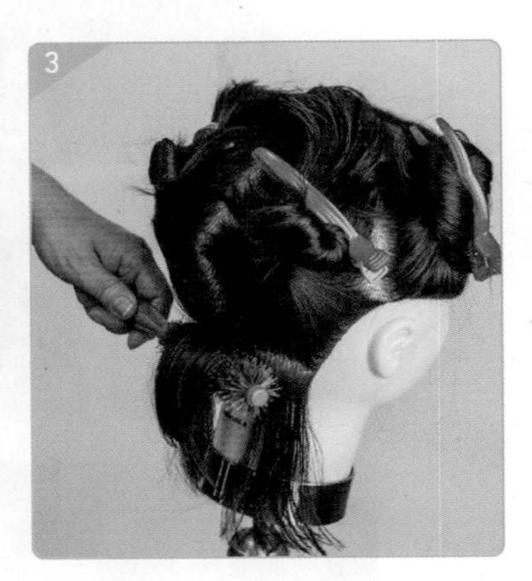

❹ 1직경 스케일된 후두면 영역(Zone)에서 드라이 시작 판넬은 반드시 가운데에서 왼쪽 또는 오른쪽으로 진행한다.

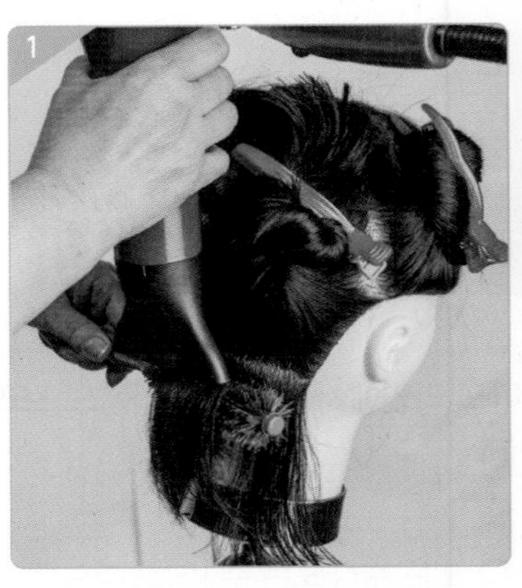

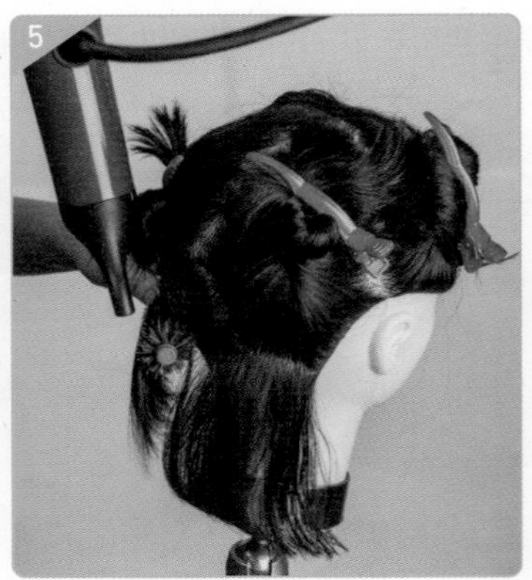

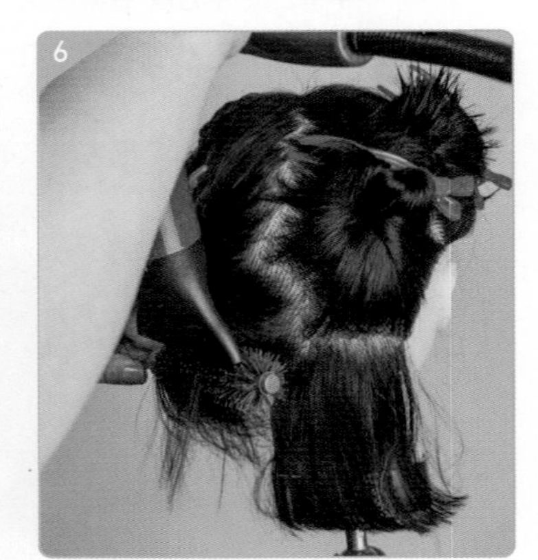

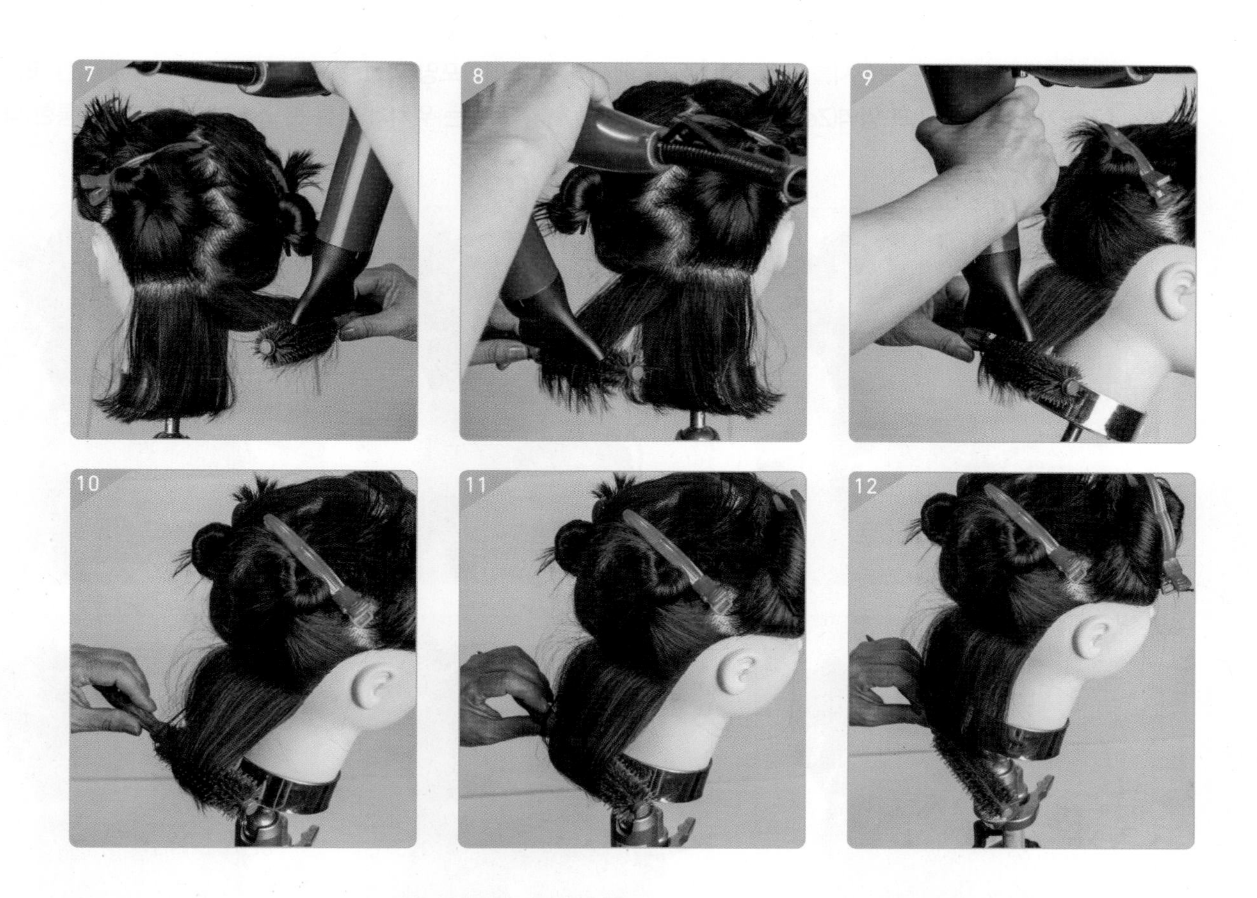

모다발의 각도를 90°→ 45°로 다림질 시

롤 브러시는 팽팽하게 당기면서 열을 가하나, 0°의 다림질 시 롤 브러시는 베벨 언더(Bevel under)로서 모다발 중심으로 안쪽으로 롤 브러시를 넣어 안말음형(In curl) 다림질한다.

- 라운드 브러시에 감긴 모다발 끝을 돌리면서 다림질(롤링)하면서 라운드 브러시를 모다발 끝에서 빠져 나오게(롤 아웃)한다.
- 모발길이를 3등분(90°→ 45°→ 0°)하여 모다발 다림질 시(스트레치 드라잉) 3번 정도 스트레이트로 반복 다림질한다.

❺ 세 번째 직경은 중형브러시를 사용하여 ❸, ❹ 에서와 같이 에어포밍 과정은 동일하다. 다만 두피에 대한 모근의 각도가 단계(Level)과 영역(Zone)에 따라 모근 볼륨을 형성하려는 위치가 다를 뿐 스트레치 드라잉을 통한 다림질 방법은 동일하다.

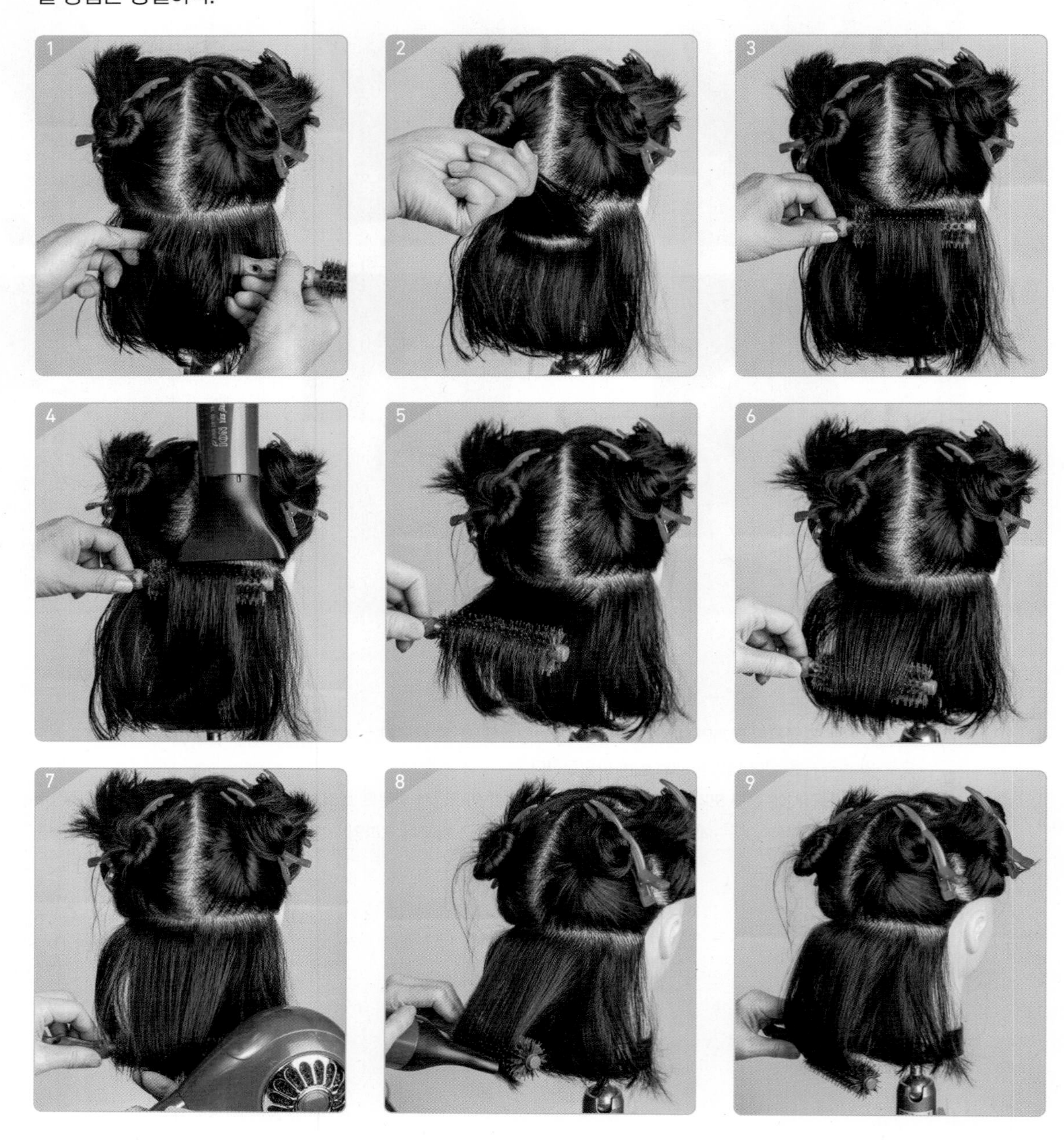

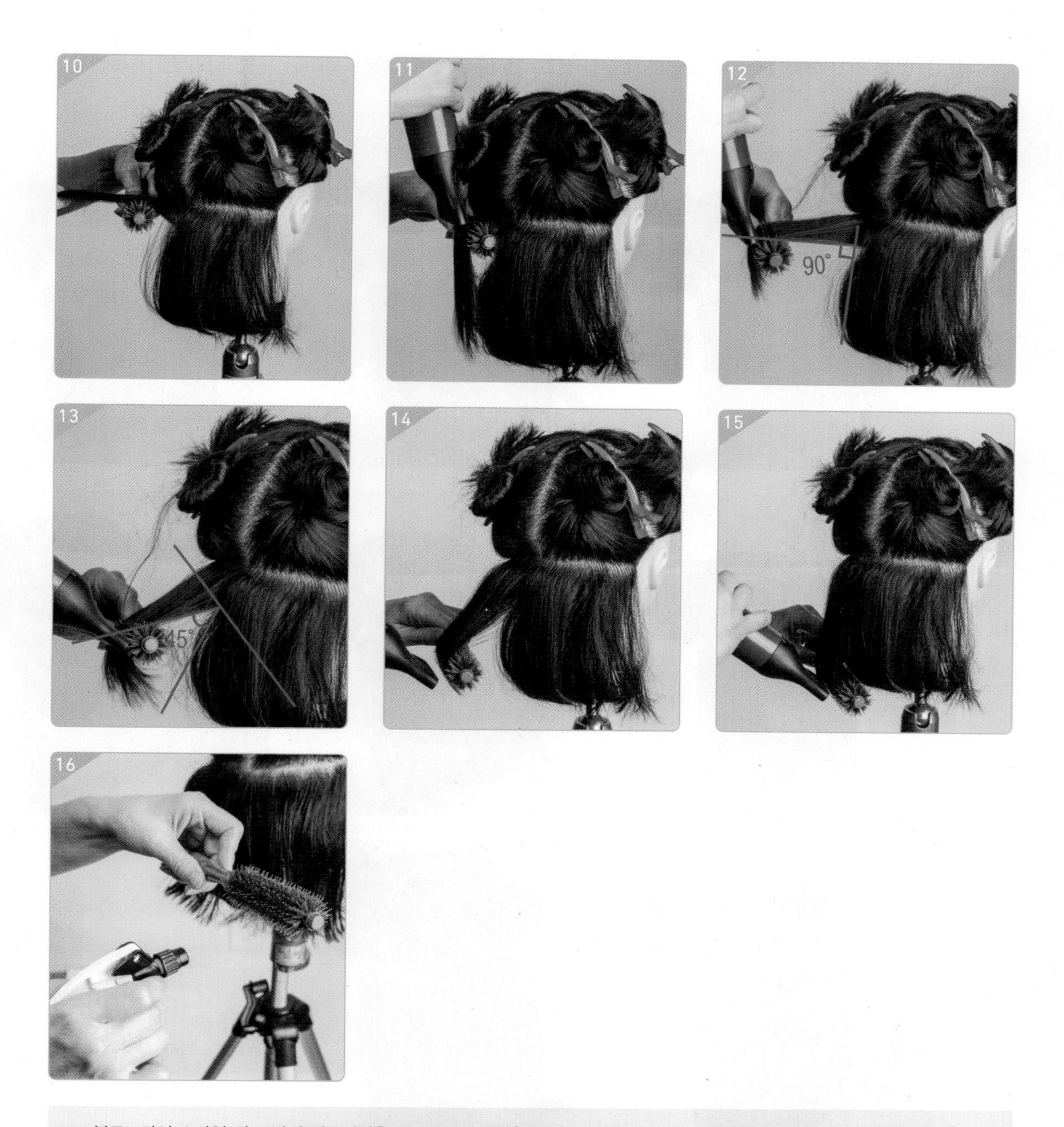

블로드라이 스타일 시 모발이 건조해졌을 때 롤러에 물을 분무한 후 롤러를 털어내고 사용함으로써 모발에 물기를 대신 제공해 줄 수 있다.

❻ 네 번째 직경 역시 세 번째 직경과 동일한 브러시 각도에 따른 블로드라이어 운행과 모다발 스트레치 드라잉 등은 동일하다.

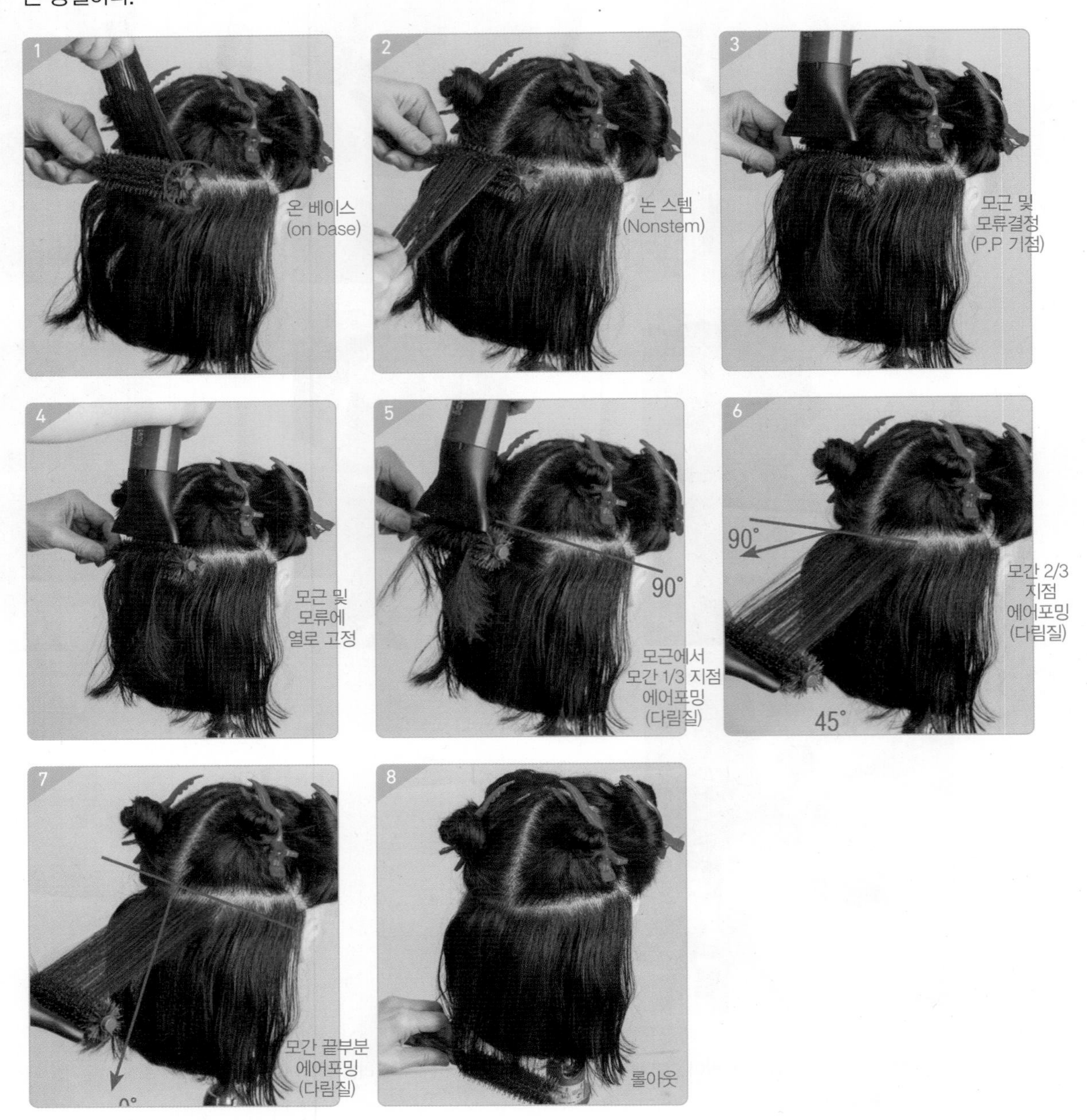

❼ 다섯 번째~여덟 번째 직경에서 점차 길어지는 모발에 사용되는 롤 브러시 역시 중형 또는 대형 크기를 사용한다. 두정면에 브러시를 온 베이스에 안착시킨 후, 논 스템 상태에 드라이어의 노즐은 두피면과 수평상태에서 열을 줌으로써 모근을 Up 시킨다.

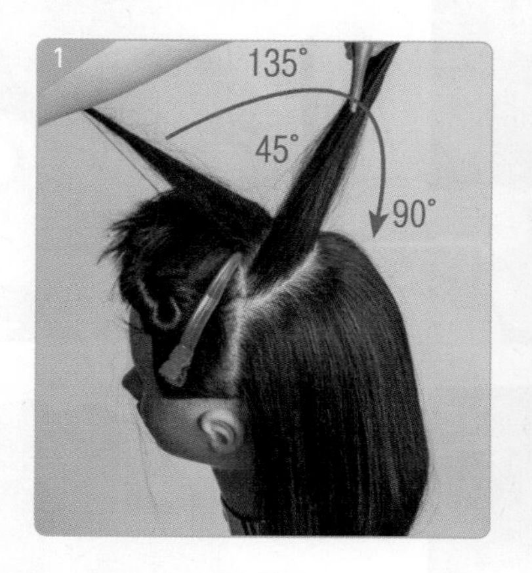

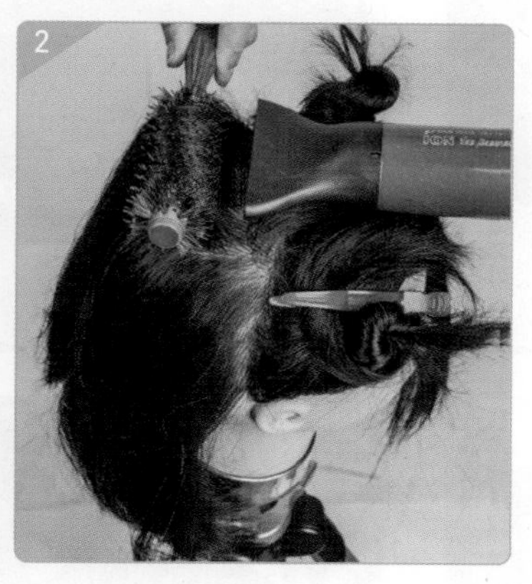

❽ 모다발의 모근 부위는 두피에 대해 직각분배(90~45°)하여 모선의 2/3까지 스트레칭으로 다림질한다. 모선의 중간은 변이분배(45~1°)로 하여 스트레치 드라잉한다. 모다발의 끝 부분(1/3)은 자연분배(0°)로 다림질과 동시에 브러시 롤링 후 롤 브러시 아웃한다.

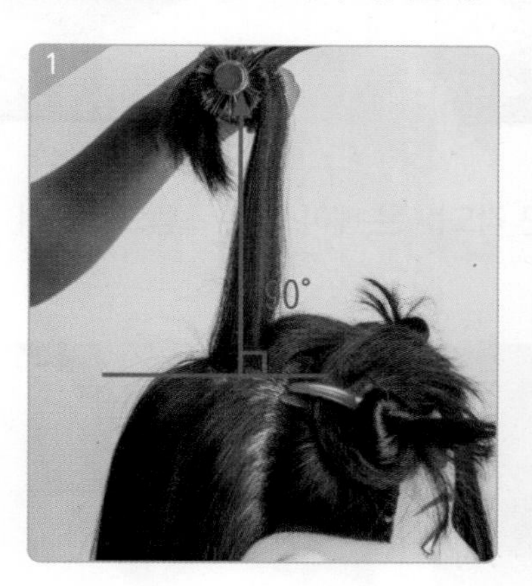

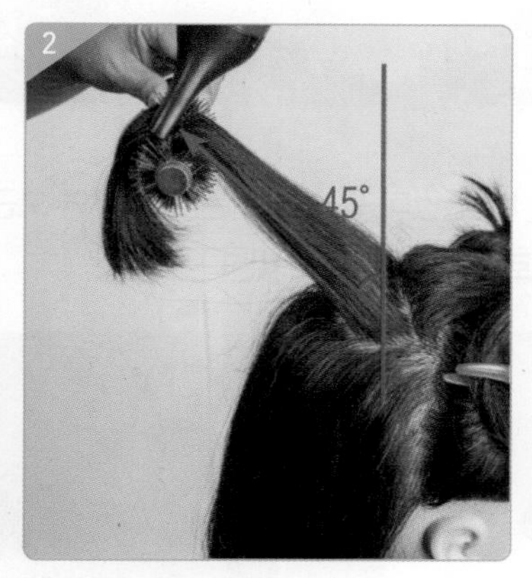

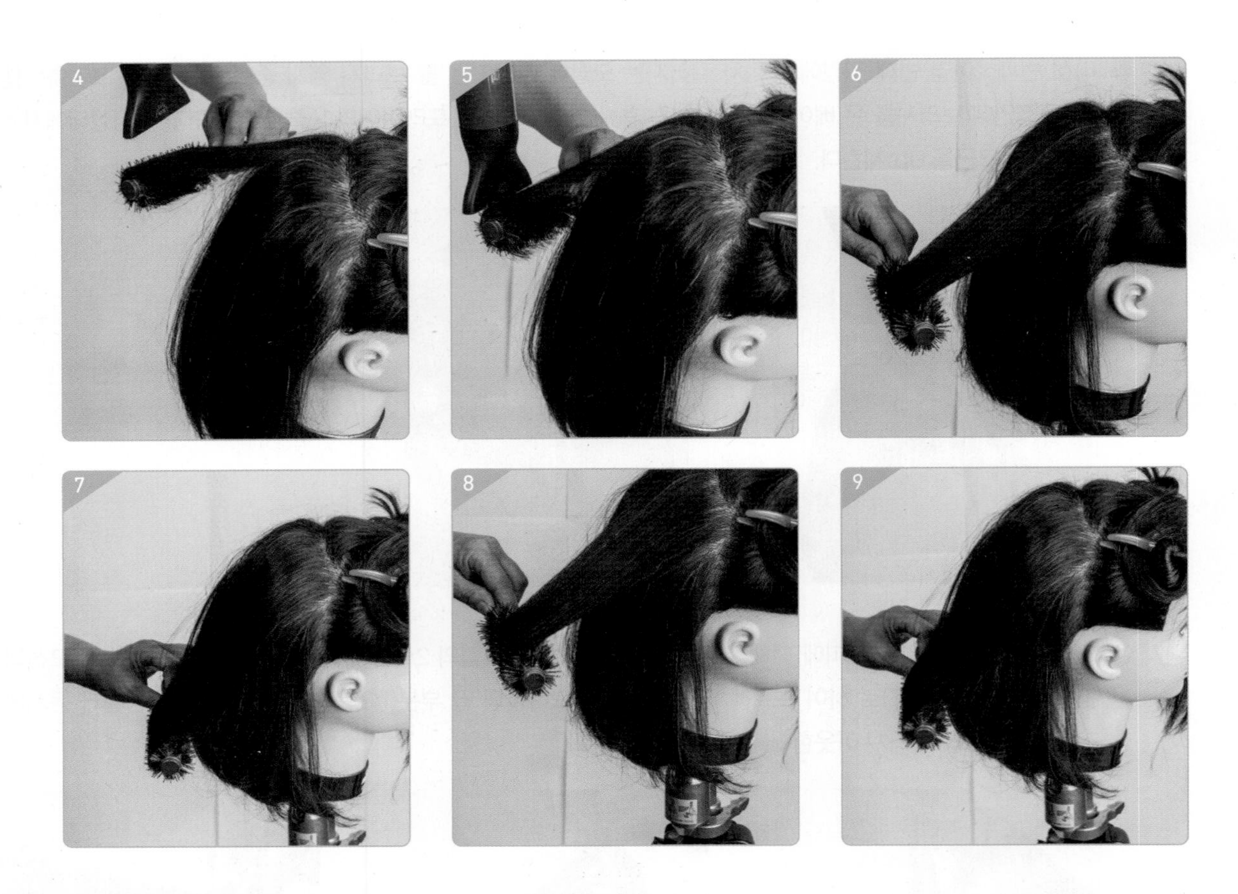

⑨ 두정부는 컨케이브 라인으로 베벨 언더 롤 브러시된 모다발의 모근 각도는 온 베이스, 논 스템으로 하며, 모선은 90~0°로서 드라이어 열풍으로 스트레치 드라잉된다.

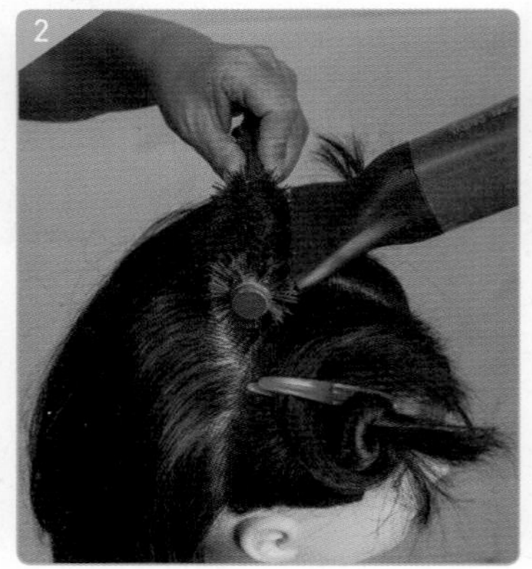

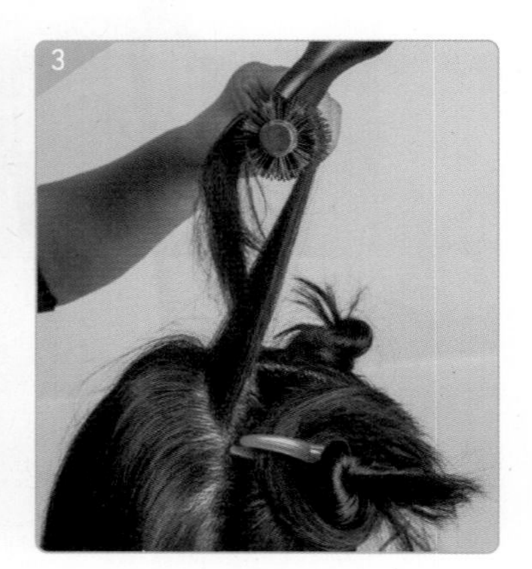

⑩ 두상의 위치를 똑바로 한 상태에서 측두면의 첫 번째 직경은 대형 크기의 롤 브러시를 사용하여 롤 직경만큼 파팅후 온 베이스, 논 스템에 되도록 하여 롤 브러시를 두피 가까이에 안착시킨 후 모션은 스트레치 드라잉과 모간 끝은 롤링으로 다림질한다.

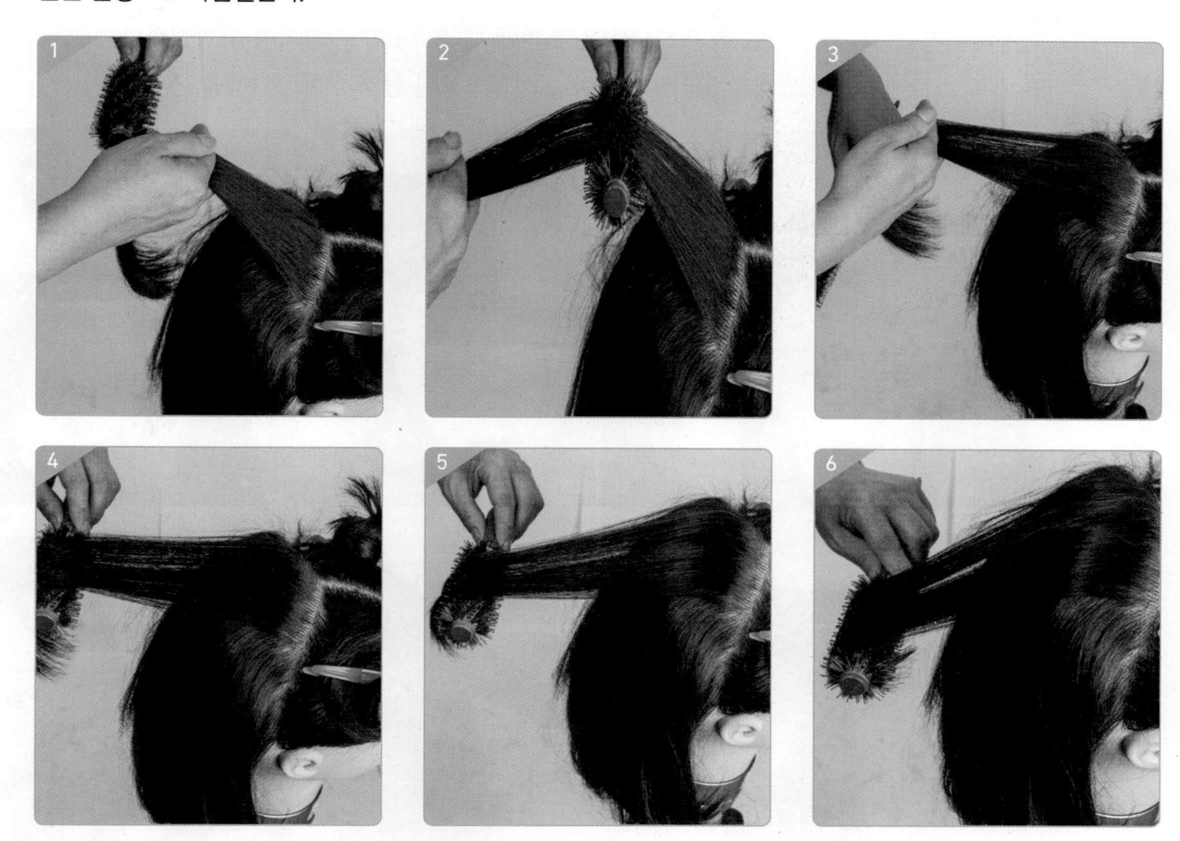

⑪ 두 번째~네 번째 스케일된 직경과 측두면, 전두면의 모다발 다림질은 두발길이에 따라 달라진다. 이때 대형 크기의 롤 브러시를 이용하여 베벨 언더 상태에서 드라이어의 노즐 방향은 온 베이스, 논 스템 롤된 모근 가까이에 열풍을 가함으로써 모근에 볼륨을 만든다.

- 모근에 열풍을 가한 논 스템 롤된 모다발은 두피에 대해서 135°로 당겨서 다림질한다. 모선에 3번 정도 반복 스트레이트(스트레치 드라잉) 후, 다림질함으로써 탄력과 매끄러움을 준다.

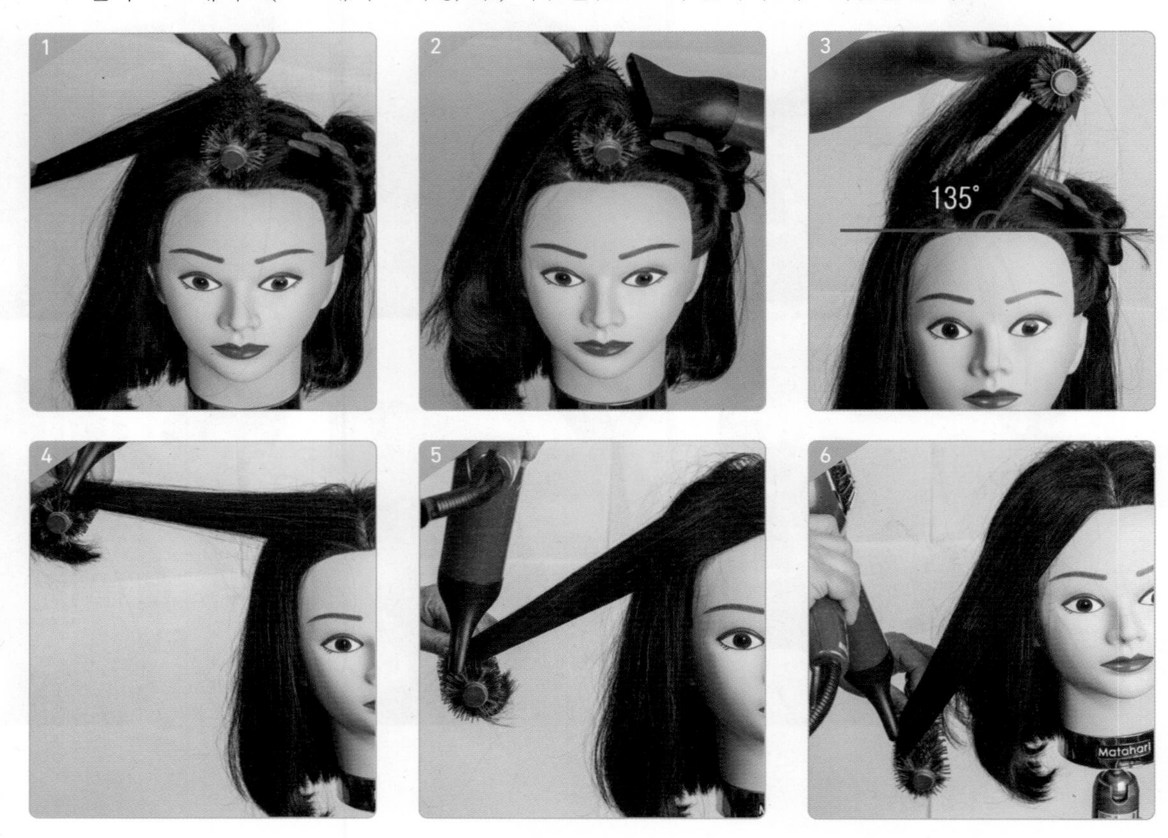

모선을 두상 곡면에 따라 스트레이트(연곡선)로 다림질하기 위해서 135°(롤 브러시 안착 후 모근 모류 결정) → 90°(첫 번째 다림질) → 45°(두번째 다림질) → 30°~ 0°(세번째 다림질에 의해 brush out)로 베벨 언더된 롤 브러시를 운행하며, 사진에서와 같이 열풍이 나오는 노즐의 방향 또한 각도가 달라진다.

⑫ 모다발의 끝은 롤 브러시로 C컬이 되도록 피벗 포인트(크레스트와 트로스 부분에 열풍을 임의로 가하는)후에 롤링으로 다림질함으로써 안말음이 형성된다.

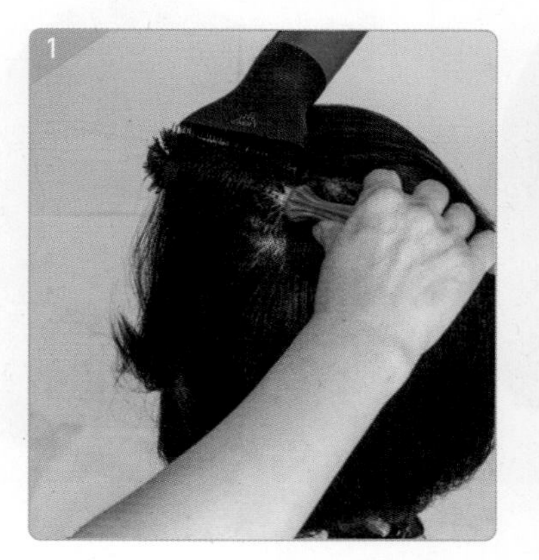

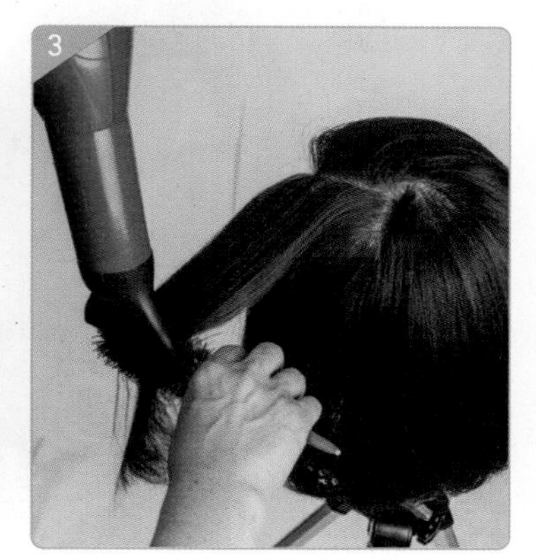

왼쪽 전두면도 오른쪽 전두면과 동일한 롤 브러시 직경에 맞게 컨케이브 라인, 논 스템 모다발 위치와 롤 브러시는 베벨 언더 상태에서 브러시가 운행된다.

⑬ 안말음형(In curl) 블로드라이 스타일

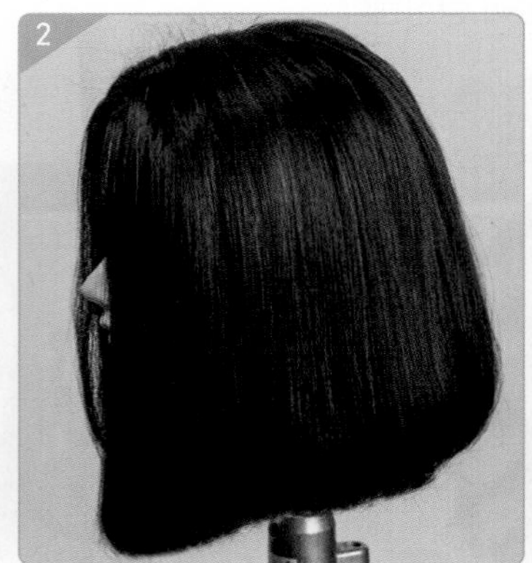

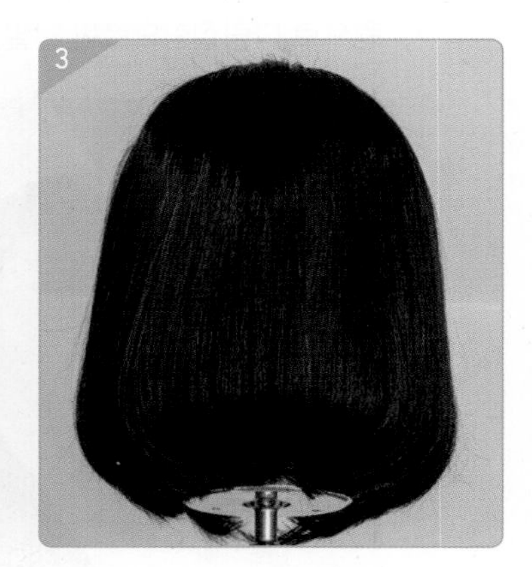

Section 02 이사도라 아웃컬 드라이

1 이사도라 드라이 완성작품

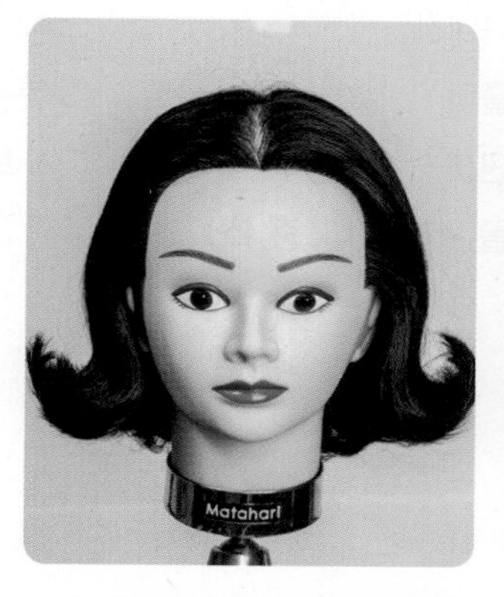

2 이사도라 드라이

목표	시험 규정에 맞게 헤어드라이어와 롤 브러 시를 사용하여 이사도라 아웃컬 스타일을 작업한다.	블로킹	4등분
장비	작업대, 민두, 홀더, 분무기	형태선	컨벡스 라인(후대각)
도구	헤어드라이어, 롤 브러시, 핀셋	섹션	롤 브러시의 직경
소모품	통가발 마네킹(또는 위그)	시술각	0~90°
내용	가이드 라인 10~11cm, 단차 4~5cm	손의 시술각도	섹션과 평행
시간	30분	완성상태	센터파트 후 겉마름 빗질

3 사전 준비 및 블로킹 순서

도구 및 재료 준비

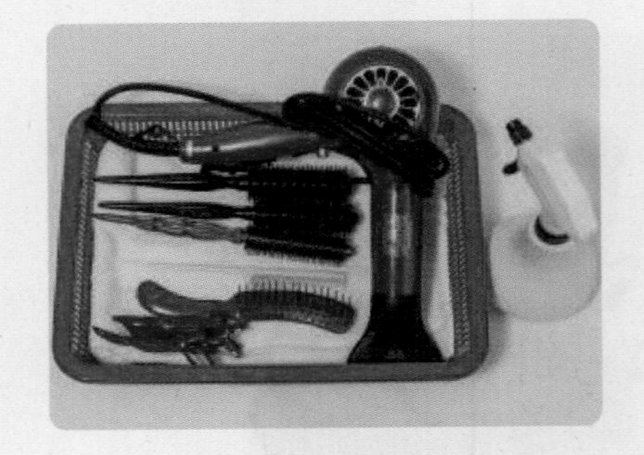

- □ 마네킹
- □ 홀더
- □ 핀셋
- □ 롤 브러시(대, 중, 소)
- □ 헤어드라이어
- □ 분무기
- □ S 브러시

블로킹 순서

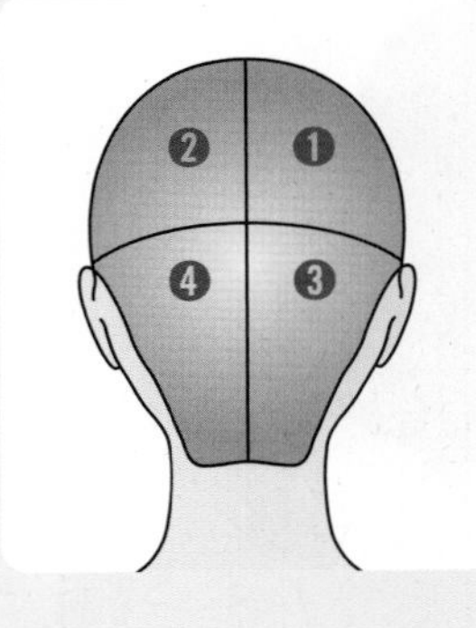

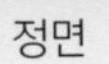

정면

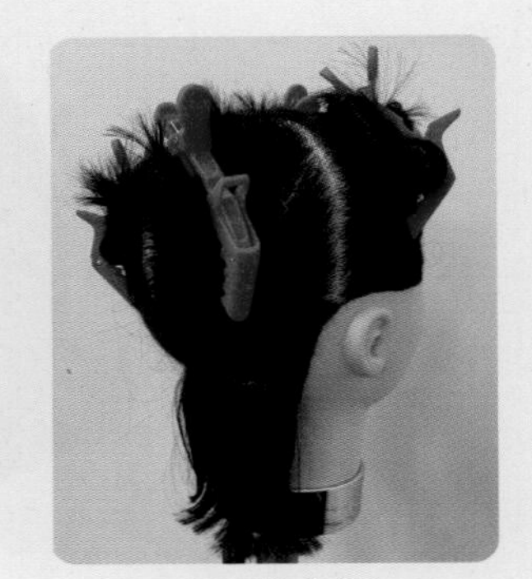

오른쪽 측면

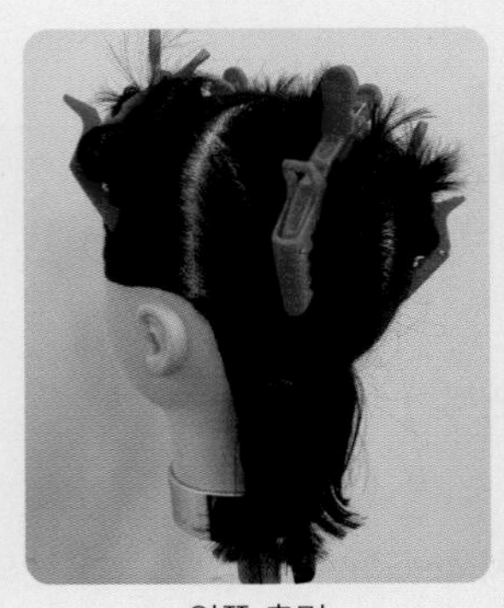

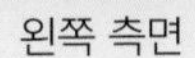

왼쪽 측면

후면

4 이사도라형의 아웃컬 실제

두상의 위치를 바르게 한 후 → 타월로 물기 제거 → 셰이핑 → 전처리 블로드라이어의 열풍과 핑거(손가락)를 이용하여 본처리를 위한 모양다듬기 및 블로킹 전의 단계로서 모발 건조와 볼륨 스타일링을 위해 질감 및 모류 방향 제시를 동시에 처리한다.

❶ 두상을 앞숙임(30° 정도) 상태에서 네이프 라인 상향으로 소형 롤 브러시의 1직경만큼 컨벡스 라인으로 파트한다.

- 후두부 내 첫 번째 직경의 모다발을 90°로 직각분배하여 온 베이스, 베벨 언더된 모근에 드라이어 열풍으로 볼륨을 준 뒤 그 각도를 유지하면서 모선 1/2까지 다림질한다.
- 다림질된 모다발의 끝부분에 롤 브러시를 베벨(리버즈 롤) 업 위치에서 겉말음으로 감싸 피벗 포인트(컬을 형성시키기 위해 꺾어지는 부분에 멈춘 열을 준)후 모발끝을 윤기있게 다림질하기 위해 당겨 감으면서 반복적으로 다림질한다.
- 롤 브러시에 겉말음형으로 한 바퀴 이상 감은 상태에서 위쪽의 정상(Crest)과 아래쪽의 골(Trough)에 열풍을 집중적(5~7초)으로 주어 아웃컬로서 롤링 다림질을 형성하면서 롤 브러시를 제거한다.

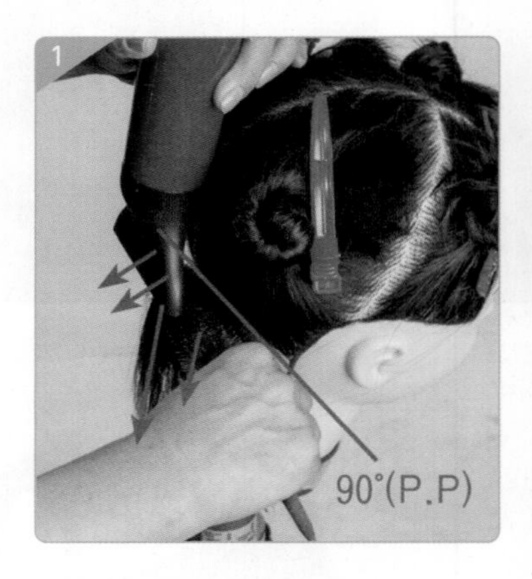

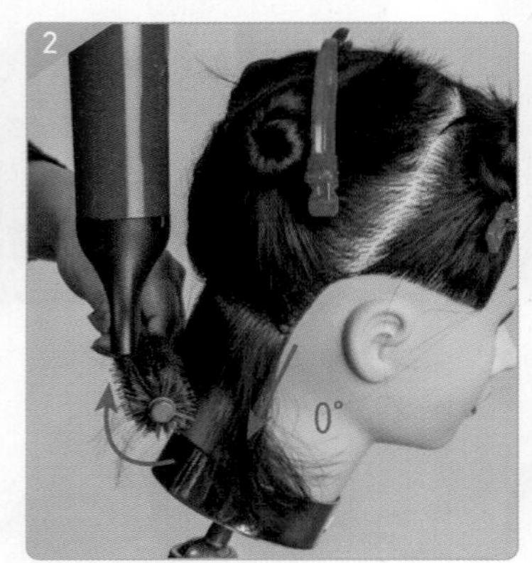

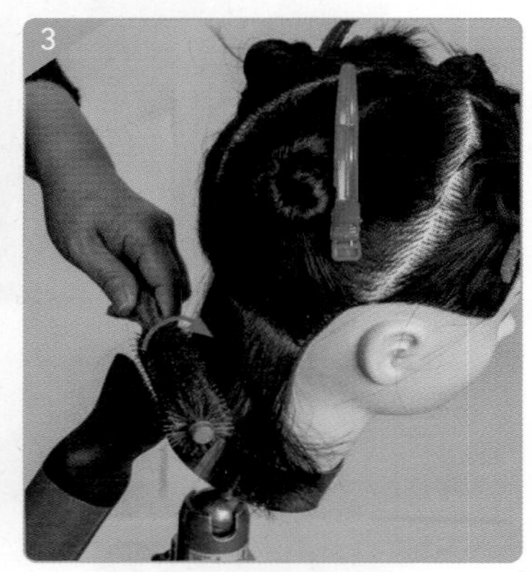

한바퀴 반(1 1/2) 정도 리버즈롤 와인딩

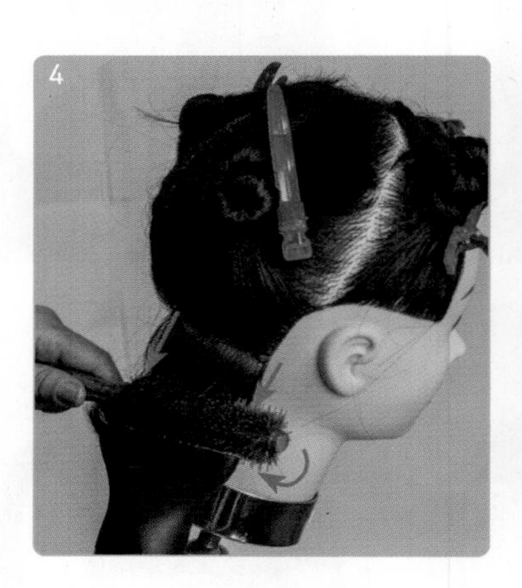

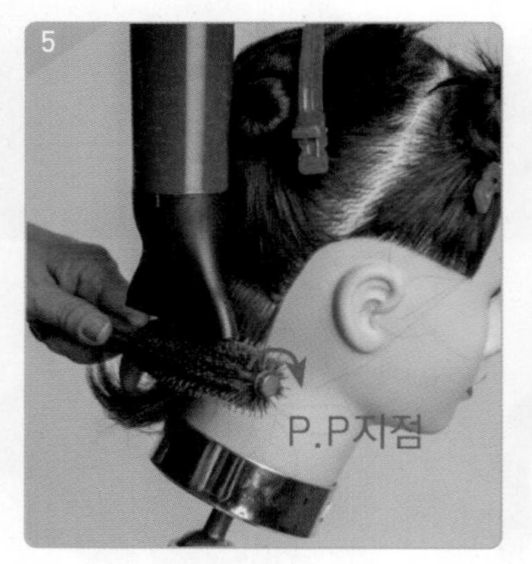

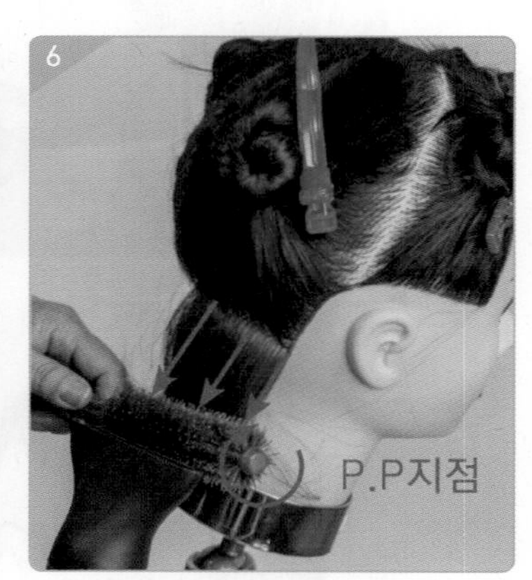

❷ 두 번째 1직경 컨벡스 라인으로 파트된 상태에서도 첫 번째 직경과 동일한 기법이 요구된다.

- 컨벡스 라인은 후두부 ③, ④의 블로킹이 동일 선상에서 파트되는 직경이다.
- 베벨 업(Bevel up)은 모다발을 중심으로 모다발 바깥쪽에 중형크기의 롤 브러시가 놓여지면서 겉말음형(Out curl)으로 다림질되는 상태이다.

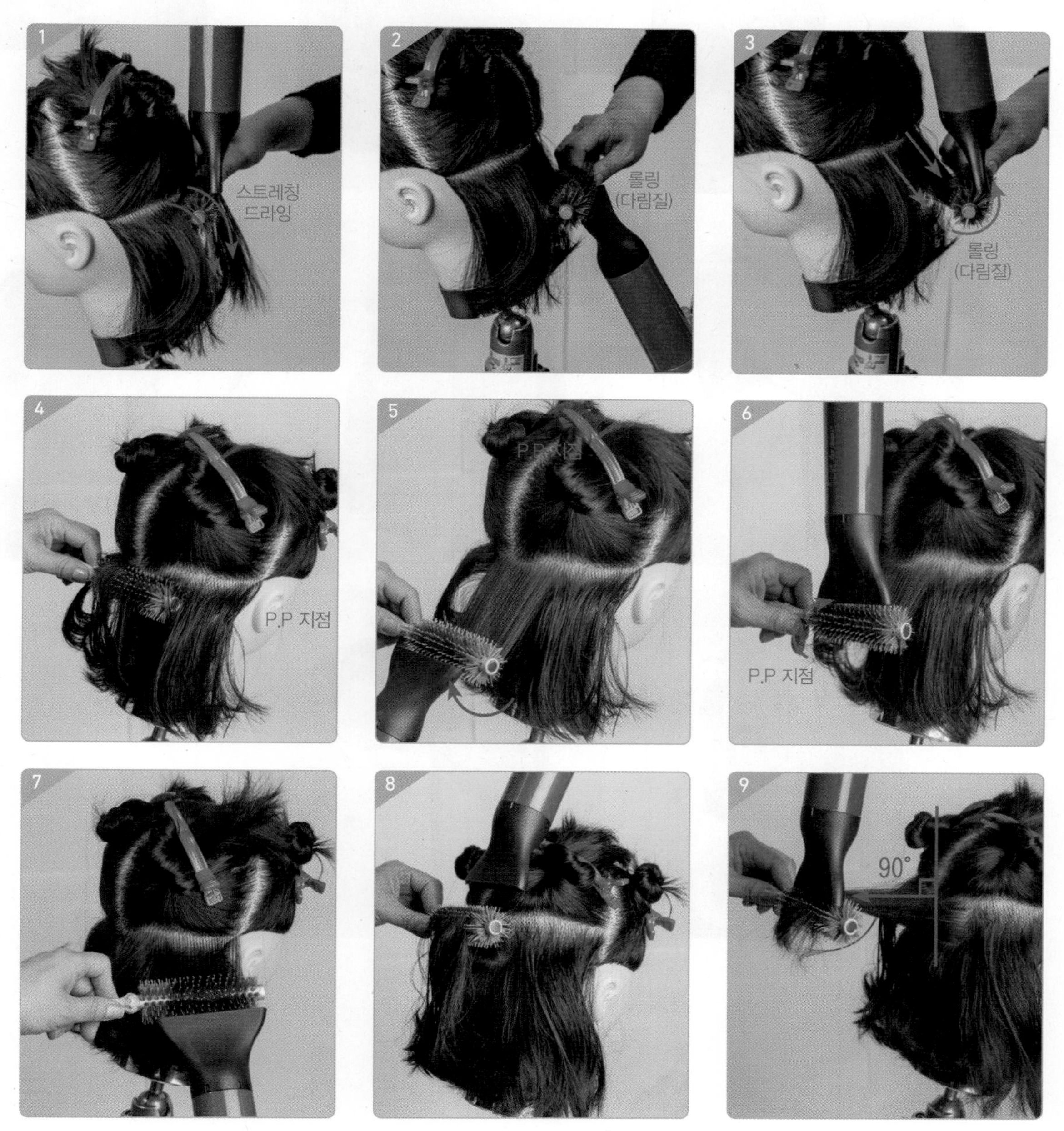

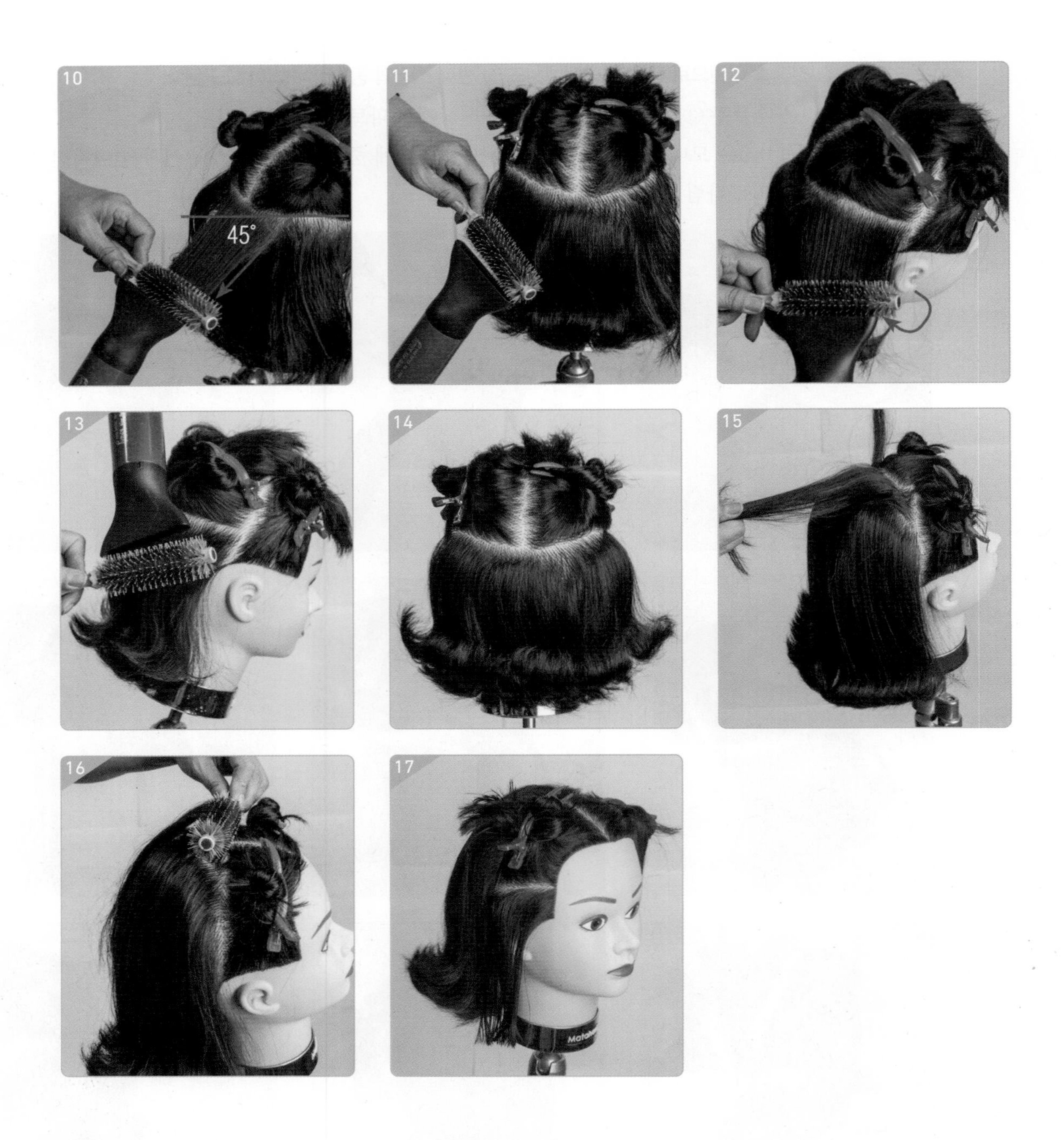
10
45°
11
12
13
14
15
16
17

❸ 두상을 똑바로 한 상태로 측두부 첫 번째 직경에서는 후대각 라인으로 직각분배로 모근에 볼륨과 함께 1/2선까지 스트레치 드라잉한다.

- 자연분배 상태에서 겉말음으로 롤 브러시를 베벨 업한 상태에서 나머지 1/2의 모선을 감으면서 롤링 다림질한다.
- 롤 브러시에 감긴 모다발의 아래, 위를 노즐의 열풍으로 파워포인트한 후 컬이 형성되었을 때 롤을 손으로 모양 잡으면서 조심스럽게 롤 브러시를 아웃시킨다.

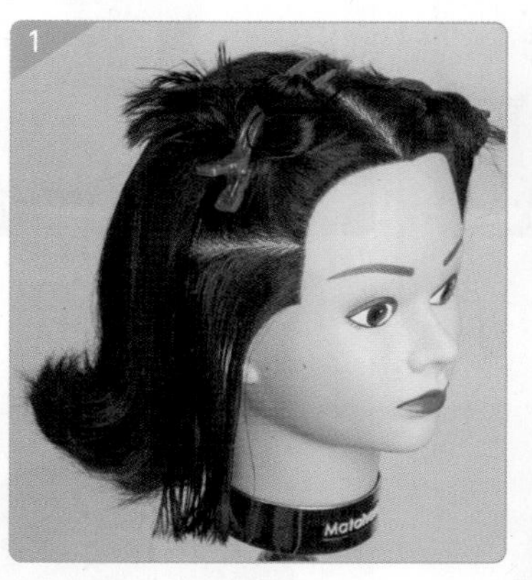

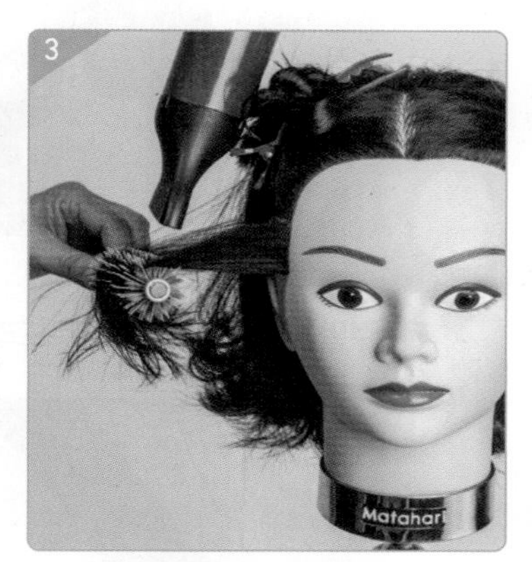

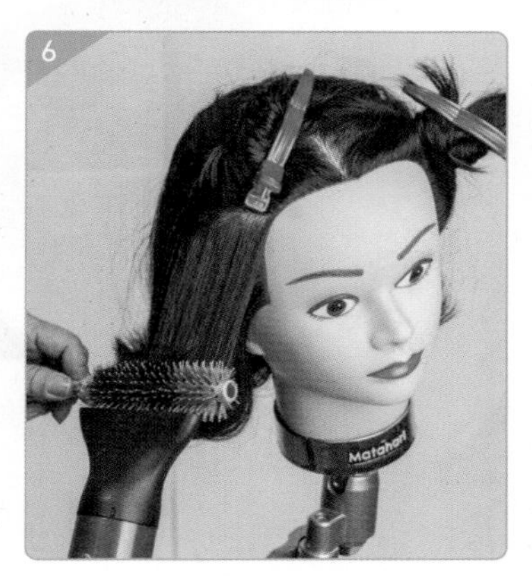

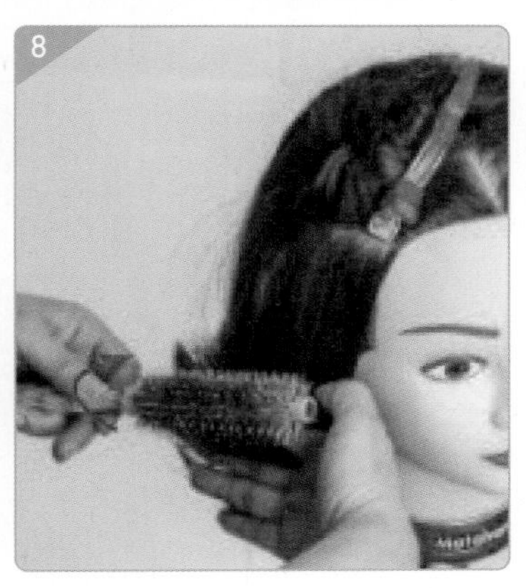

❹ 왼쪽 측두면도 ❸과 동일하게 중형크기의 라운드 브러시를 사용하여 겉말음형으로 다림질한다

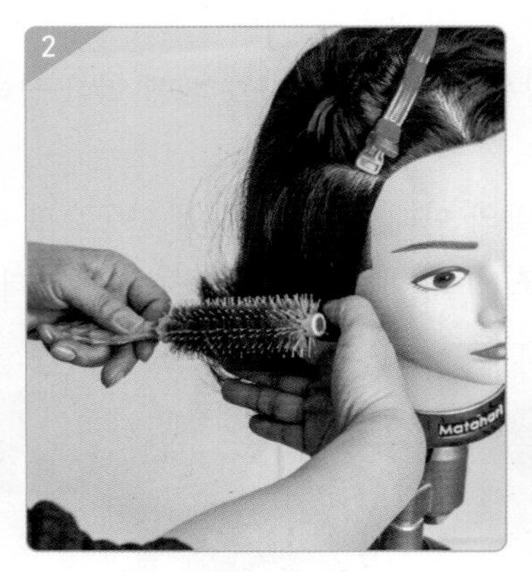

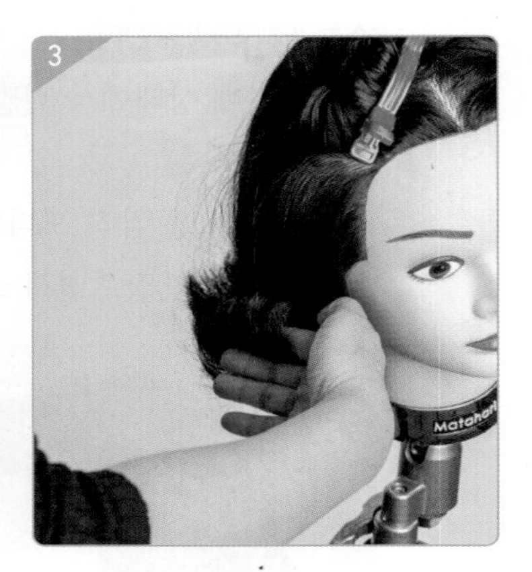

❺ 겉말음형(Out curl) 블로드라이 스타일

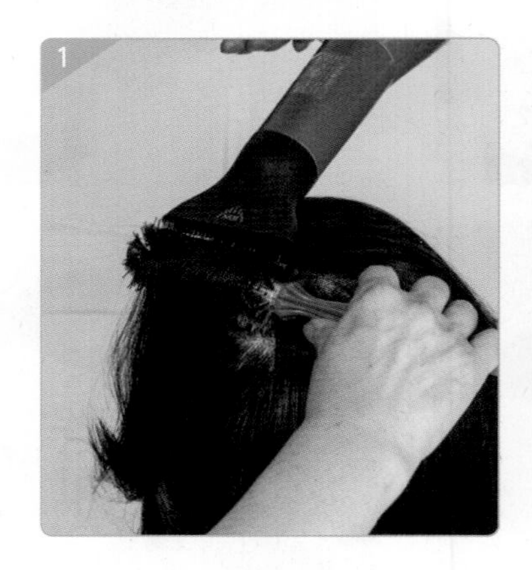

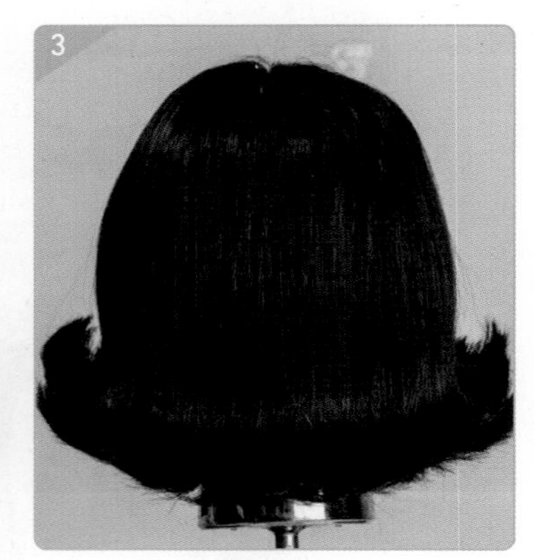

Section 03 그래듀에이션 인컬 드라이

1 그래듀에이션 드라이 완성작품

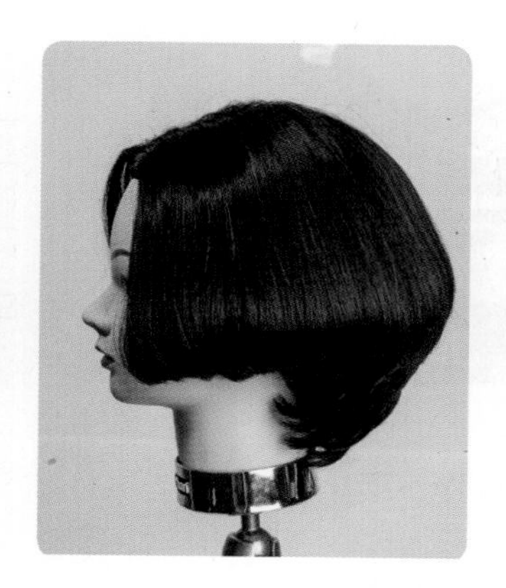

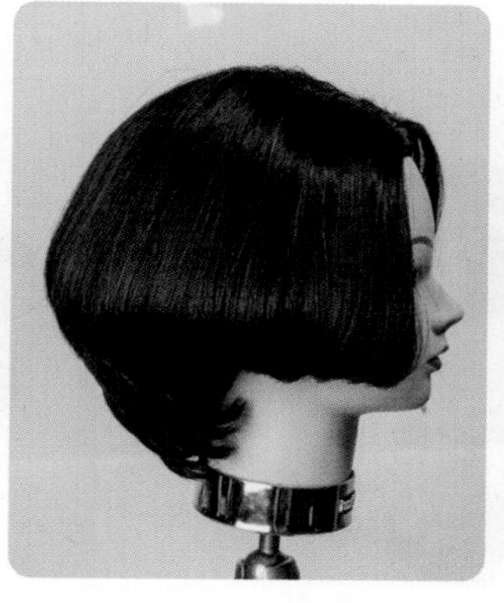

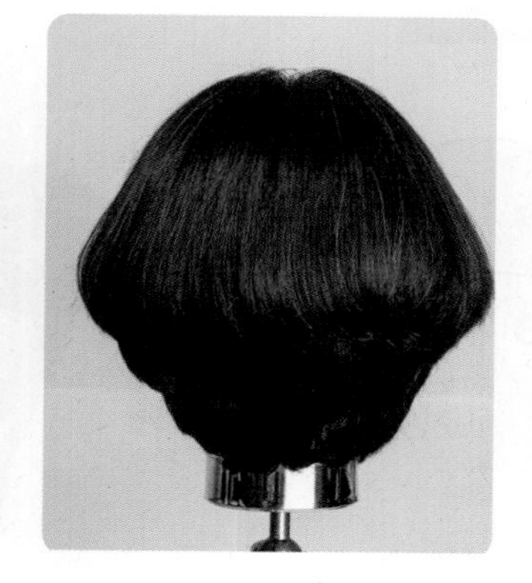

2 그래듀에이션 드라이

목표	시험 규정에 맞게 헤어드라이어와 롤 브러 시를 사용하여 그래듀에이션 인컬 스타일을 작업한다.	블로킹	9등분
장비	작업대, 민두, 홀더, 분무기	형태선	컨벡스 라인(전대각)
도구	헤어드라이어, 롤 브러시, 핀셋	섹션	롤 브러시의 직경
소모품	통가발 마네킹(또는 위그)	시술각	0~90°
내용	가이드 라인 10~11cm, 단차 4~5cm	손의 시술각도	섹션과 평행
시간	30분	완성상태	센터파트 후 안말음 빗질

3 블로드라이 작업절차

도구 및 재료 준비

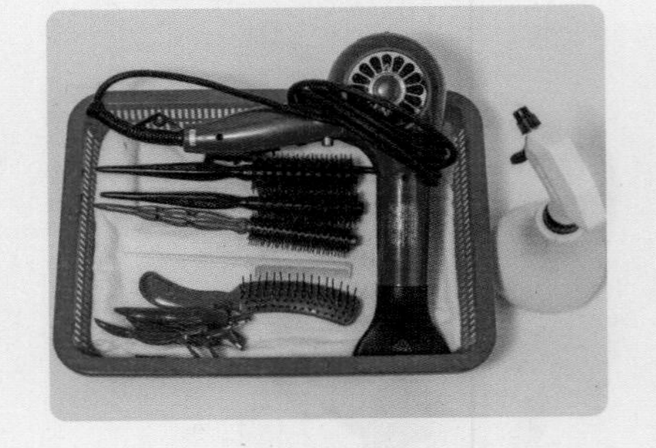

- □ 마네킹
- □ 홀더
- □ 핀셋
- □ 롤 브러시(대, 중, 소)
- □ 헤어드라이어
- □ 분무기
- □ S 브러시

블로킹 순서

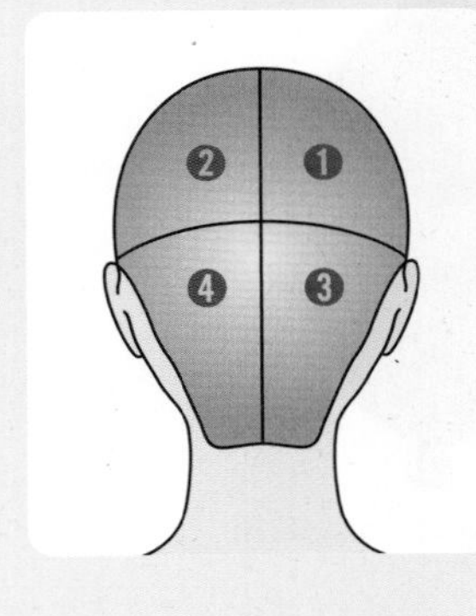

정면

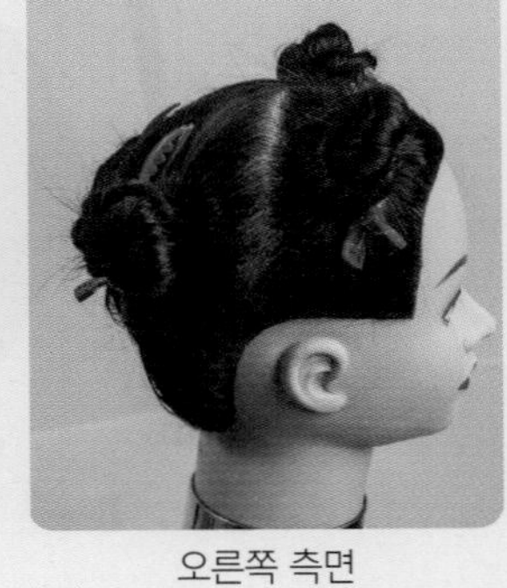

오른쪽 측면

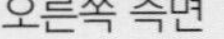

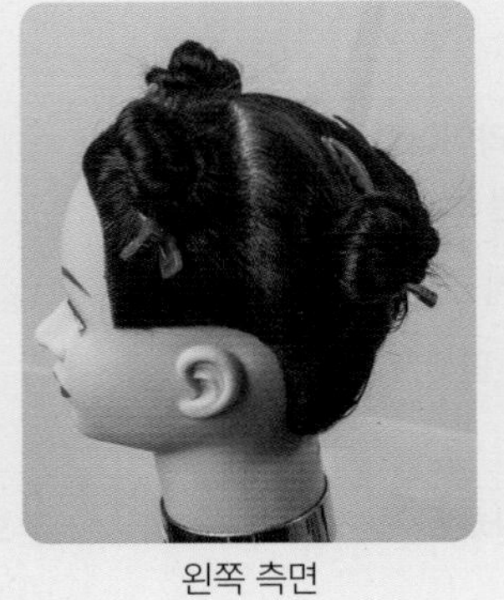

왼쪽 측면

후면

4 그래듀에이션형의 인커브 실제

1) 프리드라이(전처리 드라이 스타일링)

프리드라이는 본처리 시술 전 단계에서 준비하는 과정이다.

- 스파니엘 블로드라이 스타일에서와 같이 두상의 위치를 바르게 한 후, 모근 가까이에 있는 물기를 타월로 닦아낸다.
- 타월로 닦아낸 두발을 셰이핑하여 전두부에서부터 빗질을 한다. 모양다듬기한 후, 블로드라이어의 열풍과 냉풍을 이용하여 후두부 → 두정부 → 측두부 → 전두부 순서로 모근의 볼륨과 모선을 본처리하기 쉽도록 모류 방향을 설정하는 전처리(프리) 드라이를 한다.
- 파팅을 하기 위해 셰이핑한 후 전두부, 후두부로 구분하여 4개의 영역을 블로킹한다.

2) 본처리 드라이 스타일링

❶ 앞숙임(30° 정도) 상태에서 후두부의 첫 번째 파팅은 롤 브러시(소형) 1직경, 중심으로 컨벡스 라인을 스트레이트로 다림질한다. 직각분배된 모다발 아래, 베벨 언더된 롤브러시의 모근에 볼륨을 준 후, 90~0°방향으로 모류를 윤기 있게 스트레치 드라잉과 롤링 다림질한다.

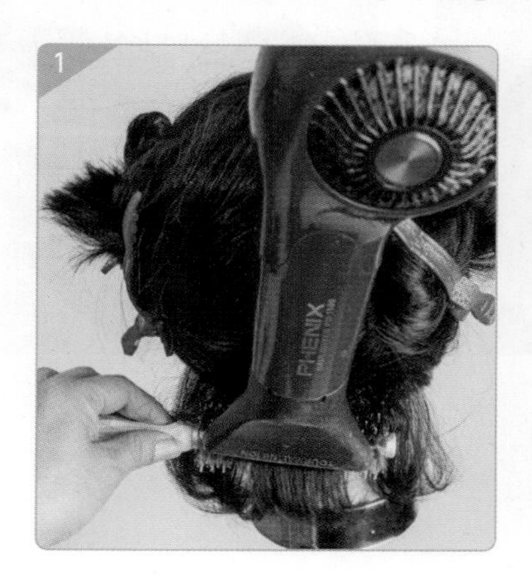

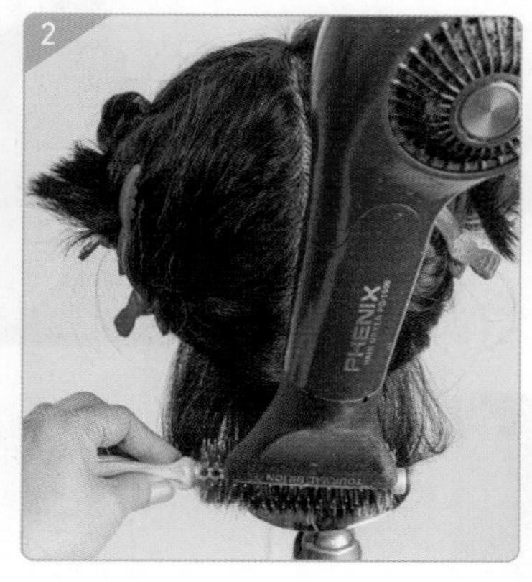

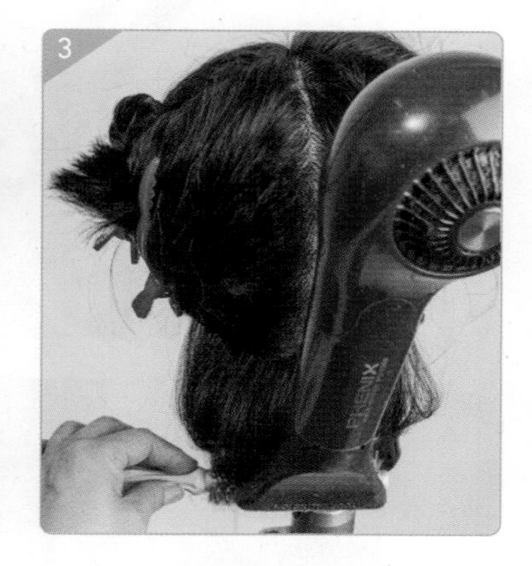

❷ 두 번째~세 번째 파팅의 컨벡스 라인까지 소형의 롤브러시를 사용하여 네 번째~아홉 번째 파트의 컨벡스 라인에서는 중형의 롤 브러시를 사용하여 에어포밍한다.

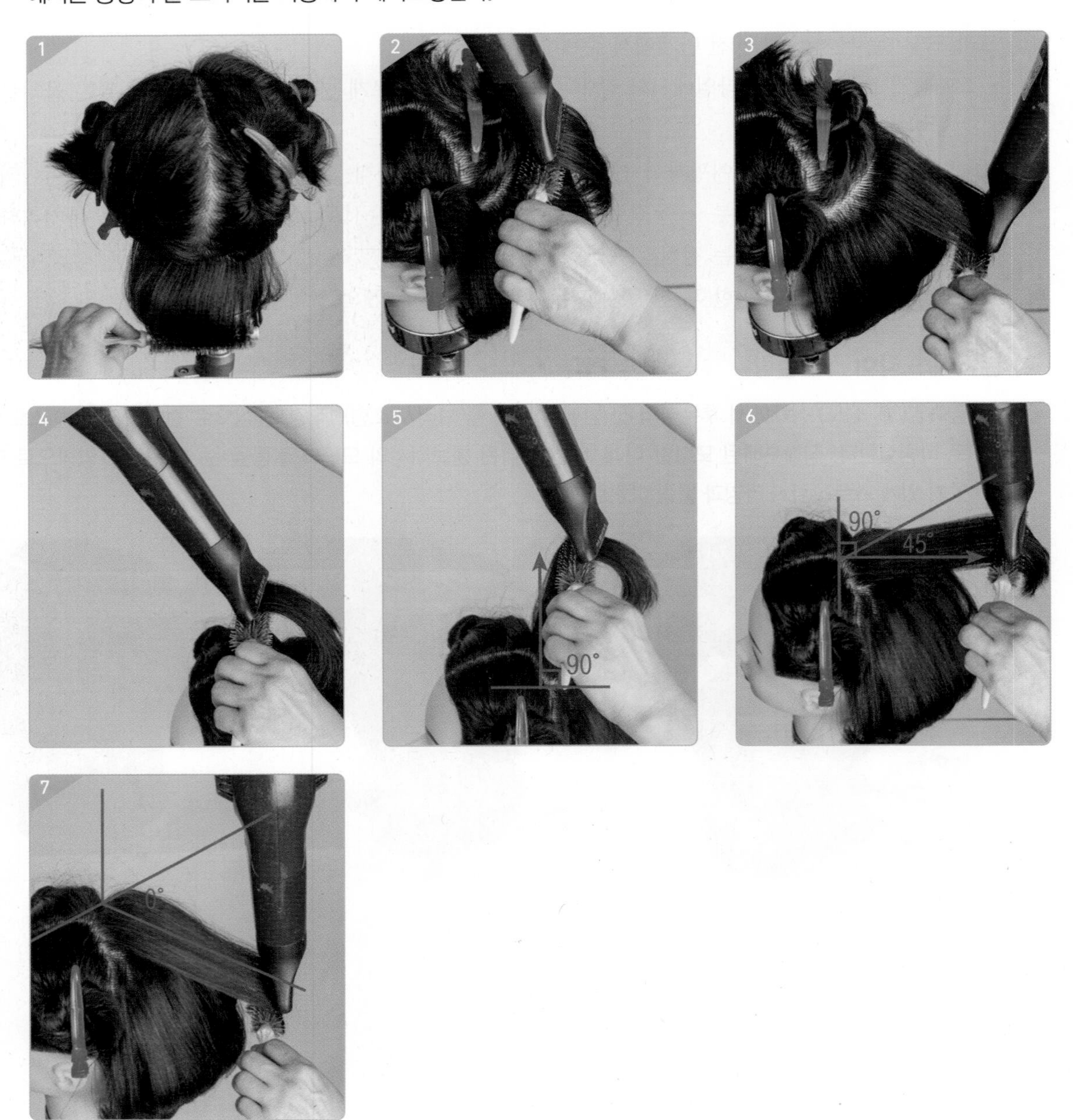

❸ 왼쪽 측두부의 두상은 똑바로 한 상태에서 1직경 중형 롤 브러시로 파팅된 모다발을 직각분배하여 90~0°로 이행되는 모류 방향을 자연스럽게 떨어지는 상태로 인컬로 다림질한다.

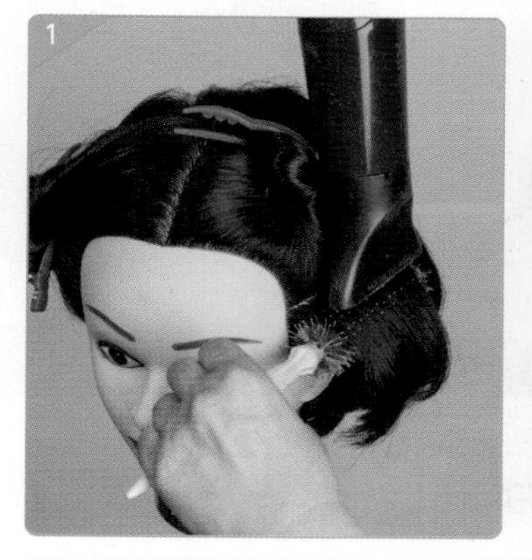

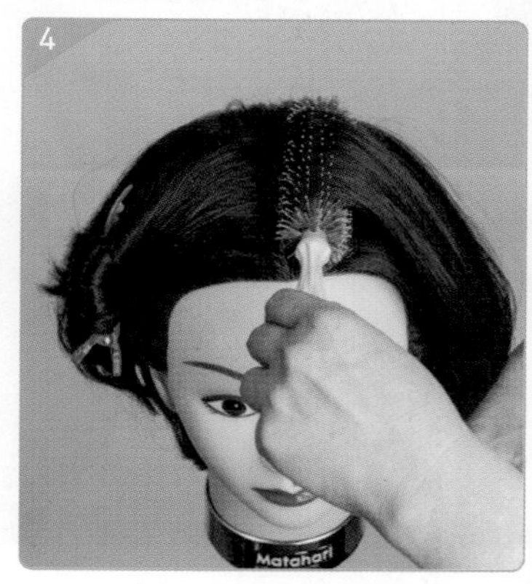

❹ 네 번째~다섯 번째 파팅 역시 1직경 롤 브러시로 모다발을 90~135° 직각분배한 후 베벨 언더, 롤 브러시에 대해 드라이어 노즐을 두상과 평행하게 하여 모근에 볼륨처리한다.

- 볼륨을 위해 논 스템 위치에 똑바로, 위로 3번 반복하여 다림질한 후 변이분배에서 자연분배로, 롤링하면서 연곡선 모양의 안말음(In curl)형으로 에어포밍(블로드라이 스타일링)이 된다.

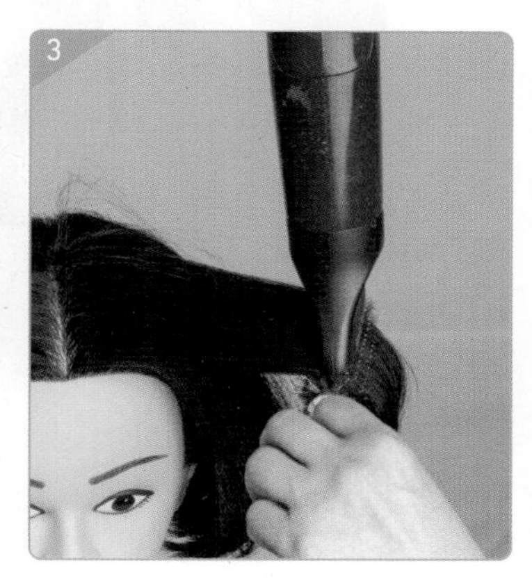

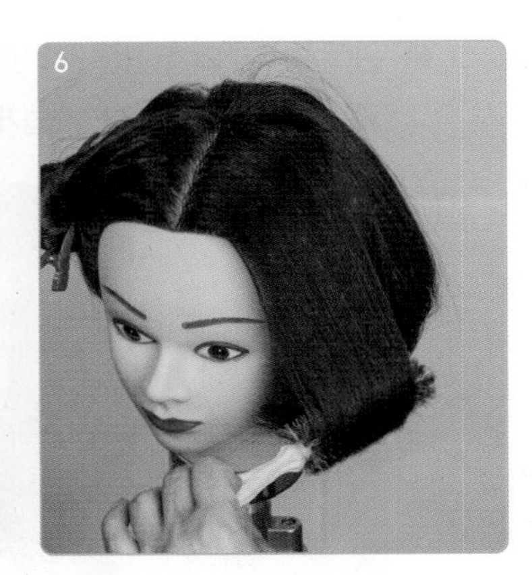

❺ 오른쪽 전두부도 왼쪽 전두부와 동일한 시술 과정과 방법이 요구된다.

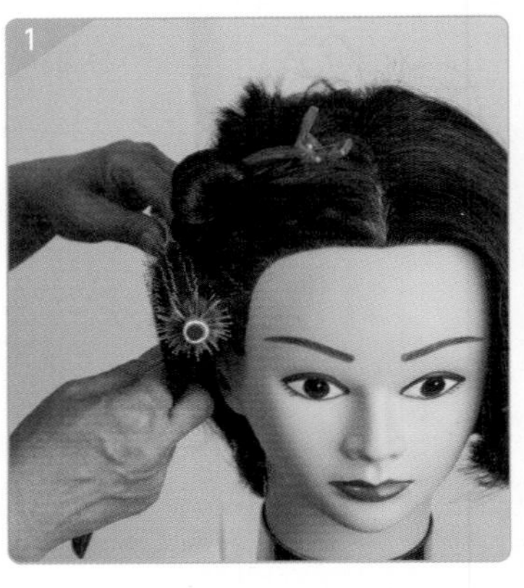

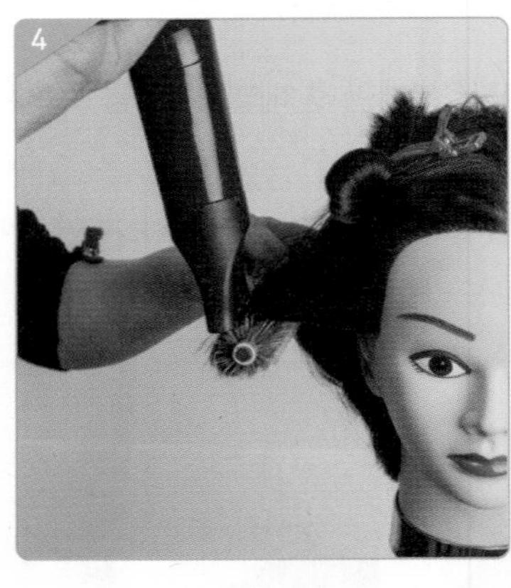

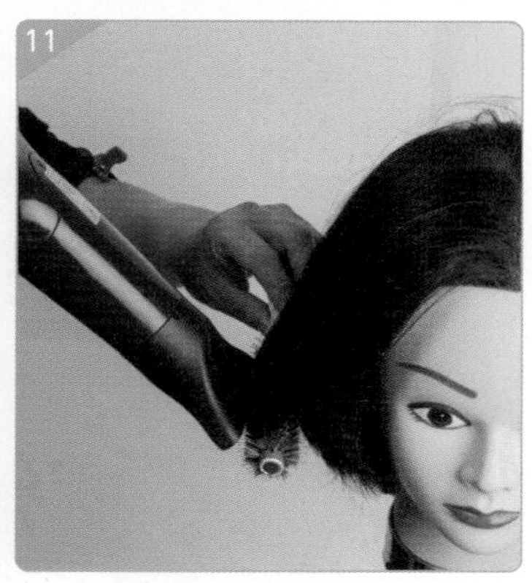

⑥ 안말음형 블로드라이 스타일

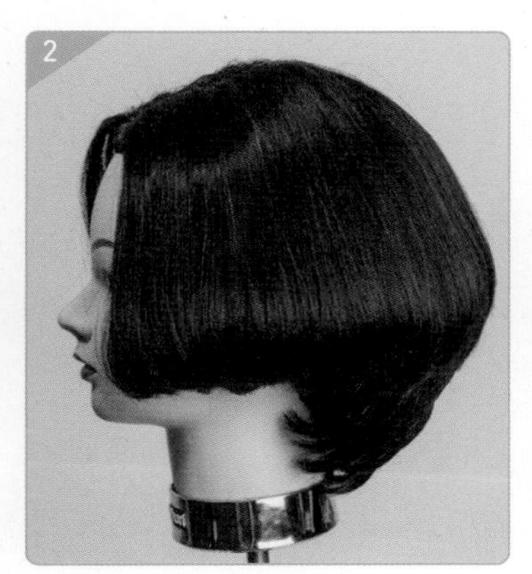

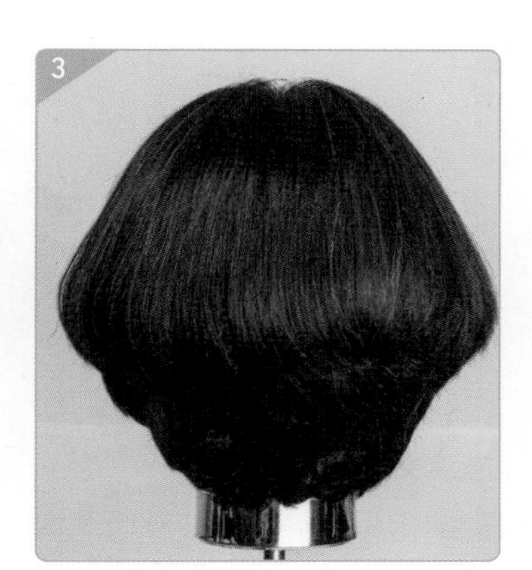

PART 04

롤러세트 스타일

CHAPTER 01

롤러세트의 이해

Section 01 롤러세트 시 요구 및 유의사항

1 기본 자세 및 숙련도

① 몸의 자세는 작업에 필요한 힘의 안배와 균형있는 자세를 유지해야 한다.
② 두발에 남은 수분을 고르게 건조하고 빗질 시에는 두발을 곱게 빗질한다.
③ 모다발의 끝 부분은 롤러 길이로 넓혀서 포밍하고 리본닝 후 컬리스한다.
④ 컬리스 순서는 정중면 → 측정중면 → 측두면으로 하며, 상단에서 하단으로 이행한다.

유의사항

① 작업자세가 좋지 않을 때
② 마네킹 두발의 수분조절이 적당하지 않았을 때
③ 셰이핑이 정확하지 않았을 때
④ 컬리스 방법과 순서가 미숙할 때

2 롤러의 배치 각도 및 방향

① 모다발의 겉표면이 들쑥날쑥하지 않게 컬리스한다.
② 롤러의 안착 방향은 두상면에 따라 리듬감을 갖게 한다.

유의사항

① 두상 부위에 따라 시술각 상태로서 정확한 파팅에 따른 온 베이스, 논 스템 안착이 미숙할 때
② 롤러의 방향과 두상의 둥근형상이 갖는 리듬감이 조화롭지 못했을 때

3 롤의 탄력성

① 컬리스된 롤러는 긴장감 있게 안착되어야 한다.
② 컬리스된 롤러에서 머리카락이 빠져나오거나 흐트러지지 않도록 한다.
③ 컬리스된 롤러와 롤러 간의 간격, 두피면과 두피면 사이의 간격이 적당해야 한다.

유의사항

① 컬리스된 롤에 모발이 빠져나와 안정적이지 못할 때
② 베이스 크기와 직경 간 부조화를 이룰 때
③ 컬리스된 모다발의 탄력성이 부족할 때
④ 컬리스된 롤러 개수가 31개보다 적을 때(5점 감점)

4 망사 씌우기 및 드라이어 사용

① 드라이어의 열풍과 냉풍을 번갈아가며 쐰다.
② 드라이어 열과 바람은 컬리스된 방향에 따라 모근 가까이에 에어포밍한다.
③ 두상 전체에 세팅이 되면 망사를 씌워 두발이 흩날리지 않도록 두상의 위에서 아래로 노즐방향이 가도록 한다.

유의사항

① 롤러 세팅된 두상에 망사 씌우기가 미숙할 때
② 망사를 씌운 롤러 세트의 역방향으로 드라이어 바람을 줄 때
③ 드라이어 바람에 의해 컬리스된 모발이 빠져나왔을 때
④ 바람 조정이 미숙하여 두발 건조 상태가 고르지 않았을 때

5 전체 조화

① 롤러 제거 시 컬리스 각도를 유지한다.
② 전체적으로 모근의 볼륨과 모발에 윤기가 있어야 한다.
③ 리세트 시 건조상태에 따라 롤러 제거가 이루어져야 한다.
④ 롤러제거 순서는 후두부에서 시작하여 전두부에서 끝난다.
⑤ 모발 전체가 조화로운 스타일링 컬로서 완성도를 나타내어야 한다.

유의사항

① 리세트에 따른 롤러 제거 작업의 순서가 미숙할 때
② 롤러 제거 시 컬리스 각도가 동일하지 않을 때
③ 전체적인 스타일링이 미숙할 때
④ 주변 정리 및 처리가 미숙할 때

CHAPTER 02

롤러세트의 세부과제

1 롤러세트의 작업절차(30분, 20점)

기본자세(3점) → 배치 각도 및 방향에 따른 와인딩 상태(5점), 롤러의 안착 간격(3점) → 몰딩의 숙련도(3점) → 완성도 및 전체 조화(3점) → 롤러 제거 및 마무리 리세트(3점)

세부항목	작업요소
기본자세 (3점) 〈그림 1〉	• 롤러세트에 요구되는 도구(롤, 빗, 망사, 드라이어, 워터스프레이) 등을 이용한 작업과정 중간에 도구를 꺼내지 않도록 충분히 미리 준비한다(1점 감점). • 레이어드 형태에 전처치로서 핸드 드라이어의 열풍을 이용하여 모근을 볼륨 업 시키는 드라이(수분율 모근 90% → 모간끝 80% 정도)을 한 후 업셰이핑한다. • 블로킹을 6등분(전두면 ①②③, 후두면 ④⑤⑥)한다. • 블로킹(그림1) 후 전두면 ①과 후두면 ④에 묶인(Lacing) 영역을 풀어서 벨크로 롤을 이용하여 컬리스할 준비로서 업셰이핑한다. • 오리지날 몰딩 순서는 ① → ④ → ⑤ 또는 ⑥ → ② 또는 ③으로 한다.
롤러 와인딩 각도 상태 및 방향성 (3점)	• 전두면(①영역)에는 1직경(직사각형 베이스)으로 하는 스케일 3개에 벨크로 롤러 3개가 온 베이스, 논 스템으로 안착(Anchor)된다. • 첫 번째 와인딩은 1직경 스케일된 모다발을 135°로 빗질(Forming)하여 모다발 끝을 펴서 벨크로 롤러 밖으로 삐져나지 않게 리본닝하여 컬리스(감는다)한다. • 2번째 와인딩은 1직경 스케일된 모다발을 첫 번째로 안착된 롤러에 닿게끔 빗질(120°)하여 컬리스한다. • 특히 G.P 지점은 두상 곡면이 급격하게 시작되는 부분이므로 1직경보다 1/3 정도 적은 폭으로 스케일한 후, 롤러에 컬리스한다.
몰딩의 숙련도 (5점)	• 정중면은 대 · 중 · 소 롤러 11개를 컬리스한다. • 양 측정중면(⑤, ⑥)은 각각 대 · 중 · 소 롤러 6개(합 12개)를 컬리스하며, 영역 간 공간이 보이지 않게 135°, 120°, 90° 정도의 시술각도를 가진다. → 왼쪽 ⑤의 블로킹인 측정중면의 롤러 방향은 오른쪽으로 돌려 포밍(빗질)하고 오른쪽 ⑥의 블로킹은 왼쪽으로 돌려 포밍되는 체계성을 유지시킨다. • 양 측두면은 각각 대 · 중 · 소 롤러 4개(합 8개)를 부등변 사각형 베이스로 하여 측정 중면을 향해 135°, 120°, 90° 정도의 작업 각도로 모다발을 레프트 또는 라이트 방향으로 트위스트 포밍하여 컬리스한다.

컬리스된 모다발 상태 및 롤간의 간격 (3점)	• 스케일된 모다발은 작업각도에 맞게 곱게 빗질하여 벨크로 롤러에 가지런히 컬 형태로 감겨 있어야 한다. • 블로킹된 두상의 둥근선을 따라 롤러 컬이 빈틈없이(총 31개 이상) 조화롭게 몰딩되어야 한다. → 31개 미만일 경우 감점(−5)처리 된다. → 롤러를 1개라도 컬리스하지 않을 경우 미완성으로서 0점 처리된다.
망사 씌우기 및 드라이어 사용 (3점)	• 컬리스가 완성된 후에는 머리카락이 빠지거나 흩날리지 않게 하기 위해 전두면에서 후두면을 향해 망사를 양손으로 펼쳐 가면서 두상에 덮어씌운다. • 드라이어의 노즐 방향을 두개피부로 향하지 않도록 하며, 위에서 아래로 오리지널 세트된 롤러 컬의 P.P 지점 근처에 열풍을 준다. • 몰딩된 상태에서 8~10분 정도 열을 주어 건조한 후, 2~3분 정도 찬바람으로 컬을 고정시킨다.
롤러 제거 및 마무리(3점)	• 오리지날 컬을 스타일링(리세트)하기 위해 망사와 롤러를 제거한다. • 롤러는 컬리스 각도와 동일 각도를 유지하면서 제거시킴과 동시에 모발이 흐트러지지 않도록 원형 그대로 컬을 만들어 놓는다. • 원형 그대로 놓인 모다발은 양손(엄지와 인지)을 이용하여 컬과 컬 사이를 펼쳐 놓으면서 또는 브러시 빗살 끝을 이용하여 가볍게 모다발 끝을 연결시키면서 즉, 영역 간 공간이 보이지 않도록 모양다듬기로서 리셋한다.

Section 01 벨크로 롤

1 벨크로 롤의 완성작품

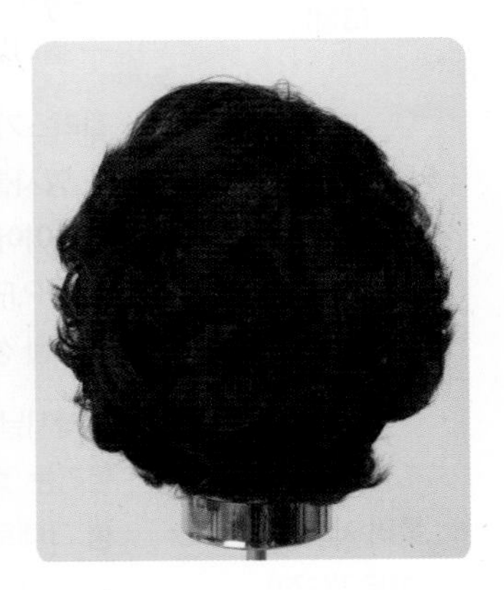

2 벨크로 롤

목표	시험 규정에 맞게 스타일을 작업한다.	블로킹	6등분
장비	작업대, 민두, 홀더, 분무기	형태선	레이어드 형태
도구	벨크로 롤, 빗, 고무줄, 망사, 헤어 드라이어, 핀셋	섹션	롤러 직경(대 · 중 · 소)
소모품	통가발 마네킹(또는 위그)	시술각	90° 이상
내용	가이드 라인 12~14cm / 롤러 31개 이상 와인딩	손의 시술각도	90° 이상
시간	30분	완성상태	올백 롤러 컬 아웃 상태

3 사전 준비 및 블로킹 순서

도구 및 재료 준비

- ☐ 마네킹
- ☐ 홀더
- ☐ 분무기
- ☐ 꼬리빗
- ☐ 롤러(벨크로 롤 대 10개, 중 15개, 소 6개) 31개 이상
- ☐ 고무밴드 또는 핀셋
- ☐ 6개 이상
- ☐ S 브러시
- ☐ 헤어망
- ☐ 헤어드라이어

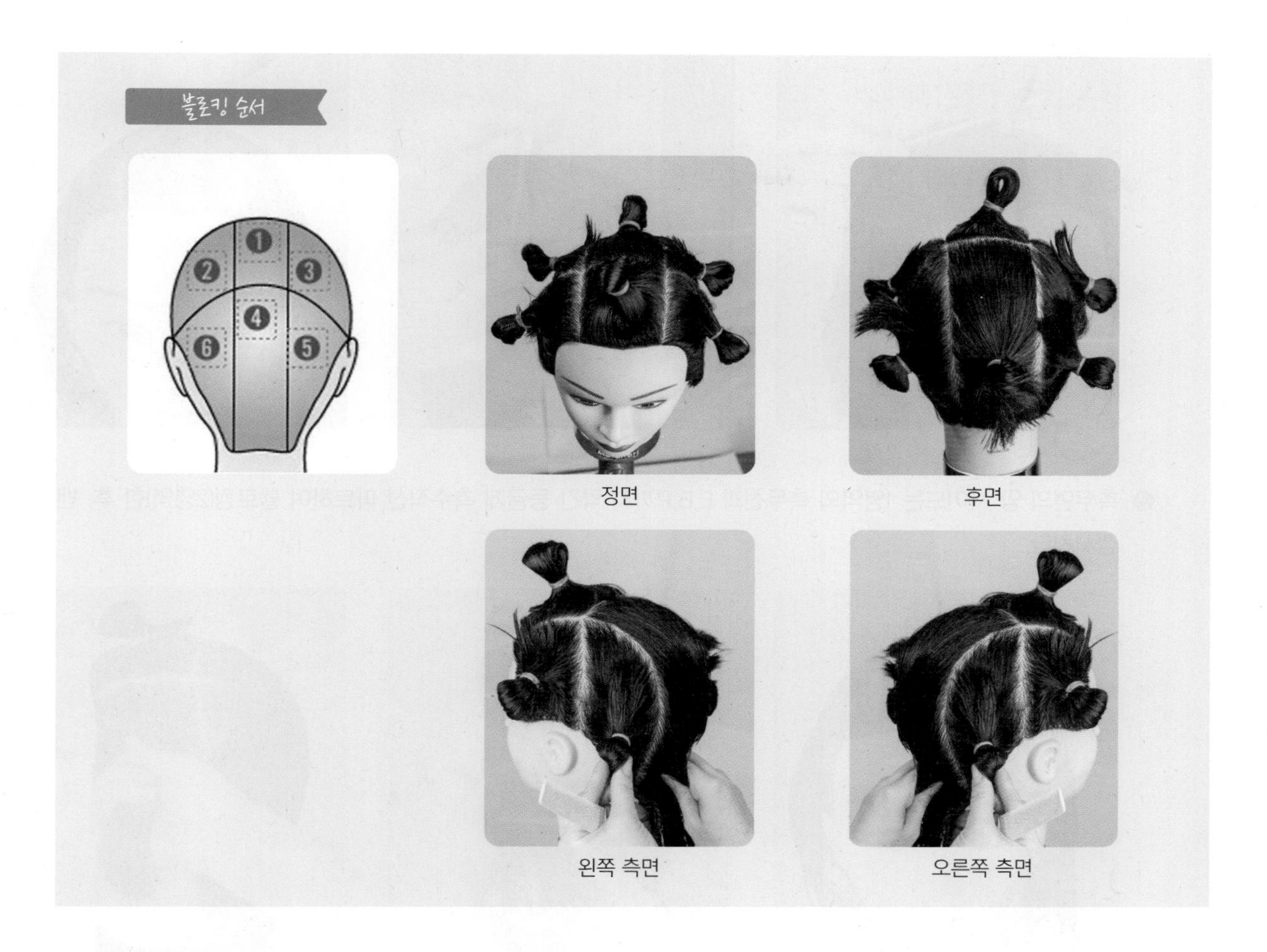

정면 후면

왼쪽 측면 오른쪽 측면

4 롤러 세트의 실제

❶ 모근의 물기를 90%, 모발끝은 80% 정도 제거한 후 C.P를 중심으로 롤 길이만큼(가로 6cm, 세로 6cm) 정사각형이 되도록 블로킹하여 밴딩 고정시킨다.

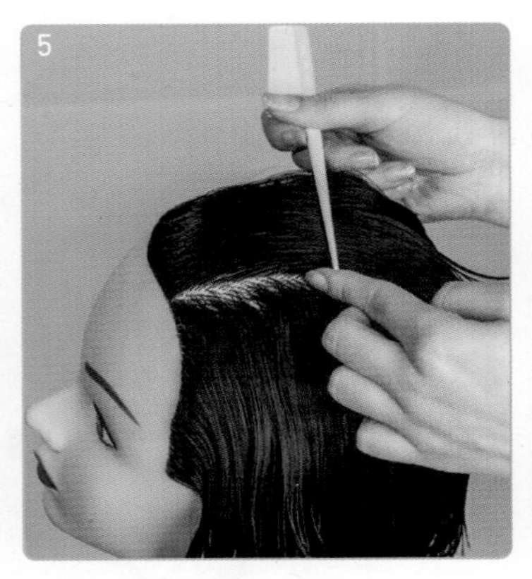

❷ 측두면의 양 사이드는 1영역의 측두선과 E.B.P까지 약간 둥글게 측수직선 파트하여 블로킹(2영역)한 후, 밴딩 고정시킨다.

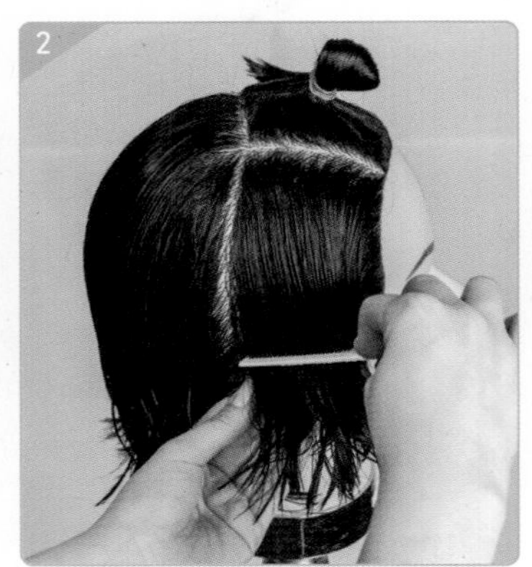

❸ 반대편도 동일하게 얼굴의 발제선을 따라 약간 둥글게 블로킹(3영역)한 후 고정시킨다.

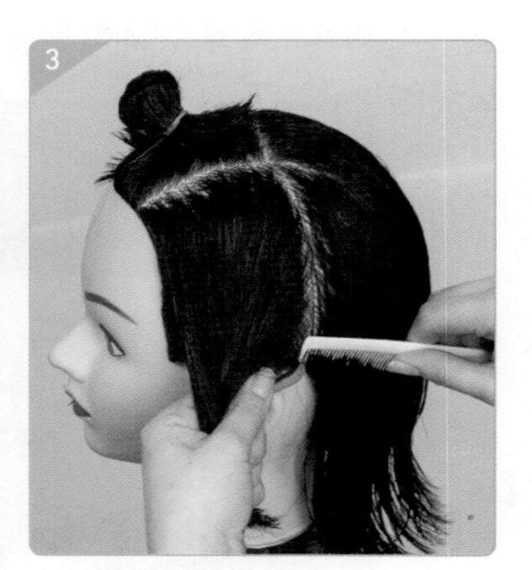

❹ 오른쪽 측정중면은 N.S.C.P보다 앞쪽으로 1~2cm에서 왼손 검지를 올려놓고 연결한 후 블로킹(4영역)한 후 고정시킨다.

❺ 왼쪽 측정중면 역시 ❹와 동일하게 블로킹(5영역)한 후 고정시킨다.

❻ 완성된 블로킹(6등분) 모습과 전두면 컬리스를 위한 준비상태이다.

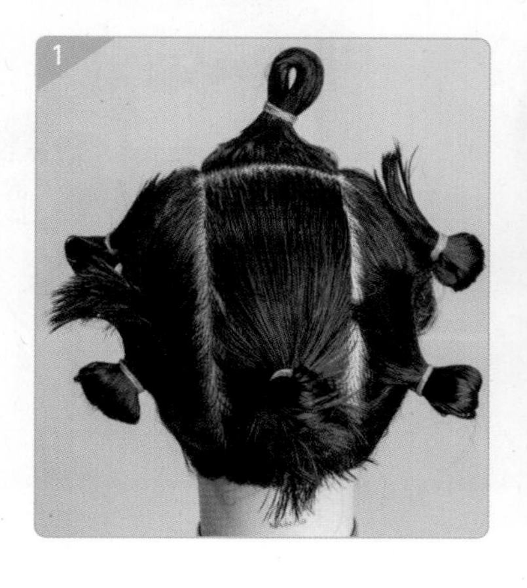
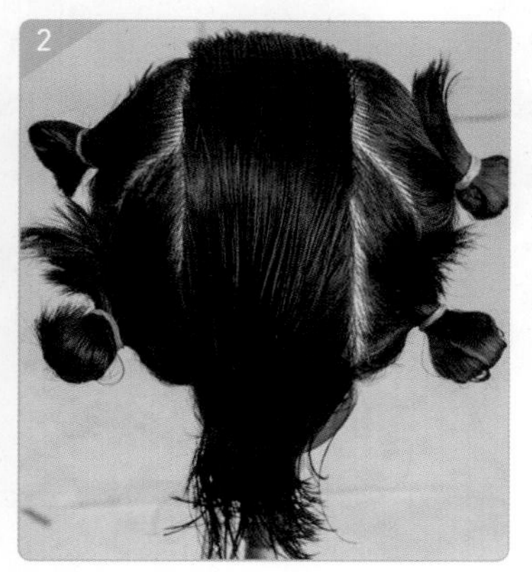

❼ 첫 번째 롤러의 베이스 크기는 대형 롤러의 직경(폭)보다 약간 작게 파트하고, 모근에 대해 모다발(Hair strand)은 전방 45°(135°)로 빗질한다.

- 논 스템으로 컬리스된 롤러는 온 베이스로 안착된다.
- 두 번째 롤러의 베이스 크기 역시 직경보다 약간 작게 파트하고, 첫 번째 와인딩된 롤러와 겹치지 않을 정도(90° 이상)의 각도로 빗질 후 논 스템으로 컬리스한다.

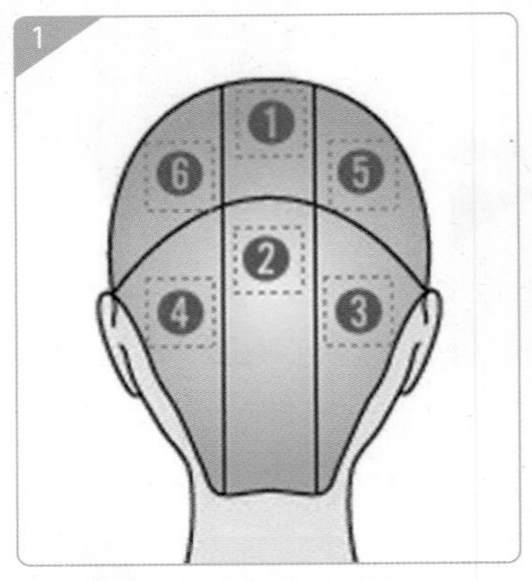

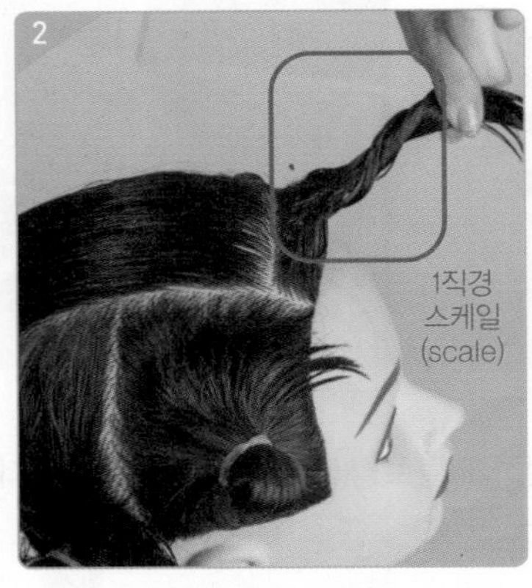

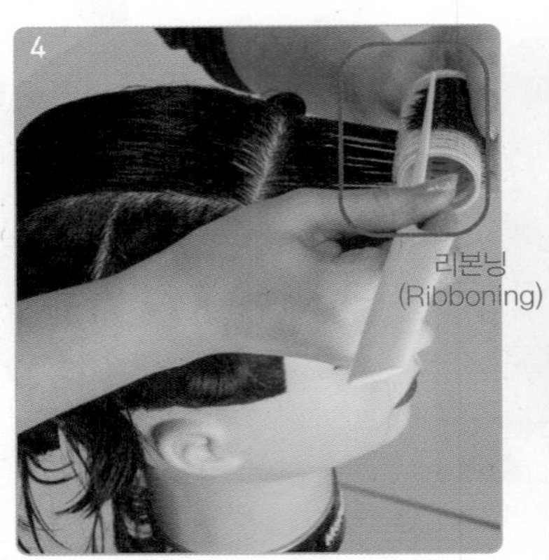

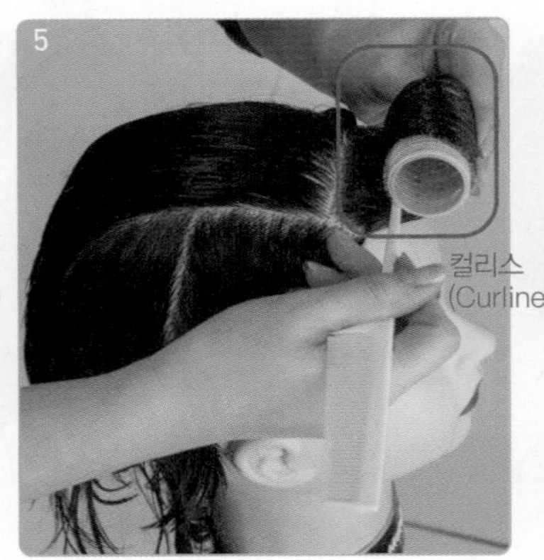

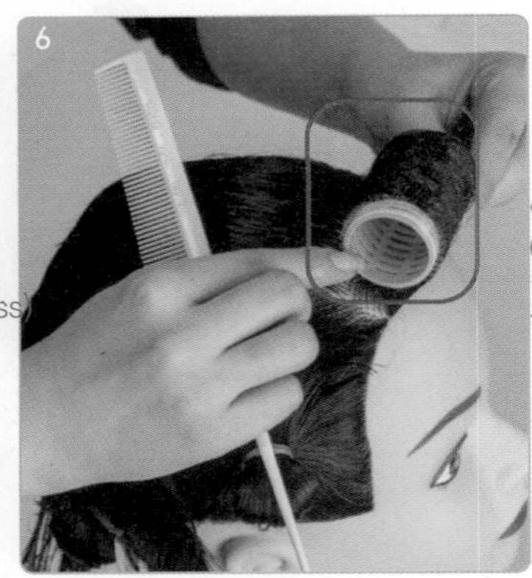

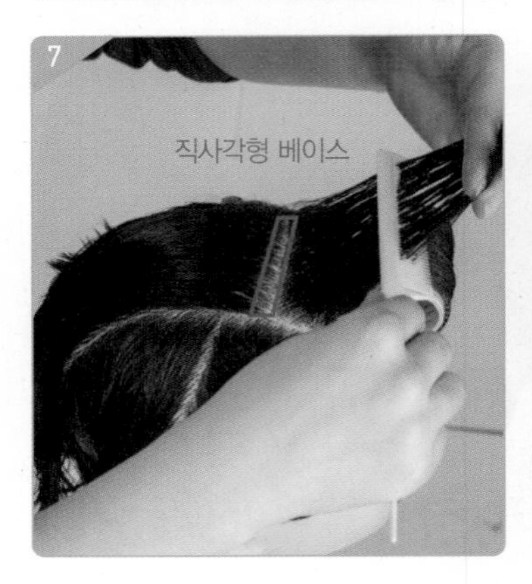

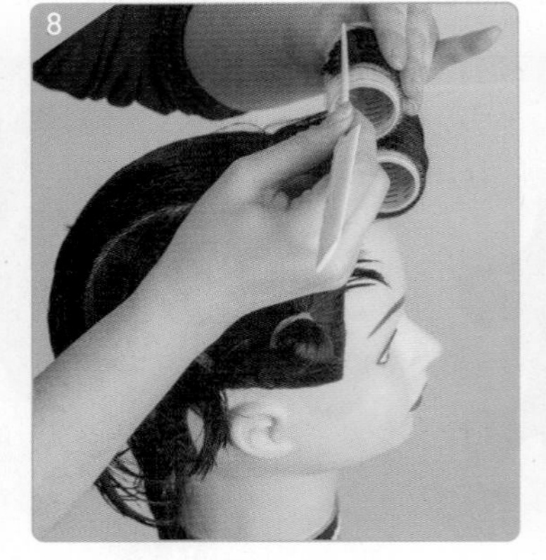

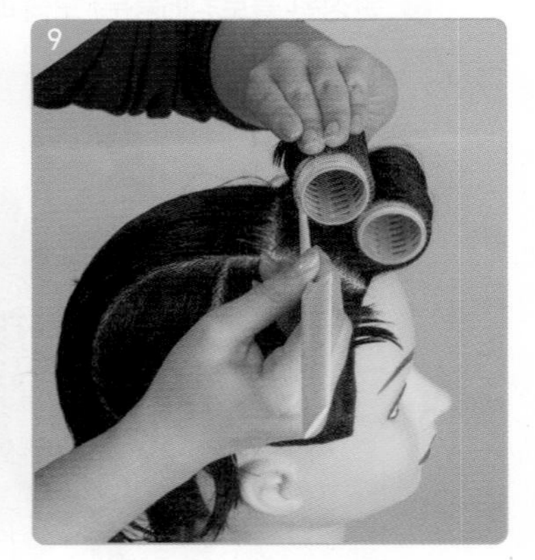

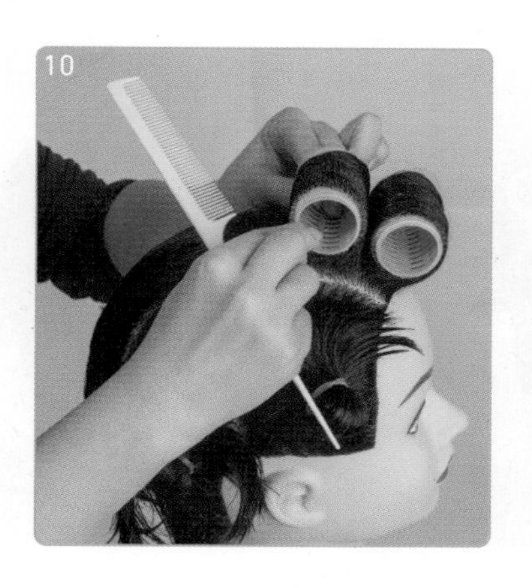

정중면은 벨크로 롤러 개수가 반드시 11개 이상 안착되어야 한다. 하지만 롤러 대중소의 안착된 크기에 따른 개수는 채점점수에 감점요인이 되지는 않는다.

⑧ 정중면과 두정면에 대 6개, 각도는 90° 이상, 논 스템 컬리스한다.

정중면에서 두상 곡면이 달라진다. 특히 두정융기는 롤러 직경보다 1/4 정도 더 작은 폭으로 베이스 크기를 만들어야 롤과 롤 간격이 벌어지지 않는다.

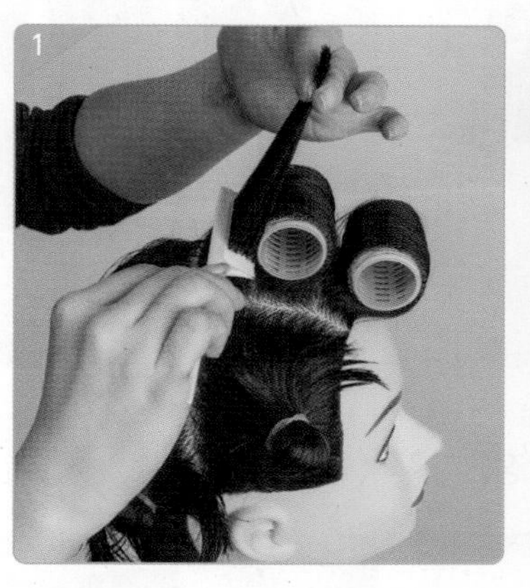

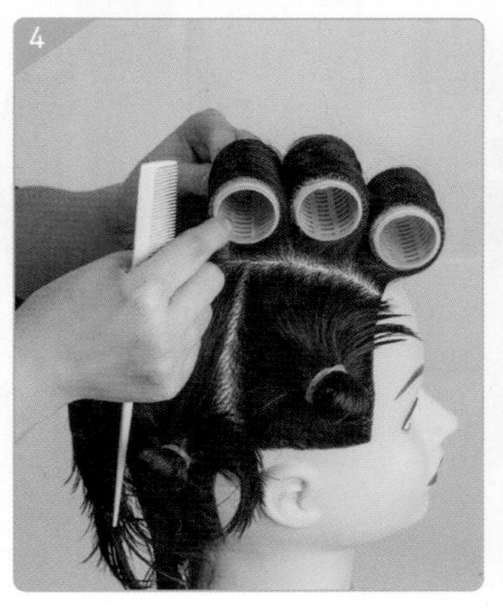

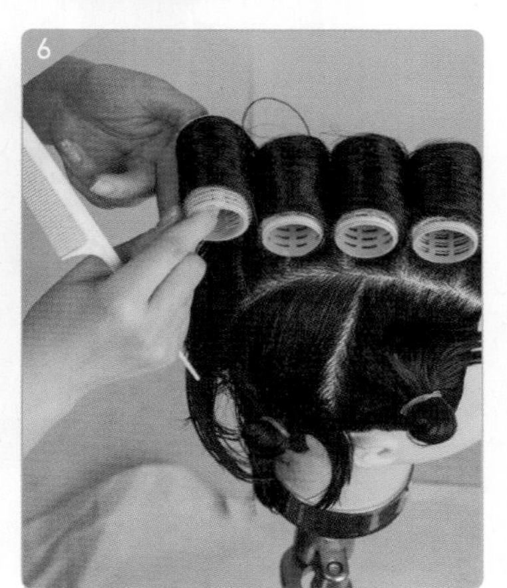

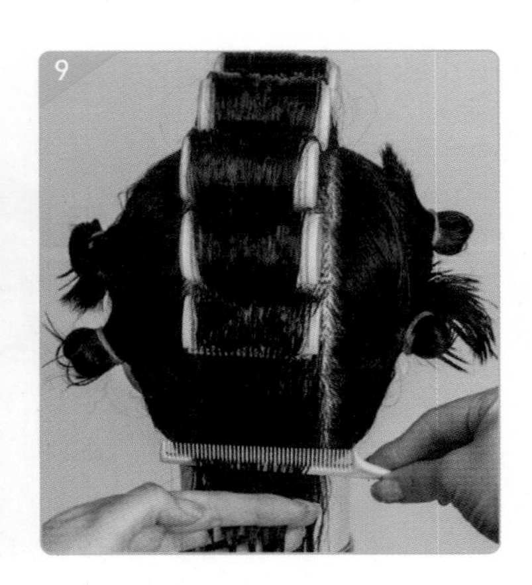

⑨ 정중 후두면에는 대 6, 중 3개, 소 2개 롤러가 온 베이스, 논 스템으로 컬리스 후, 안착된다.

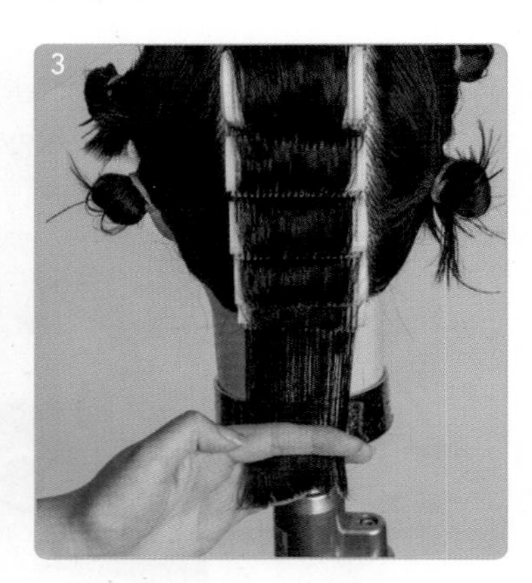

⑩ 정중면(전 · 후)에 대 6개, 중 3개, 소 2개의 롤러(총 11개)가 안착 · 고정된다.

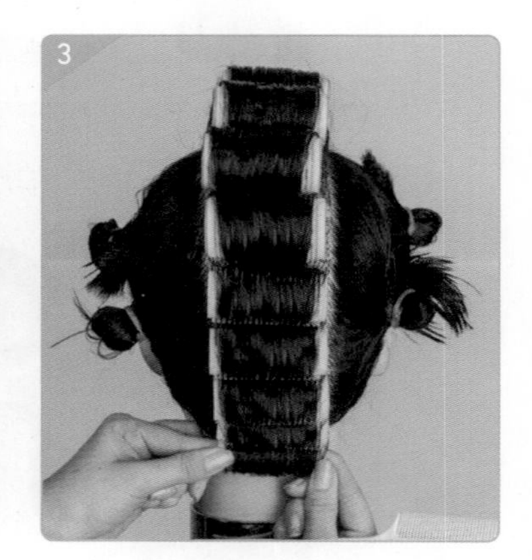

⑪ 오른쪽 측정중면의 첫 번째 상단은 롤러(대) 직경에 관계없이 삼각 베이스 크기를 스케일한 후 135°로 사선 포밍 (Left going shaping)하여 논 스템, 온 베이스로 안착한다.

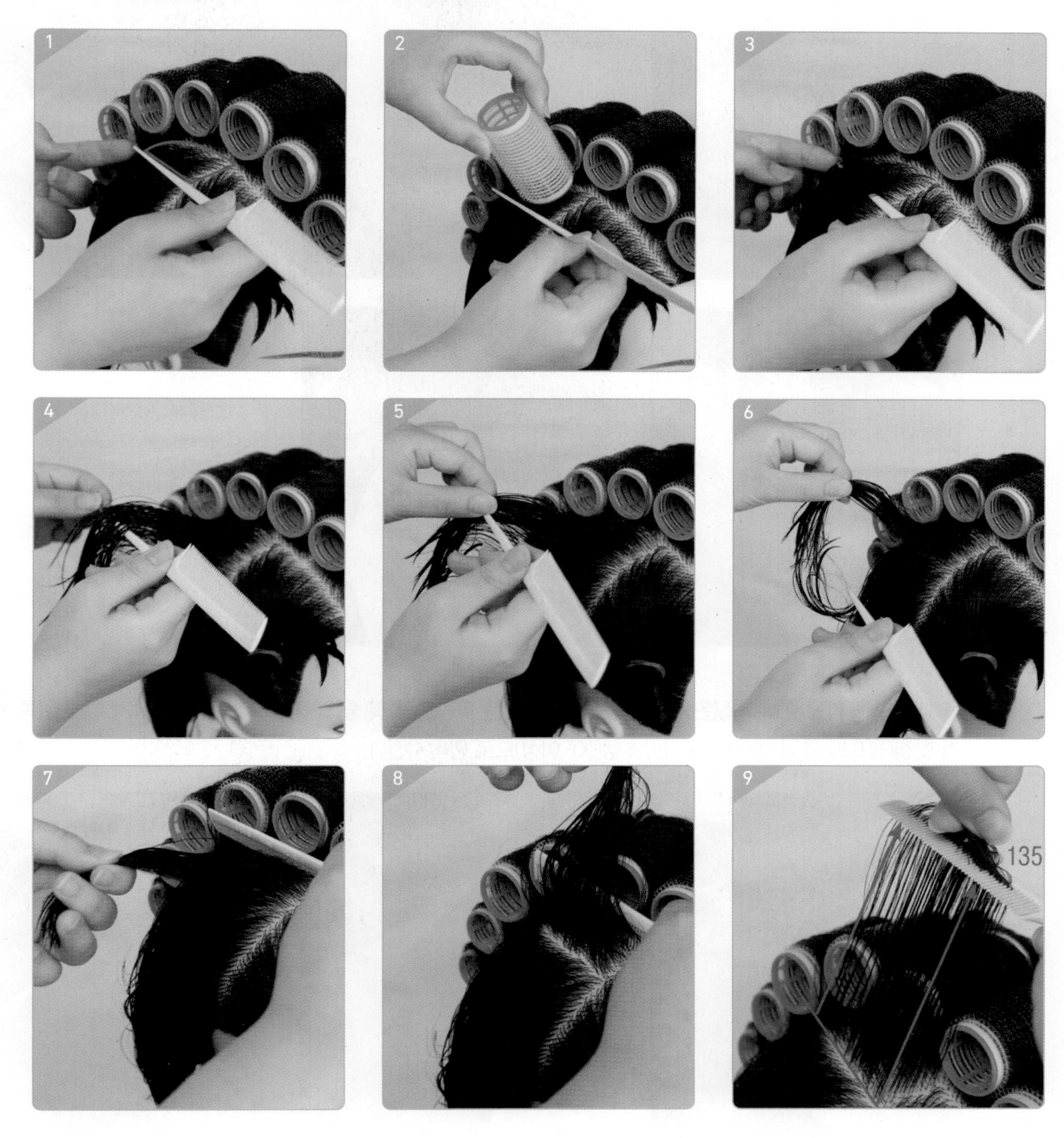

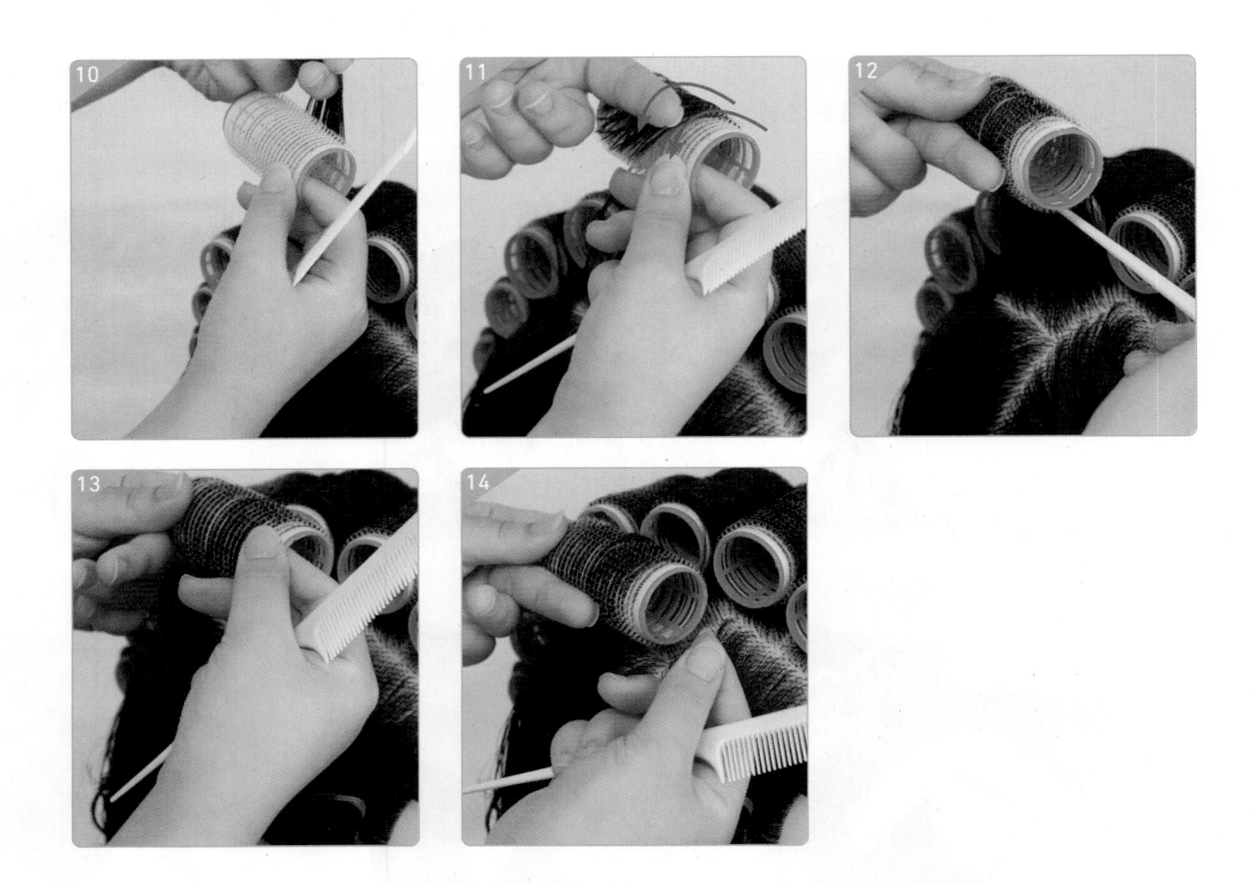

⑫ 후 대각으로 파팅된 베이스(왼쪽 측정중선)의 1직경은 파팅과 롤러(중)와 평행하게 위치를 잡기 위해 왼쪽으로 돌려 빗질(레프트 고잉 셰이핑) 후, 논 스템(90° 이상)으로 안착시킨다.

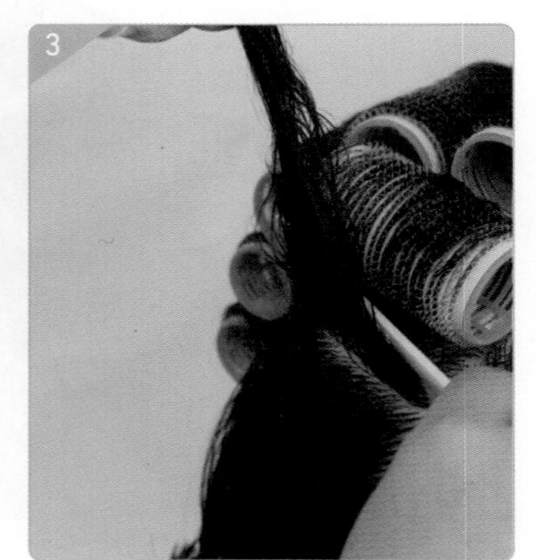

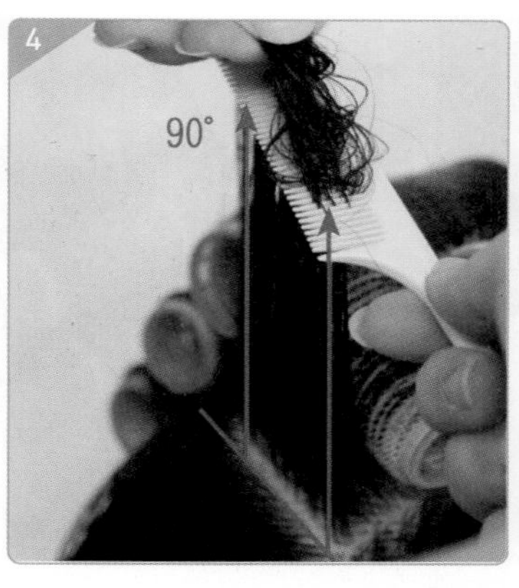

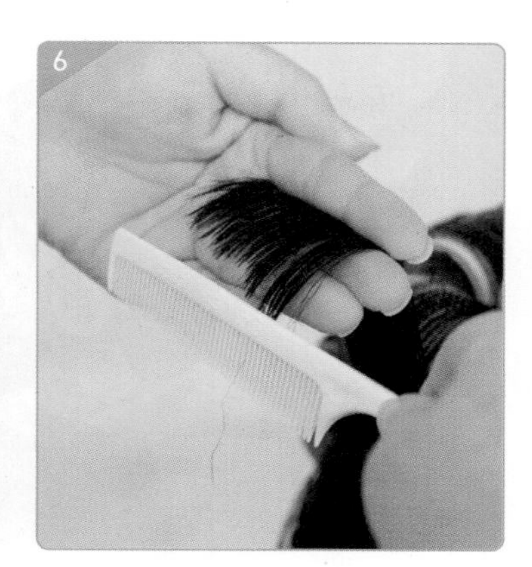

⑬ 오른쪽 측정중면은 대 1개, 중 3개, 소 2개의 롤러로서 온 베이스로 컬리스 후, 안착시킨다(정중면과 안착된 롤러 배열은 측정중면 공간이 비어 있어서는 안 된다).

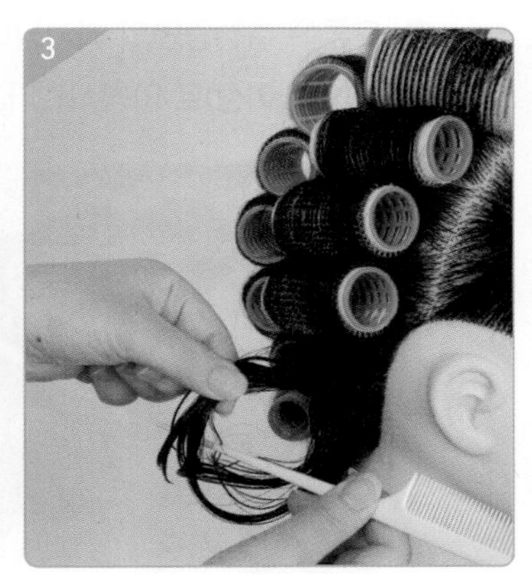

두상 곡면에 따른
롤러안착의 방향성

양(오른 · 왼)쪽 측정중면의 벨크로 롤러 개수는 반드시 6개 이상이어야 한다.

⑭ 오른쪽 측정중면의 와인딩이 끝나면 왼쪽 측정중면 역시 동일하게 둥근 두상의 면을 따라 온 베이스, 논 스템 각도(135° 이상)로 안착시킨다.

4
5
6
7
8
9
10
11
12

⑮ 오른쪽 측두면은 얼굴 경계선인 발제선이 위치하고, 얼굴면에서 두상면으로 갈수록 넓어지므로 베이스 종류는 부등변사각형으로 스케일한다. 롤러 안착 시 블로킹 영역 간에 롤러가 벌어지지 않도록 측두면의 중앙을 향해 균형을 갖게 와인딩한다.

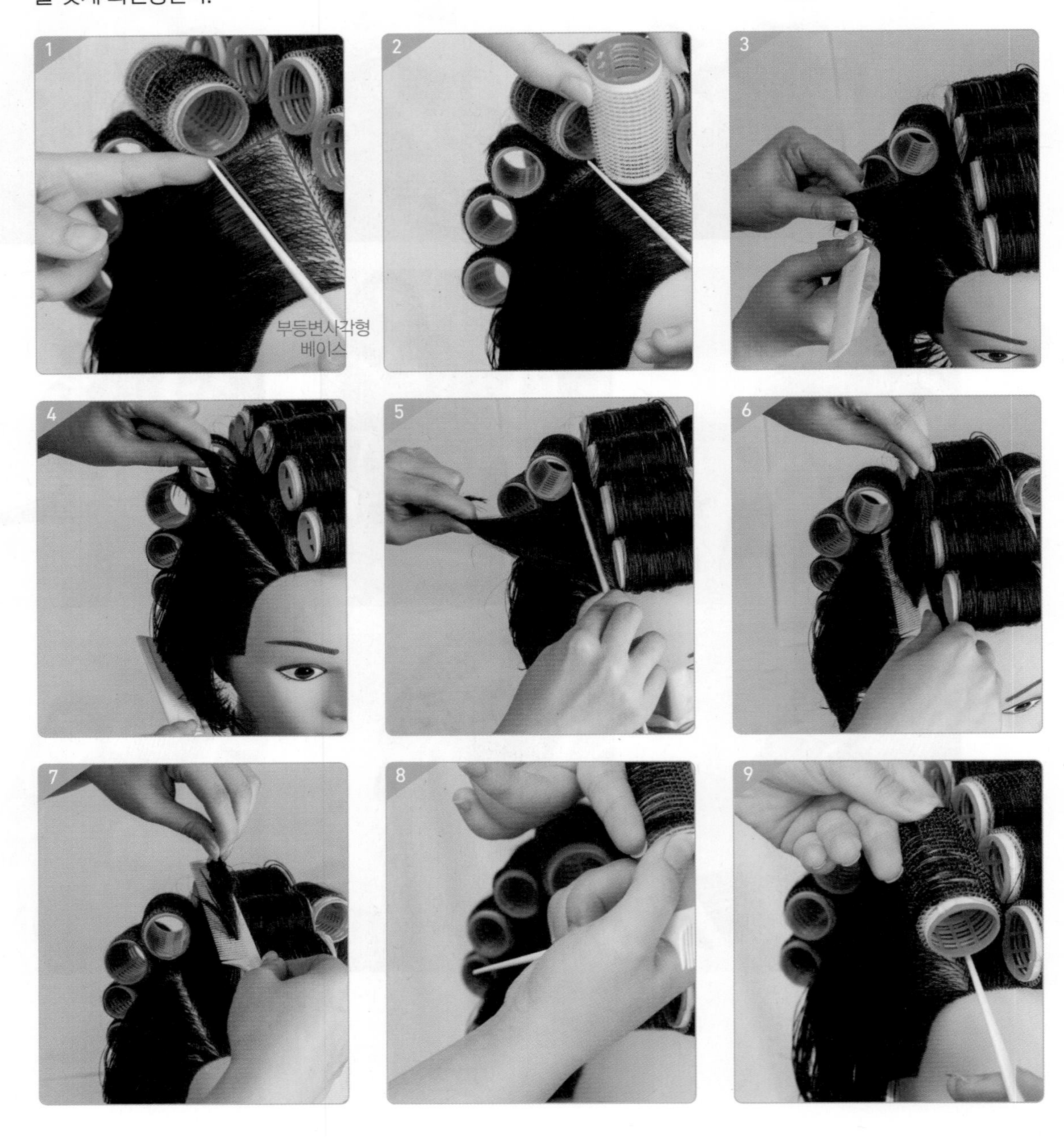

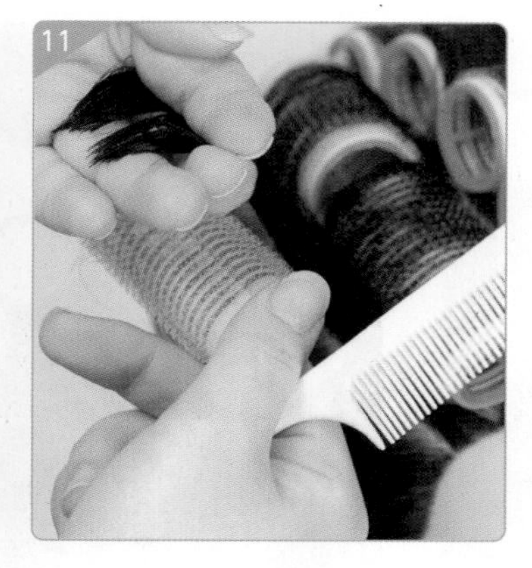

⑯ 오른쪽 측두면은 대 1개, 중 2~3개(또는 중 2개, 소 1개)의 롤러로, 온 베이스 컬리스 후 안착시킨다.

양(오른 · 왼)쪽 측두면의 벨크로 롤러 개수는 반드시 4개 이상이 되어야 한다.

방향성을 유지한다.

⑰ 왼쪽 측두면에서 부등변 사각형 베이스 크기로 스케일한 후 포밍 시, 첫 번째 상단이므로 영역 간 경계가 보이지 않도록 135°로 오른쪽을 향해 사선으로 돌려 빗어(라이트고잉 셰이핑) 온 베이스, 논 스템으로 안착시킨다.

부등변사각형 베이스

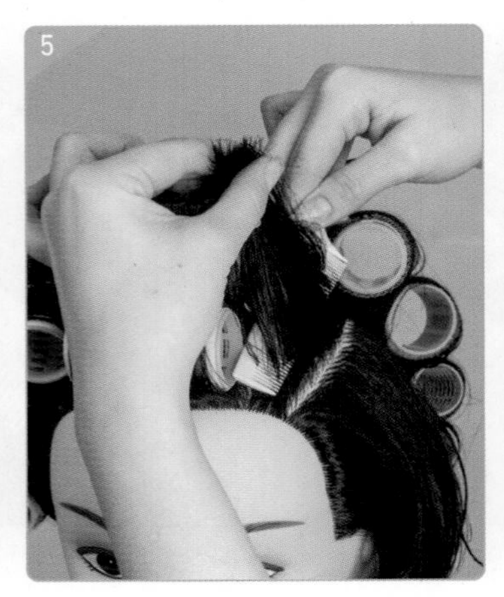

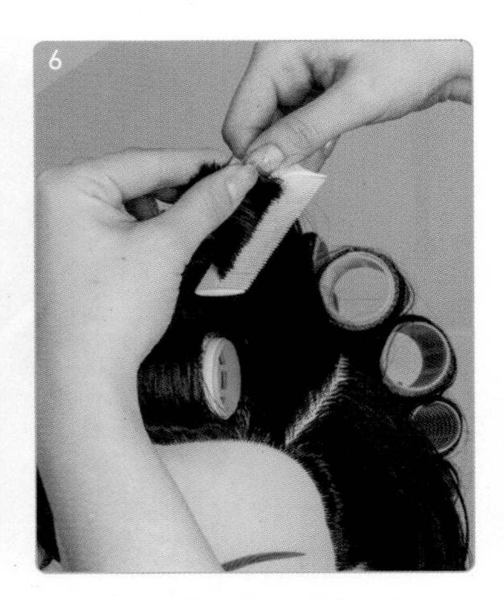

⑱ 왼쪽 측두면은 대 1개, 중 3개(또는 중 2개, 소 1개)의 롤러로 온 베이스 컬리스 후 안착시킨다.

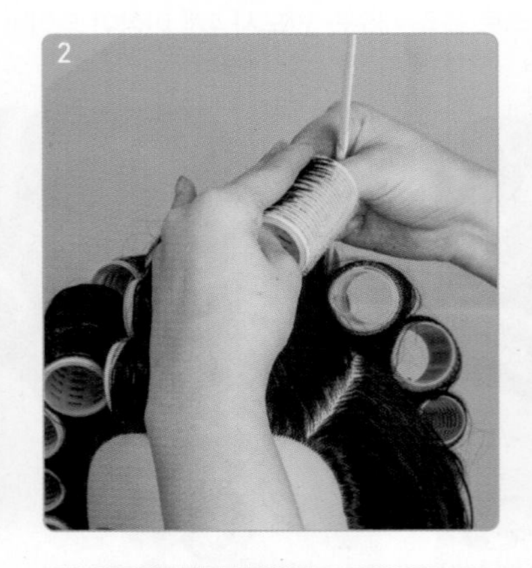

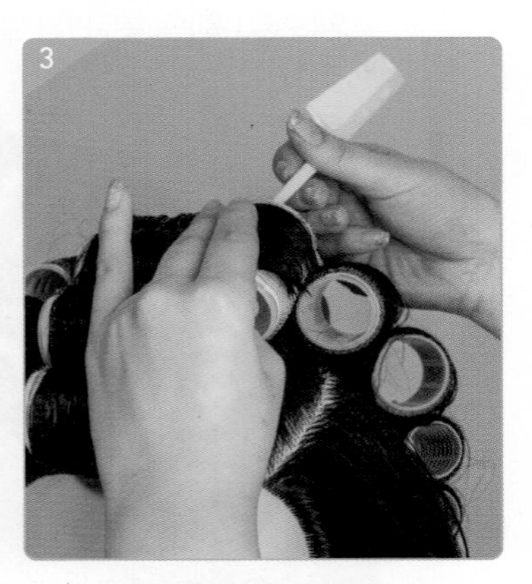

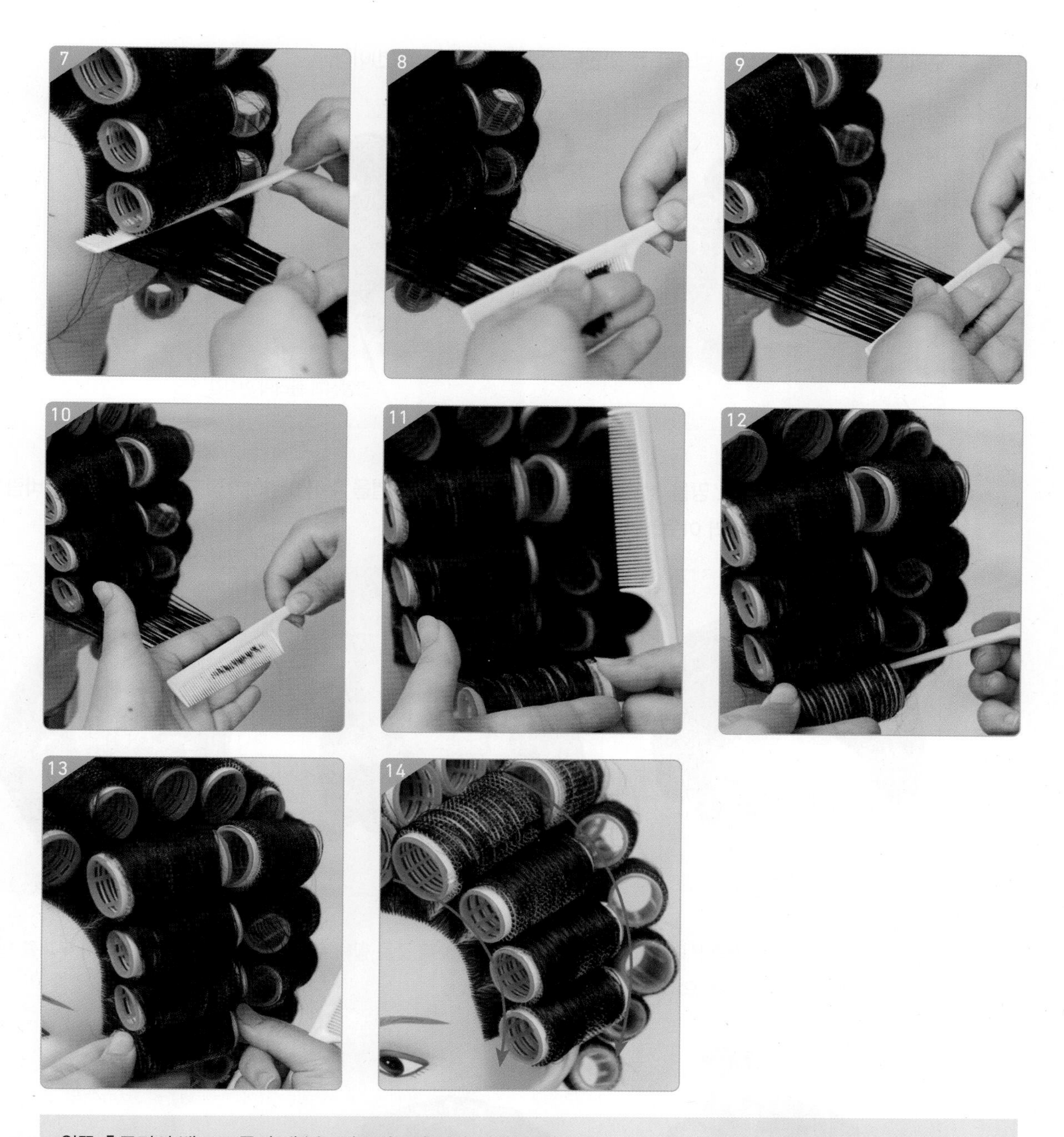

왼쪽 측두면의 벨크로 롤러 개수는 반드시 4개 이상 되어야 한다.

⑲ 오리지널 세트로서 완성된 벨크로 롤 와인딩(정면 → 측면 → 후면)이다.

방향성과 롤러의 안정감

⑳ 벨크로 롤 와인딩 완성 후, 망을 씌우고 블로드라이어로 뜨거운 열을 주어(8~10분 정도) 건조시킨 후 찬바람으로 2~3분 정도 고정하여 롤러 아웃해야 세트의 고정력이 강하다.

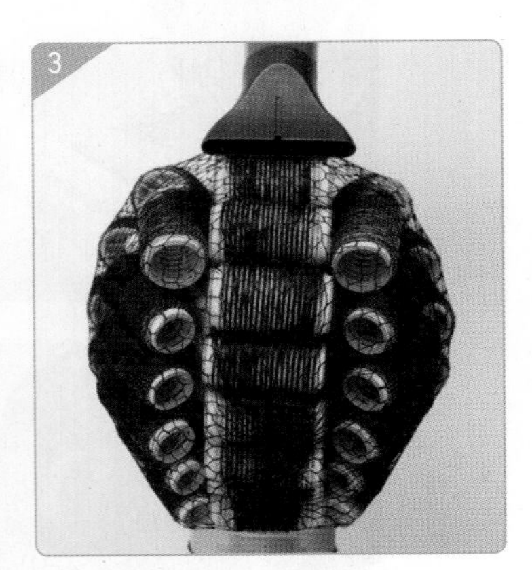

드라이어의 열풍은 롤러의 P.P지점(Crest & trough point) 두 곳을 향해 위에서 아래로 열을 준다. 특히 두피를 향해 노즐의 열이 가지 않도록 손으로 열을 모아가면서 건조한다.

7
8
9
10
11
12
13
14
15

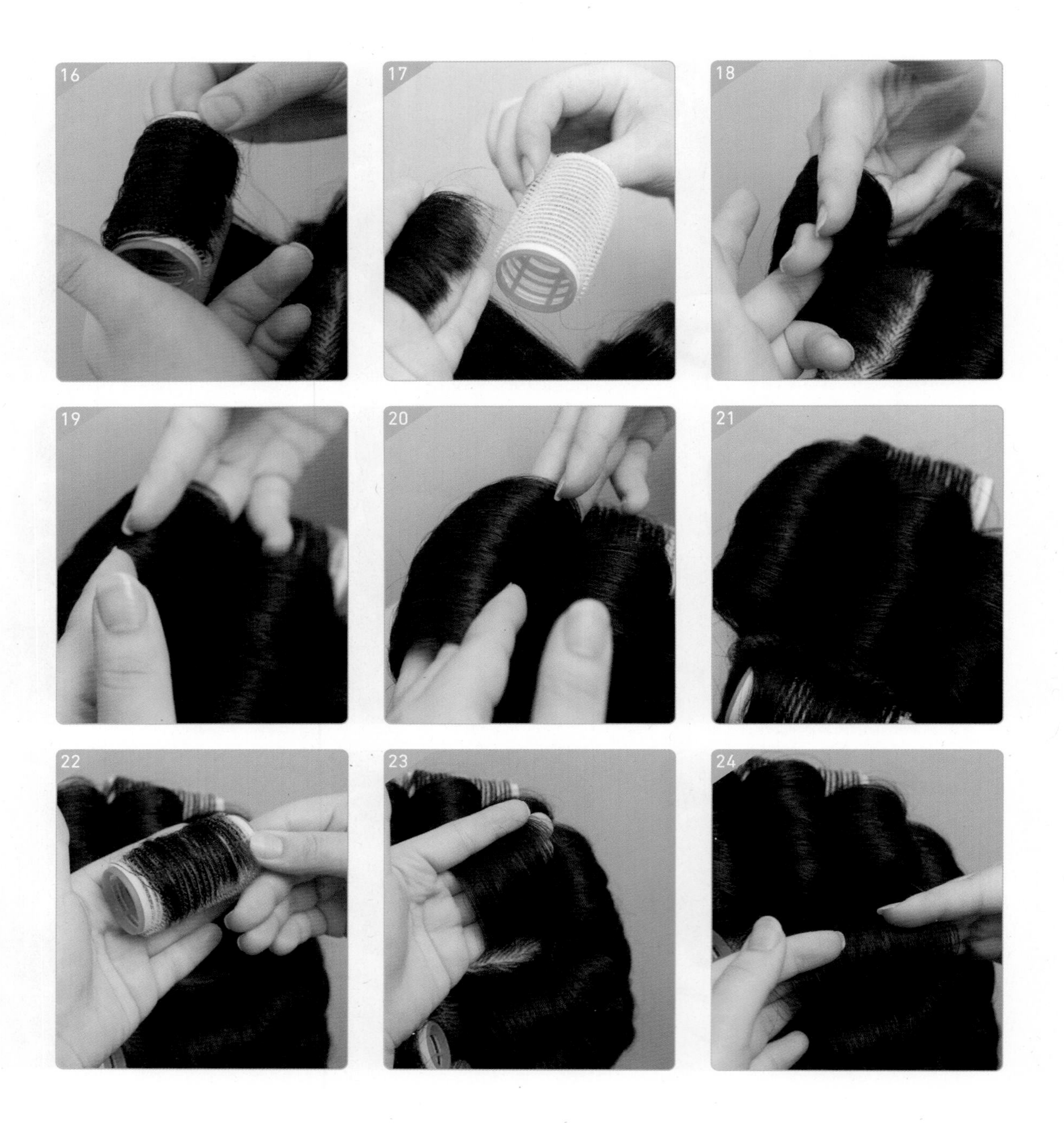
16
17
18
19
20
21
22
23
24

25
26
27
28
29
30
31
32
33

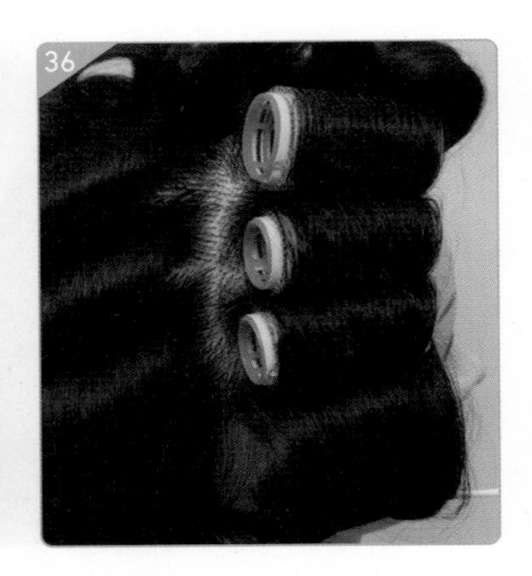

손가락(Finger)으로 롤러 컬된 모발을 펼치면서 골(파팅된 선)이 보이지 않도록 마무리(5분 이내)한다.
벨크로 롤을 이용한 롤러 아웃 후의 리세트 과정에서 모다발이 말린 롤러만 제거시킨 상태에서 마무리하거나 롤러 제거된 모다발 끝을 브러시로 가볍게 빗질하여 콤 아웃해도 된다.

㉑ 롤러 제거(Roller out) 후 리세트 과정은 2가지 방법을 제시할 수 있다.

- 컬링의 각도와 동일하게 롤러만을 제거한다.

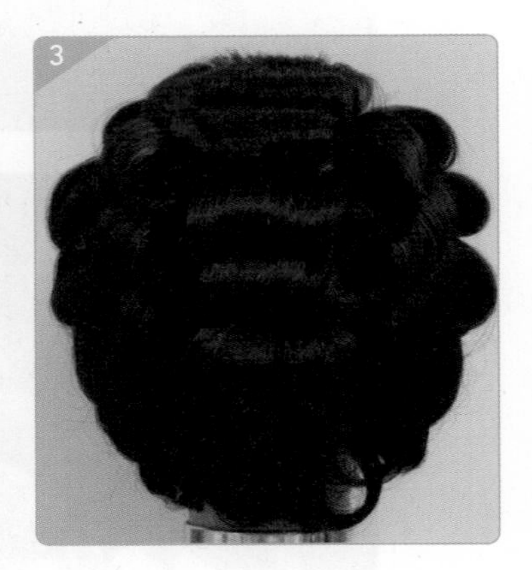

• 손가락으로 모다발을 펼쳐서 모다발 간 공간이 보이지 않도록 가볍게 연결시키거나 브러시를 이용하여 모다발 끝이 연결되게 끝부분만 가볍게 브러싱한다.

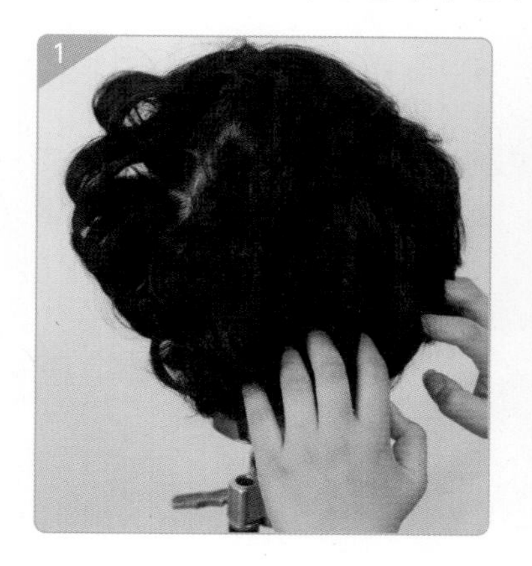

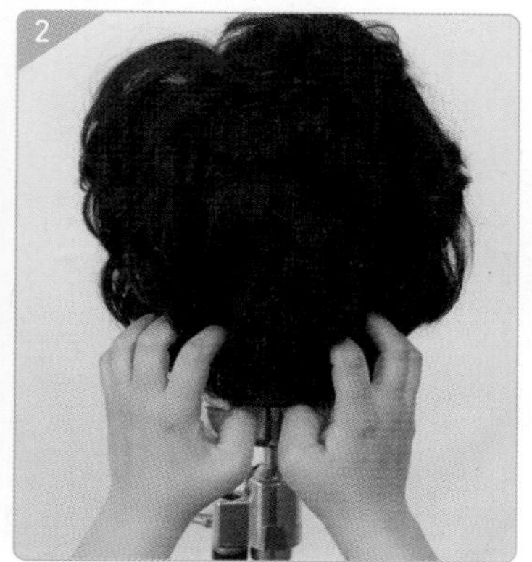

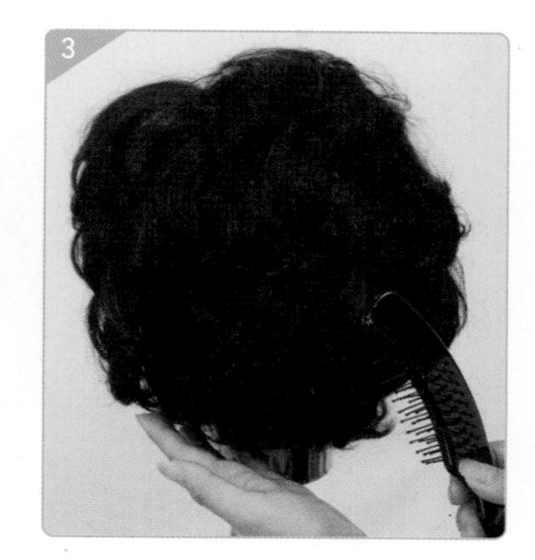

㉒ 완성된 롤러 세트 스타일

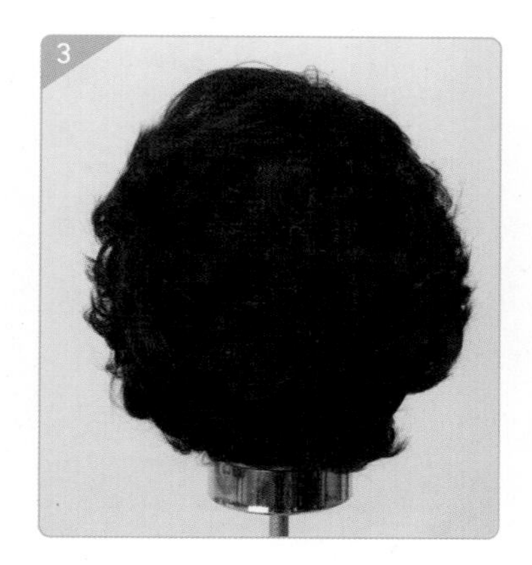

PART 05

기본 헤어퍼머넌트 웨이브

CHAPTER 01

기본 헤어퍼머넌트 웨이브의 이해

Section 01 펌 와인딩 시 요구 및 유의사항

1 통가발 마네킹(또는 위그) 준비하기

① 두상 전체의 두발에 모근 중심으로 워터 스프레이를 고르게 적당하게 분무한다.

② 업 셰이핑 후 주어진 과제에 맞게 9등분 블로킹 또는 가로 혼합형 블로킹 7등분을 한다.

③ 블로킹 시 정확하고 빠르게 해야 하며 모다발의 밴딩처리(혼합형일 경우 핀셋으로 핀닝해도 됨) 영역 간에 연결이 숙련되게 구획한다.

④ 수험자는 작업하기에 들어가면 마네킹 두발 물 축이기, 블로킹하기 등의 펌 와인딩 시 요구사항에 따라 주변을 미리 정리하는 세심한 자세를 유지해야 한다.

유의사항

① 블로킹이 전체적으로 정확하지 않았을 때
② 두발에 물이 충분히 축여지지 않았을 때
③ 블로킹된 모다발에 고무밴딩처리가 미숙할 때
④ ①, ②, ③의 동작이 숙련되지 않고 미숙할 때

2 와인딩 순서, 로드 안착에 따른 작업과정

과제로 제시된 펌 유형(9등분 또는 혼합형 와인딩)에 따라 와인딩 순서를 지켜야 한다.

① 와인딩 시 적당한 텐션을 유지해야 한다.

② 블로킹된 부위에 따라 정해진 로드 개수를 안착시켜야 한다. 와인딩 작업 시 로드의 사용개수는 기본형 55개 이상, 혼합형 55개 이상으로 한다.

③ 로드 폭(1 직경)보다 약간 작은 듯한 베이스 크기에 직각분배(90° 이상)로 빗질하여 엔드페이퍼로 모다발 끝을 감싼 후 로드 와인딩하여 고무밴딩에 의해 고정(안착)시킨다. 기본형은 6 ~ 10호를 고루 사용하며 혼합형은 6 ~ 8호를 사용한다.

④ 로드 호수 선정은 두상 영역에 따라 와인딩 방향, 로드 크기, 베이스 크기가 달라진다(네이프 – 소형, 크라운 – 중형, 톱 – 대형). 블로킹(영역) 및 베이스 크기(직경)와 종류에 맞게 각각의 절차에 따라 정확하게 시술한다.

유의사항

① 블로킹에 따른 와인딩 순서(작업 순서)를 준수하지 않을 때
② 로드 호수 선택, 베이스 크기 조절 등의 처리가 미숙하여 공간이 있을 때
③ 모다발의 빗질(시술각), 엔드페이퍼, 고무밴딩, 와인딩에 따른 텐션 등 균형미, 정확성, 숙련도, 조화미가 부족할 때
④ 블로킹과 와인딩 이외에 요구사항에서 제시하지 않는 헤어 스타일링 제품과 도구를 사용하였을 때

3 직경, 빗질(분배), 로드 간의 배치에 따른 작업과정

① 스케일된 모다발의 모량이 적절해야 한다. 사용해야 할 로드의 폭(1 직경)보다 약간 작은 베이스 크기를 만들어야 와인딩 시, 들뜨지 않는다.
② 로드 폭에 따라 베이스 모양(직사각형, 삼각형, 부등변 사각형 등), 베이스 크기(1 직경, 1.5 직경, 2 직경 등), 두상위치에 따른 셰이핑(포밍)으로서 빗질 각도(직각분배) 등이 숙련되어야 한다.
③ 로드 간의 간격에서 공간이 생기지 않아야 하며, 와인딩된 두발은 균일하여야 한다.

유의사항

① 두상의 특정 위치에서 베이스 크기가 1 직경의 로드 폭보다 크기가 크거나 작아 로드 간의 간격이 벌어지거나 포개질 때
② 모다발에 대한 빗질의 숙련도, 와인딩 시 텐션이 고르지 못해 모량 분포가 균일하지 못할 때
③ 정확도, 숙련도, 조화미 등이 부족하게 처리되었을 때

4 각도, 텐션, 고무밴딩 등 마무리 완성도

① 와인딩된 로드가 온 베이스, 논 스템으로 안착되어야 한다.
② 와인딩된 로드 핀닝 시, 고무밴딩이 11자로 되어있어야 한다.
③ 로드에 두발이 고르게 감겨 있는 상태, 즉 텐션이 적당해야 한다.

유의사항

① 로드 1~2개를 풀어 보았을 때 빗질 각도, 11자 고무밴딩, 텐션 등이 미숙할 때
② 두피와 모근 사이에 고무밴딩의 자국이 강할 때

5 혼합형의 경우

유의사항

① 가로 4단(등분)을 하지 않았을 때
② 각각의 등분에서 요구하는 cm가 틀렸을 때
③ 가로단 또는 모다발의 고무밴딩(핀닝)처리가 미숙할 때
④ 와인딩된 로드 간격이 1 직경 이상 벌어지거나 겹쳐졌을 때

6 과제 종료 후 전체 조화

① 와인딩의 정확성에 따른 로드 간의 배열 및 배치가 조화로워야 한다.

② 로드의 개수는 기본형은 55개 이상, 혼합형은 55개 이상이 안착되어야 한다.

유의사항

① 와인딩된 상태에서 요구한 로드 개수가 부족할 때

② 요구사항의 표현이 전체적으로 부족하거나 미숙할 때

③ 균형미와 조화미가 전체적으로 부족하거나 미숙할 때

④ 시험시간 종료 후에도 빗질 등 과제 및 도구를 만졌을 때

기본 헤어퍼머넌트 웨이브의 세부과제

1 퍼머넌트 웨이브의 9등분 작업절차(35분, 20점)

기본기법 및 블로킹(4점) → 와인딩 순서 및 로드배치(4점) → 직경, 빗질 및 로드간격(4점) → 밴딩처리, 안착 각도 및 텐션(4점) → 전체조화(4점)

세부 항목	작업 요소
블로킹 및 기본자세(4점)	• 펌 와인딩에 요구되는 필요도구(고무줄, 로드, 엔드페이퍼, 분무기, 빗) 등을 작업 시 꺼내지 않도록 미리 충분히 준비한다. – 작업도중에 도구나 재료 등을 꺼내어 사용할 경우 감점(–1)처리된다. • 모근 가까이에 반드시 물을 충분히 분무한 후 업 셰이핑한다. • 8호 로드를 C.P 중심(가로×세로)에 대고 ①블록을 만든다. – ②와 ③블록은 ①영역의 가로, 세로가 만나는 모퉁이에서 E.B.P까지 페이스라인 따라 둥글게(8호 로드 길이가 넘칠 듯이) 구획 또는 영역화한다.
	– ④, ⑤의 블록은 ①영역 폭만큼 네이프 라인까지 연결하여 블록화한 후 ⑤블록은 귀 1/2선에서 연결하여 영역화한다. – ④의 정중면이 설정되면 ⑥과 ⑦은 자연스럽게 영역화된다. 즉 로드 6~7호의 길이를 사선으로 하여 밖으로 넘쳐나지 않게 넓이(폭)를 유지한다. – ⑧, ⑨의 블록은 ⑤블록을 경계 짓는, 귀 1/2선보다 0.2~0.3cm 정도 높이에서 사선으로 하여 ⑧과 ⑤와 ⑨의 영역이 V로 하여 연결된다. • 블록을 만들기 위해 모다발을 영역 중앙으로 빗질하여 블록된 선들이 선명하게 보일 수 있도록 고무줄로 묶는(lacing)다. • 블로킹 순서는 ① → ② 또는 ③ → ④ → ⑤ → ⑥ 또는 ⑦→⑧ 또는 ⑨로 한다.
블로킹과 파팅	• 오리지날 몰딩 순서는 ⑤ → ⑧ 또는 ⑤ → ⑨, ④ → ⑥ 또는 ④ → ⑦, ② 또는 ③, ①로 하여 직경을 스케일하기 위해서는 상단(위)에서 하단(아래) 쪽으로 향한다. • 와인딩을 위해 블록에 묶어져 있는 모다발을 풀면서 모근을 향해 물을 분무한다. • 정중면의 오리지날 세트로서 1직경(로드 폭 1배 또는 그 보다 적은 폭)의 직사각형 베이스 모양(스케일)으로 파팅한 후, 직각분배(90° 또는 그 이상의 시술각도)에서 온 베이스 위치, 논 스템 빗질에 따라 로드를 사용하여 와인딩한다. • 양 측정중면의 첫 번째 상단에는 삼각형 베이스 모양으로 하는 스케일에 정중면을 향해 시술각 135°로 오른쪽 또는 왼쪽으로 돌려(R · L going shaping) 빗질하여 와인딩한다. • 양 측두면은 부등변 사각형 베이스로 하는 스케일에 직각분배(90° 또는 그 이상의 시술각도)에서 로드를 사용하여 와인딩한다.

몰딩에 따른 로드 배열(4점)	• 몰딩에 요구되는 블로킹된 영역 간 또는 로드와 로드 사이에 배열공간이 벌어지지 않도록 한다. • 두상의 곡면에 따라 자연스럽게 밴딩된 고무줄 위치로 가지런하게 로드가 안착되어야 한다.
텐션 및 밴딩처리(4점)	• 직사각형 베이스 모양으로 빗질(Shaping) 후 모다발 끝을 감는 리본닝은 엔드페이퍼를 로드에 먼저 감싼 후 두발끝에서부터 말아(Winding)간다. – 이때, 직각분배에 의한 빗질 각도는 모근끝까지 유지해야 텐션 유지력이 좋아지며 로드에 감긴 모발 결이 가지런해진다. • 온 베이스 위치에 논 스템으로 빗질된 모다발을 로드에 와인딩 후 홀딩(고무밴드)할 때 로드를 두피에 바짝 대지 않은(손가락이 받쳐진) 상태에서 모근 깊이 자극을 주지 않도록 11자로 밴딩한다.
완성도 및 조화미(4점)	• 블로킹된 두상의 곡면방향에 따라 55개 이상의 로드가 빈틈없이 조화롭게 몰딩되어 있어야 한다. – 35분 동안 로드 1개라도 다 말지 못했을 경우 완성도, 미완성처리(0점)가 된다. – 35분 동안 로드 개수 55개 미만일 경우 감점(–5)처리되며 감점을 뺀 합산으로 점수가 결정된다.

Section 01 재 커트

1 레이어 커트

지정된 과제 형이 스파니엘, 이사도라, 그래듀에이션형인 경우에는 퍼머넌트 와인딩 전, 15분 동안 레이어드형으로 재 커트해야 한다(검정형 작업 시 점수화되지 않고 정확한 블로킹이 요구되지도 않지만 두발 길이가 고르지 않으면 와인딩 시 요구되는 작업이 이루어지기 힘들게 된다).

목표	시험 규정에 맞게 가위와 커트빗을 사용하여 레이어드 스타일을 작업한다.	블로킹	5등분
장비	작업대, 홀더, 분무기	형태선	컨벡스 라인
도구	빗, 핀셋, 가위	섹션	90˚
소모품	통가발 마네킹(또는 위그)	시술각	90˚
내용	가이드 라인 12~14cm, Top에서의 길이는 13~14cm 정도가 된다.	손의 시술각도	베이스 섹션과 평행
시간	15분	완성상태	센터파트 후 안마름 빗질

2 사전준비 및 블로킹

도구 및 재료 준비

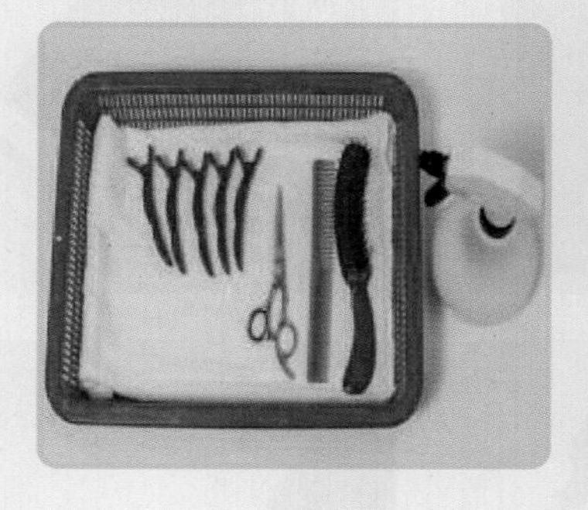

- ☐ 마네킹
- ☐ 홀더
- ☐ 가위
- ☐ 커트빗
- ☐ 분무기
- ☐ S 브러시
- ☐ 핀셋 5개
- ☐ 흰색 타월 1장

3 시술절차

❶ 퍼머넌트 와인딩을 하기 전 재 커트 준비를 하고, 정중선으로 나눈다(본 교재에서는 그래듀에이션형을 예로 들어 설명한다).

❷ 블로킹은 4등분으로 나누고 N.P 11~12cm, B.P 13cm가 되도록 수직으로 파팅하여 자른다.

❸ 우측에서 좌측으로 이동하면서 수직분배(90°), 온 베이스로 인커트한다.

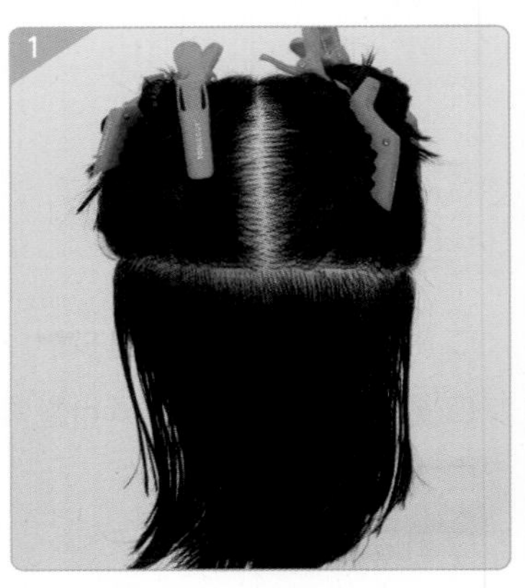

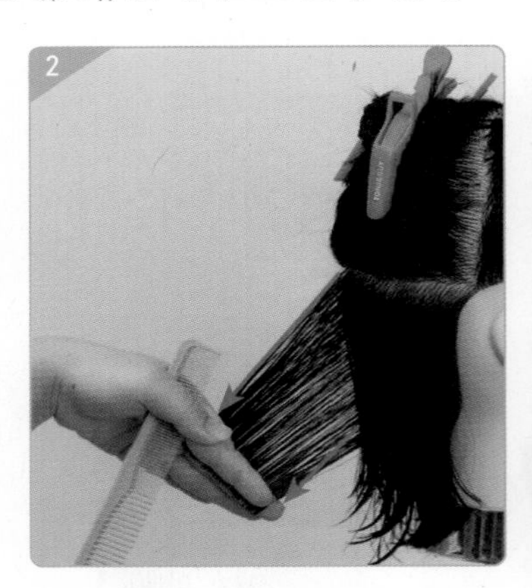

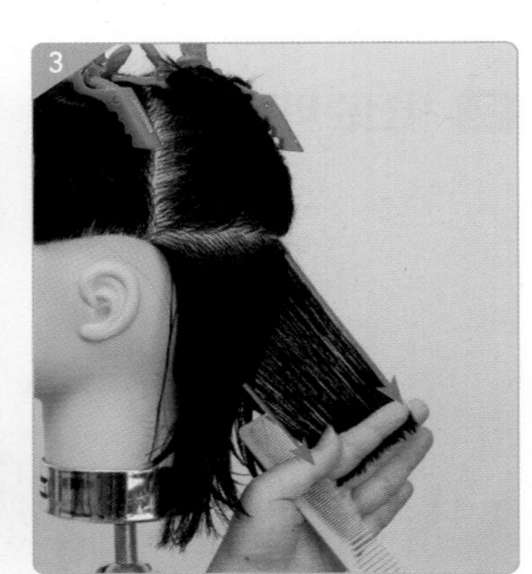

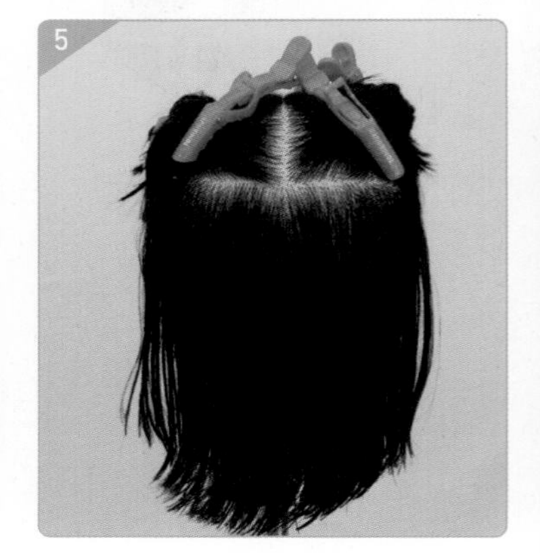

❹ 우측에서 좌측 사이드로 이동하면서 두피에 대하여 수직분배, 온 베이스로 인커트한다.

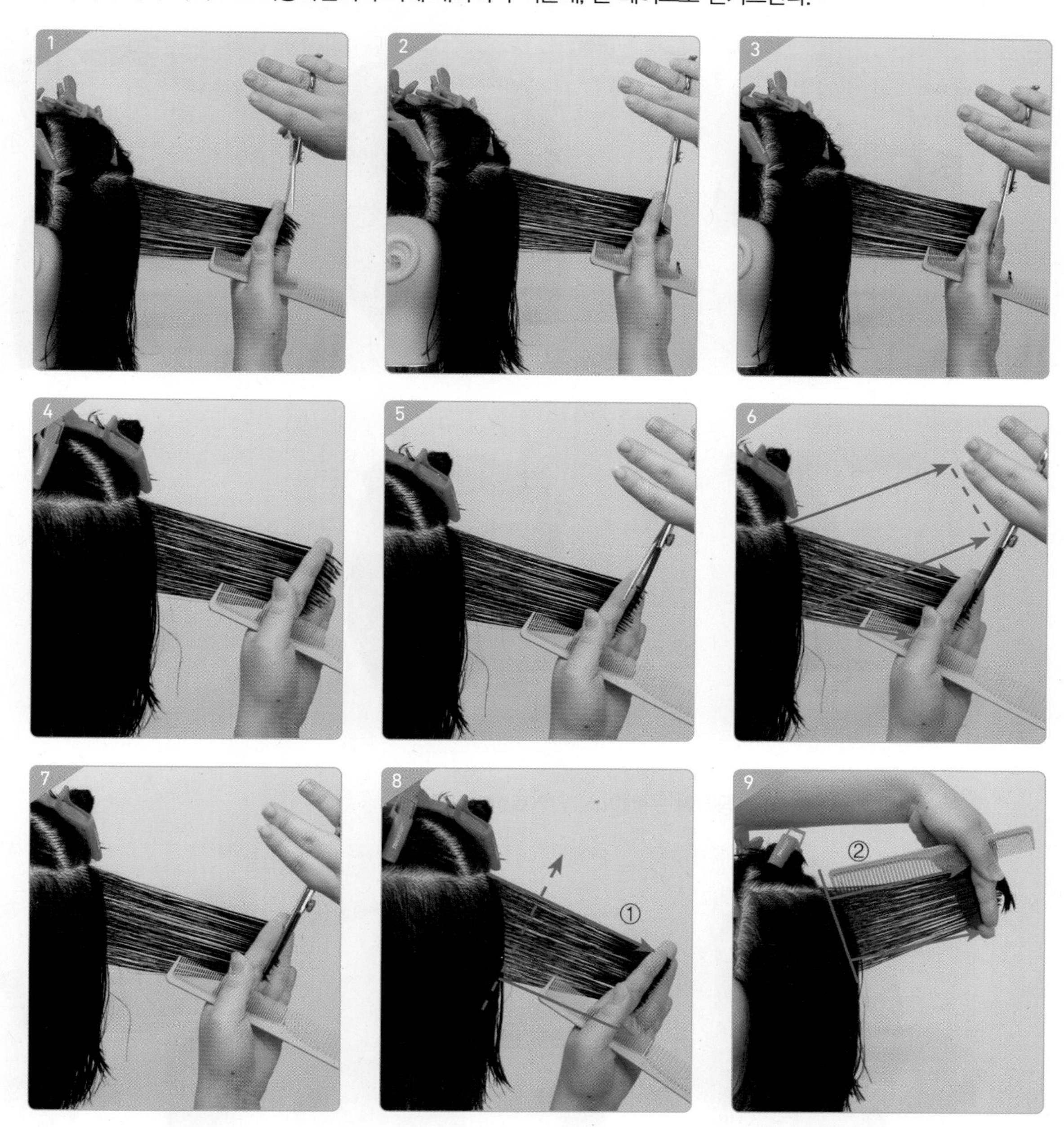

⑤ 정부의 두정면에서 컨벡스 라인은 13~14cm가 유지되도록 직각분배, 온 베이스, 아웃커트한다.

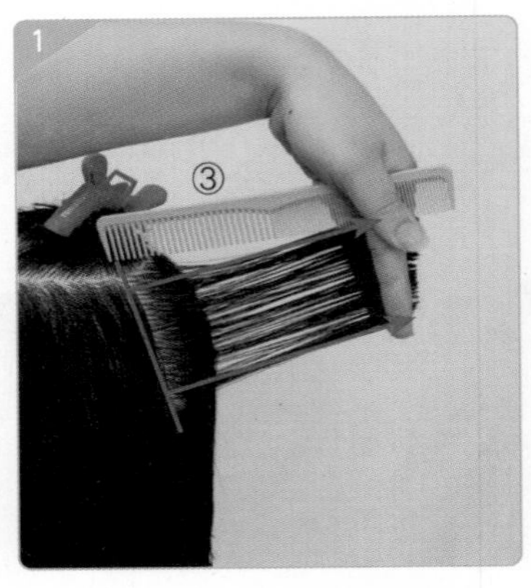

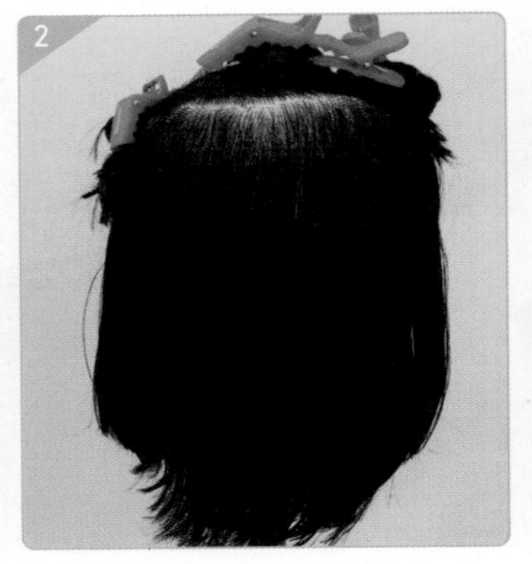

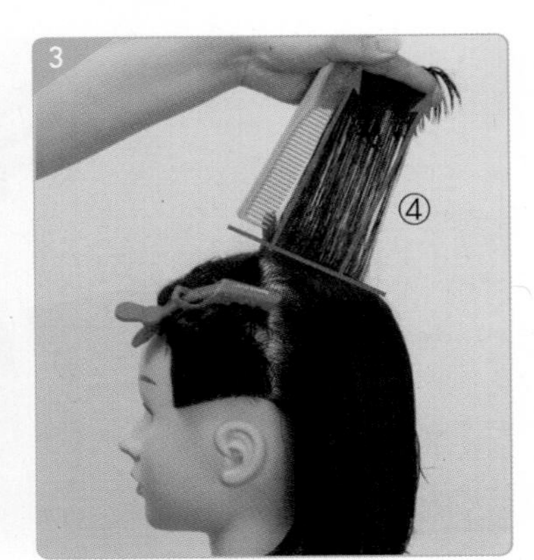

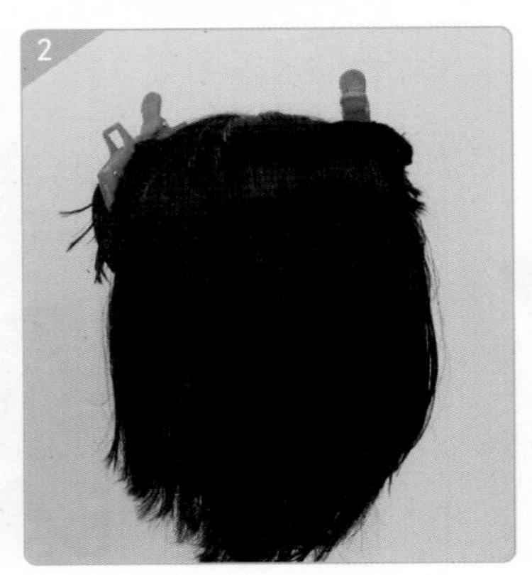

⑥ 두상면의 섹션은 수직 파팅하여 온 베이스, 인커트한다.

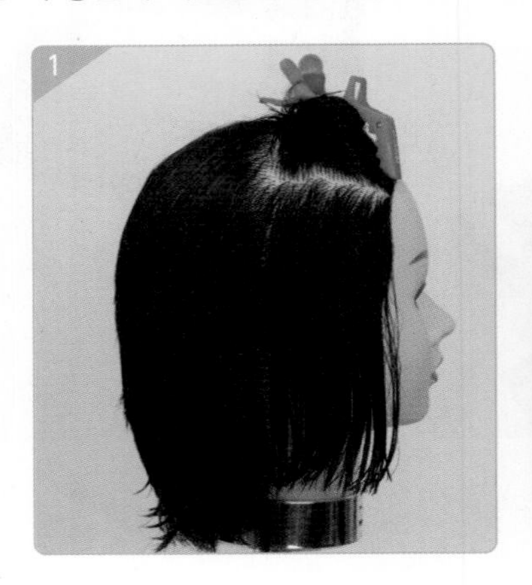

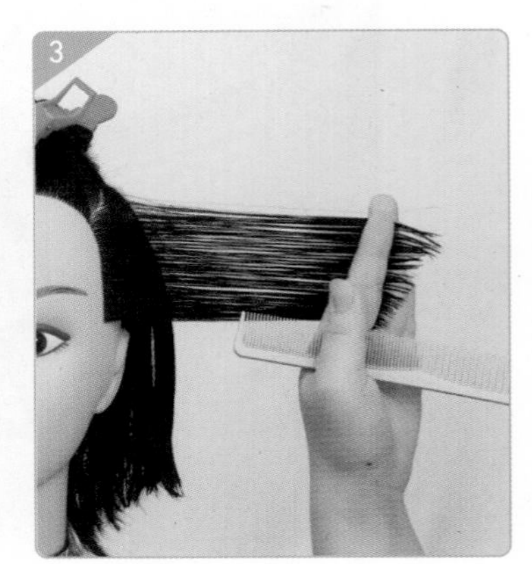

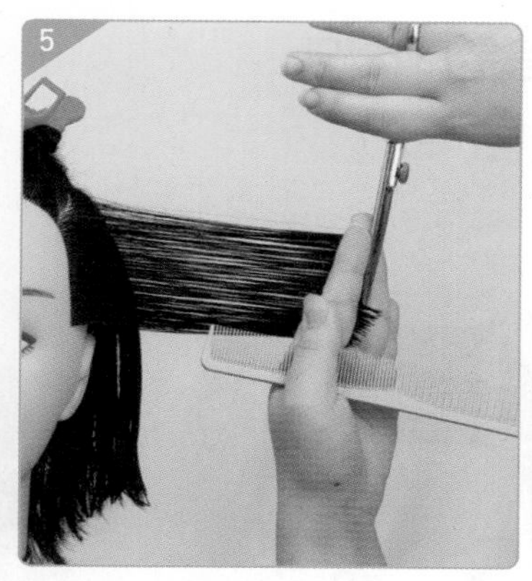

❼ T.P~C.P까지 13~14cm의 길이를 유지하기 위해 직각분배, 온 베이스, 아웃커트한다.

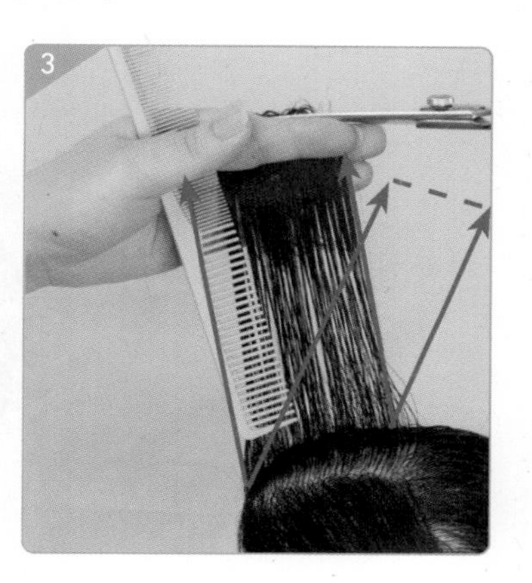

❽ 커트를 한 후에는 가로와 세로로 체크하여 튀어나온 두발이 없는지 확인한다. 재 커트 15분 이내에 레이어드형이 완성된다.

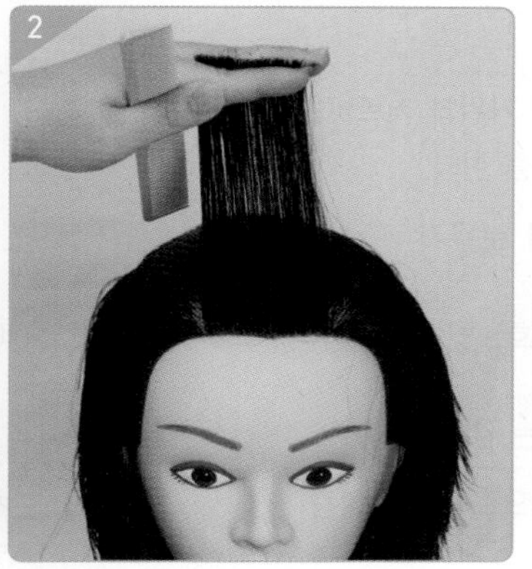

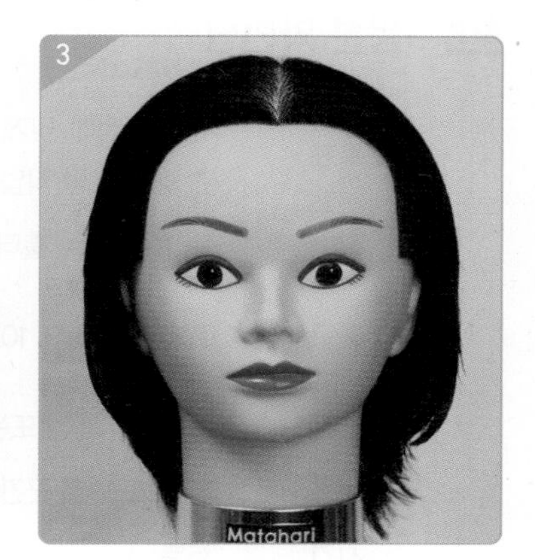

1 9등분 완성작품

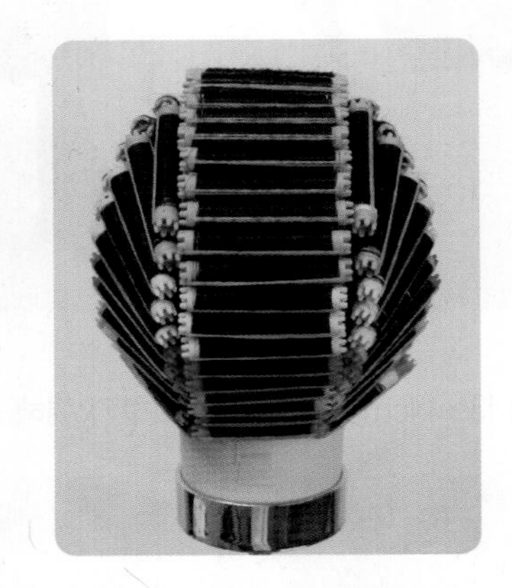

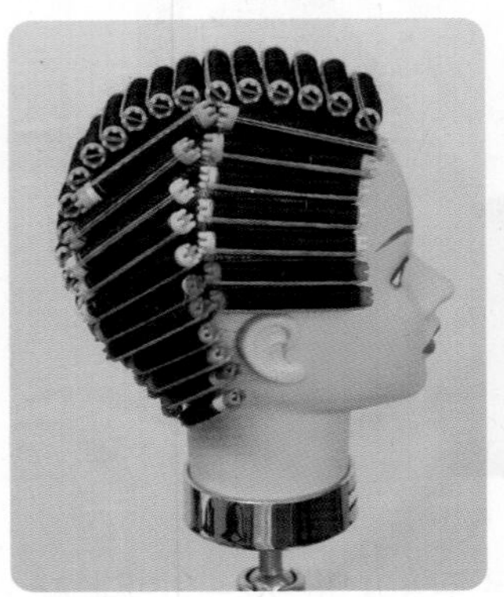

2 9등분 와인딩

목표	시험 규정에 맞게 가위와 커트빗을 사용하여 9등분 와인딩 펌 작업을 한다.	블로킹	9등분
장비	작업대, 민두, 홀더, 분무기	패턴	구형 로드몰딩 패턴
도구	로드(6, 7, 8, 9, 10호), 빗, 엔드페이퍼, 고무줄	베이스종류	직사각 베이스, 삼각 베이스, 부등변 사각형 베이스
소모품	통가발 마네킹(또는 위그)	시술각	90° 이상
내용	레이어드형을 근간으로 하는 마네킹	손의 시술각도	평행°
시간	35분	완성상태	로드 와인딩된 상태

3 사전 준비 및 블로킹 순서

도구 및 재료 준비

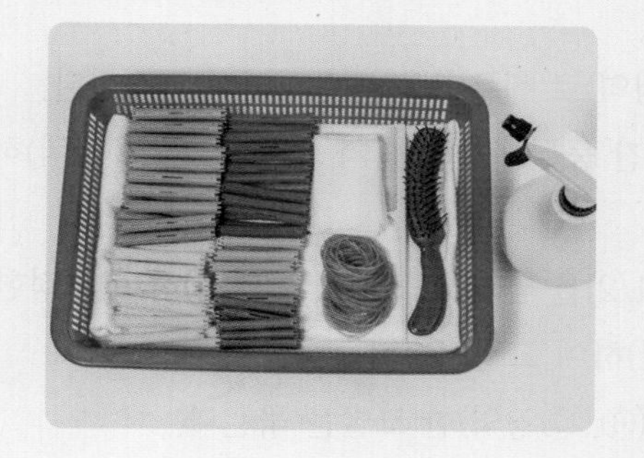

- □ 마네킹
- □ 홀더
- □ 분무기
- □ 꼬리빗
- □ S 브러시
- □ 밴드
- □ 엔드페이퍼
- □ 흰색 타월
- □ 로드 크기 :
  6호(파랑) - 30개,
  7호(노랑) - 20개,
  8호(빨강) - 20개,
  9호(핑크) - 10개,
  10호(녹색) - 10개

블로킹 순서

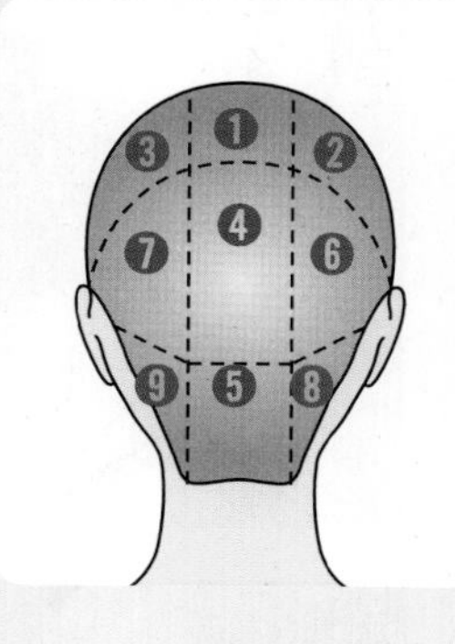

정면

오른쪽 측면

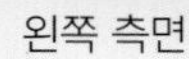
왼쪽 측면

후면

4 작업 순서

두발에 충분히 물을 분무한 후 두상의 영역을 9등분으로 블로킹하여 고무밴딩한다.

❶ 블로킹 순서는 다음과 같다.

- C.P를 중심으로 8호 로드를 토대로 가로×세로(①영역)로 전두면을 블로킹하여 고정한다.
- 오른쪽과 왼쪽 측두면의 발제선은 E.B.P를 따라 약간 둥글게 연결시켜 블로킹(②, ③영역)하여 고정한다.
- 백정중면(두정부 포함)에서 하단 후두면(귀선 연결 1/2)을 남기고 블로킹(④영역)하여 고정한다.
- 후두부 정중면 하단의 나머지 영역을 블로킹(⑤영역)하여 고정시킨다.
- 오른쪽, 왼쪽 측정중면을 E.B.P와 연결하여 블로킹(⑥, ⑦영역)한 모발을 묶는다.
- 양쪽 측정중면의 하단 영역을 블로킹(⑧, ⑨영역)하여 고정한다.

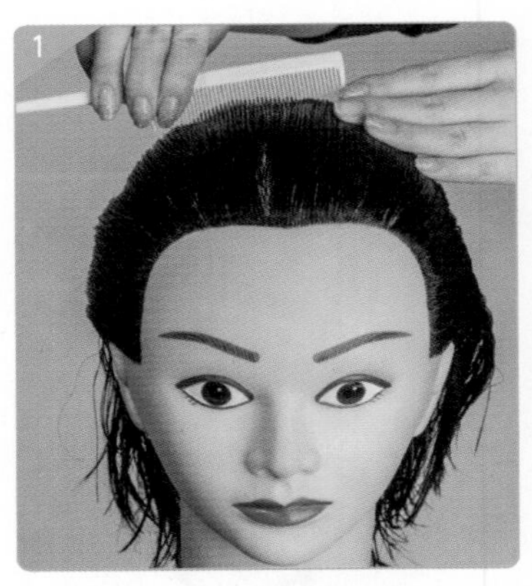

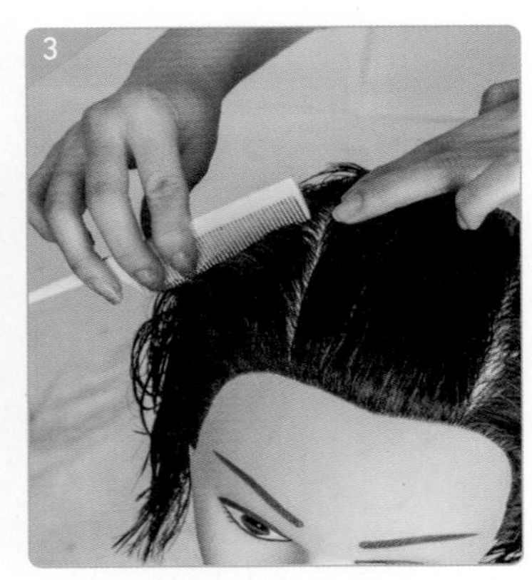

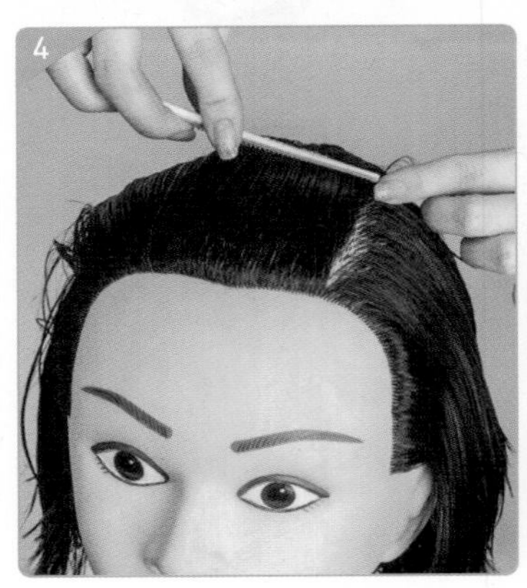

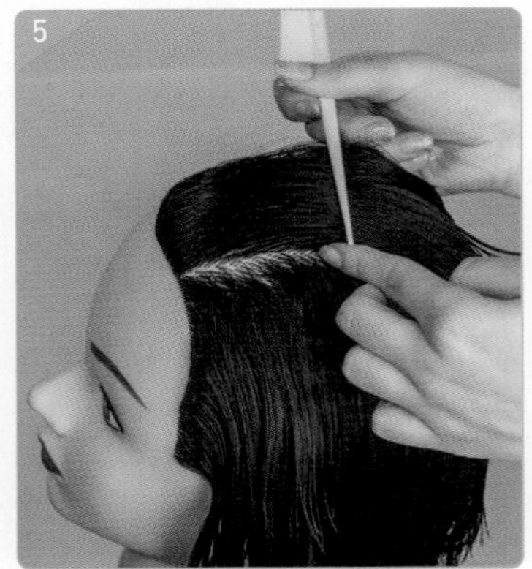

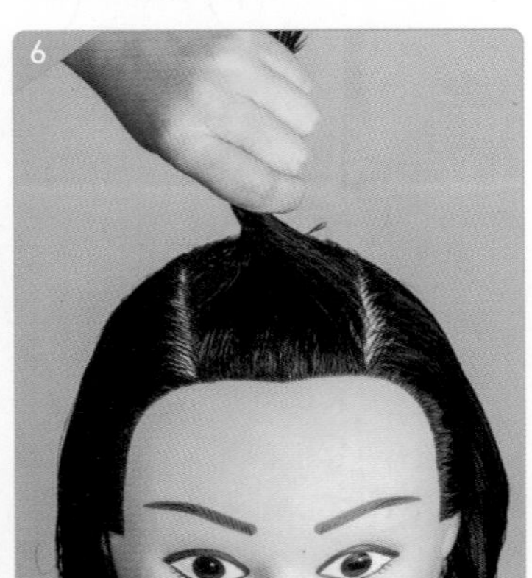

7
8
9
10
11
12
13
14
15

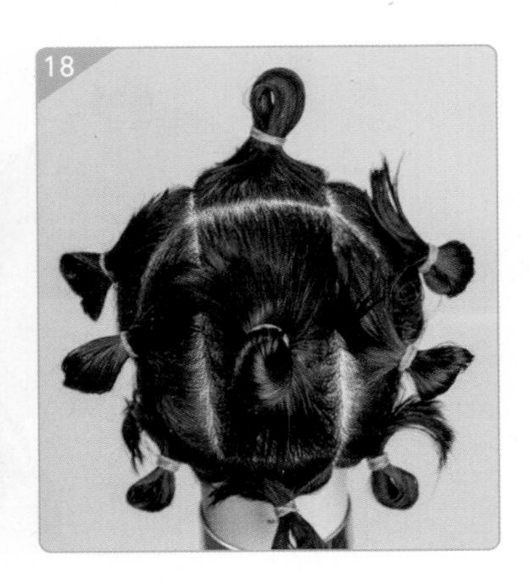

❷ 와인딩은 블록된 ① → ② → ③ → ④ → ⑤ → ⑥ → ⑦ → ⑧ → ⑨의 순서로 풀어서 로드 와인딩한다.

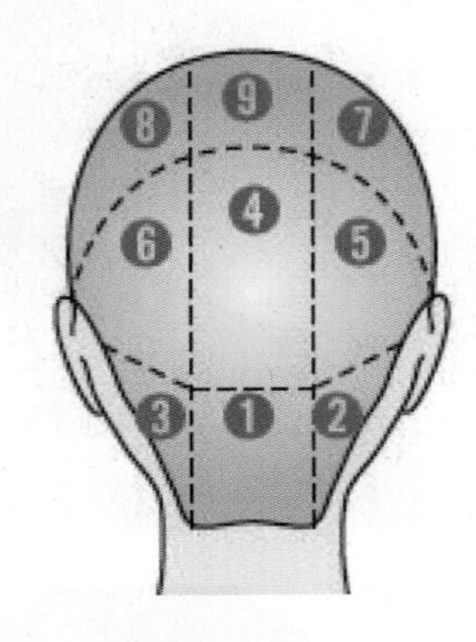

- ①영역을 가장 먼저 와인딩하기 위해 상단 1 직경으로 스케일한 후 90°로 빗질하여 온 베이스, 논 스템으로 와인딩한다.
- 왼손의 인지와 중지 사이에 포밍된 모다발의 끝 부분에 엔드페이퍼를 올리고 오른손의 인지로 페이퍼를 로드에 감싼 후 와인딩한다[9호(핑크) 2개, 10호(초록) 2개].

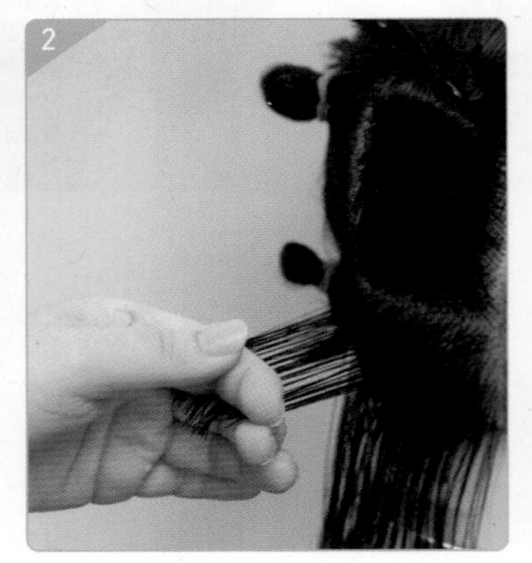

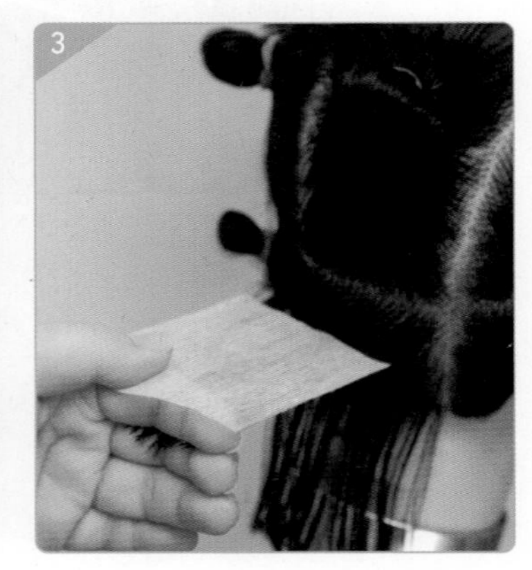

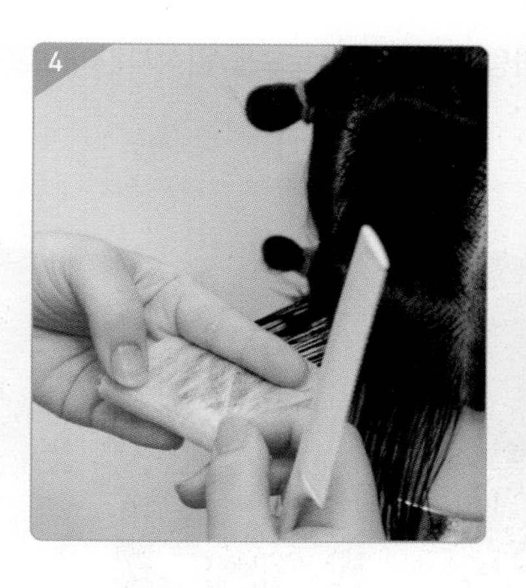
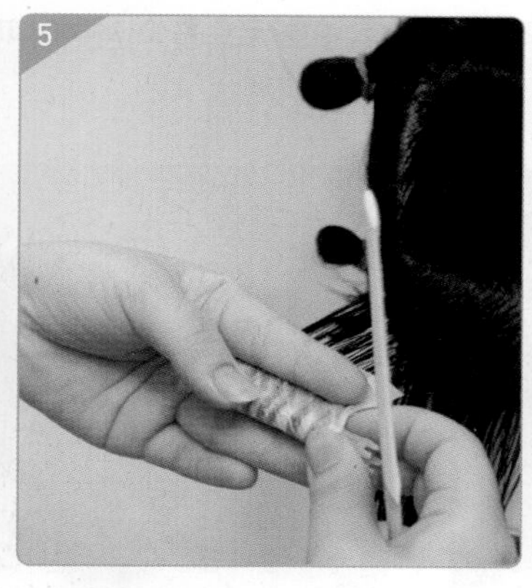

❸ 왼손의 인지가 두개피 가까이에서 닿을 정도가 되면 정착시키기 위해 오른손으로 고무밴드를 쥐어 왼손 중지에 건 다음 오른쪽 로드의 홈걸이에 고무밴드를 고정시킨다. 동시에 오른손 인지와 엄지로 로드를 잡고 왼손중지에 걸린 고무밴드를 왼손인지와 엄지로 받아서 왼쪽 로드의 홈에 11자로 모다발을 고정시킨다.

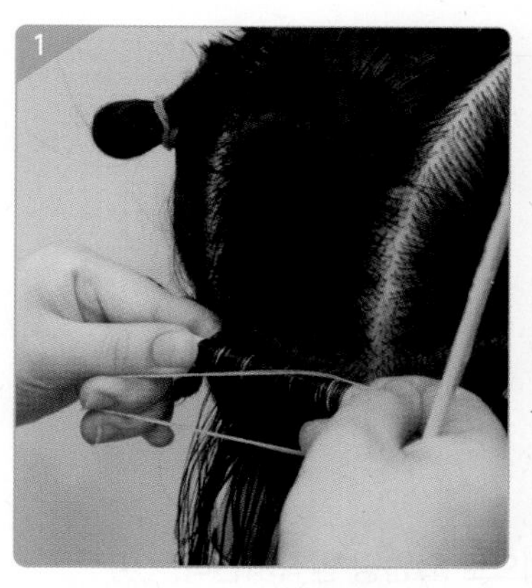
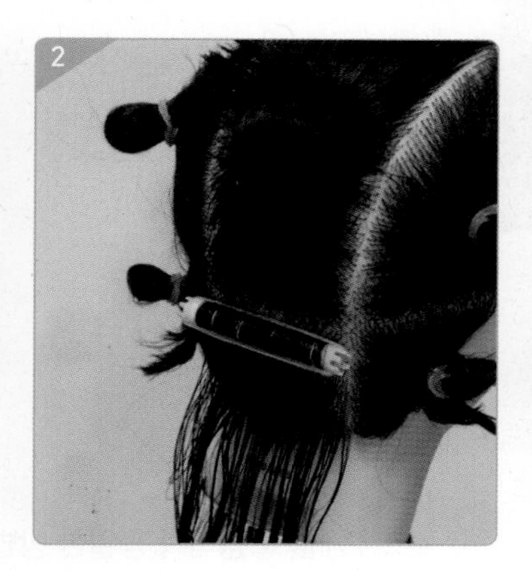

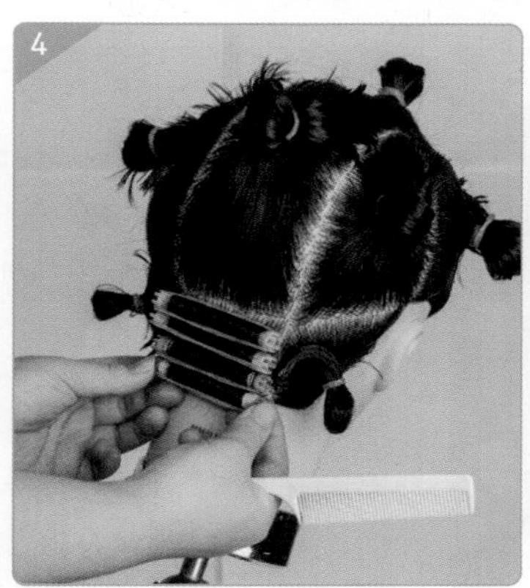

❹ 오른쪽 ②영역은 1 직경 좌대각 파팅한 후, 9호 로드를 이용하여 파팅과 나란하게 로드를 안착시킨다[9호(핑크) 2개, 10호(초록) 2개].

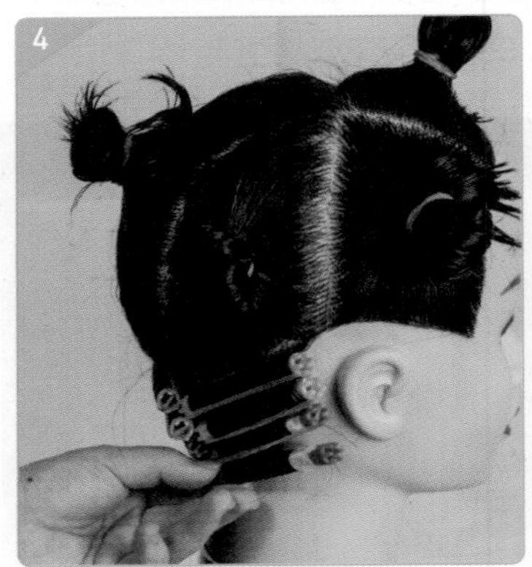

❺ 왼쪽 ③영역은 9호 로드 2개, 10호 로드 2개를 ②영역과 동일한 방법으로 와인딩 안착시킨다.

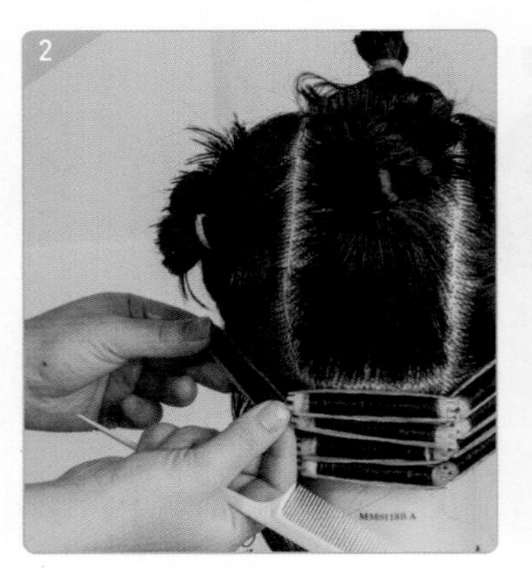

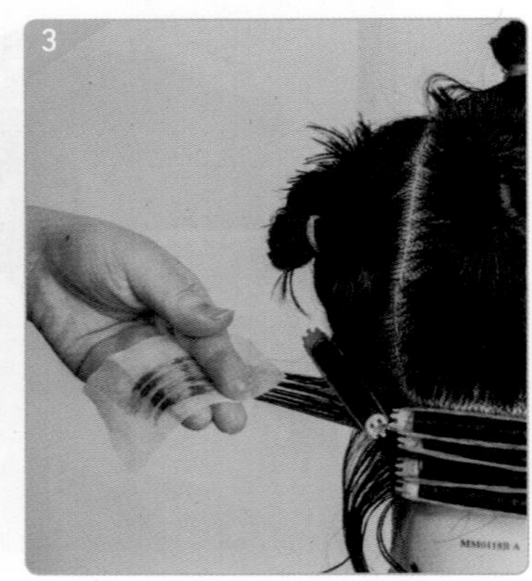

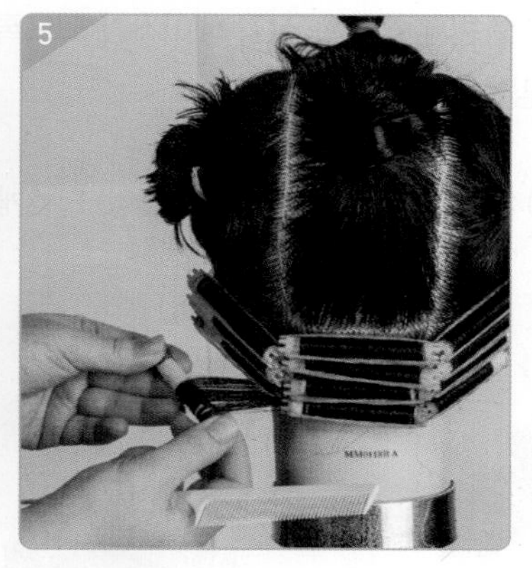

⑥ ④영역은 로드의 폭 만큼(1 직경) 직사각형 베이스 크기로 스케일 후 90°로, 업 셰이핑(포밍) 상태에서 동일한 텐션으로 와인딩 후 안착한다.

후두 정중면은 6호(파랑) 8개, 7호(노랑) 3개, 8호(빨강) 2개를 사용하여 온 베이스, 논 스템으로 안착한다.

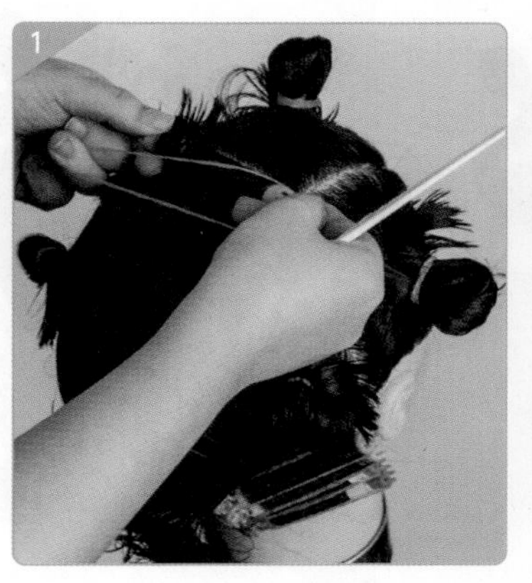

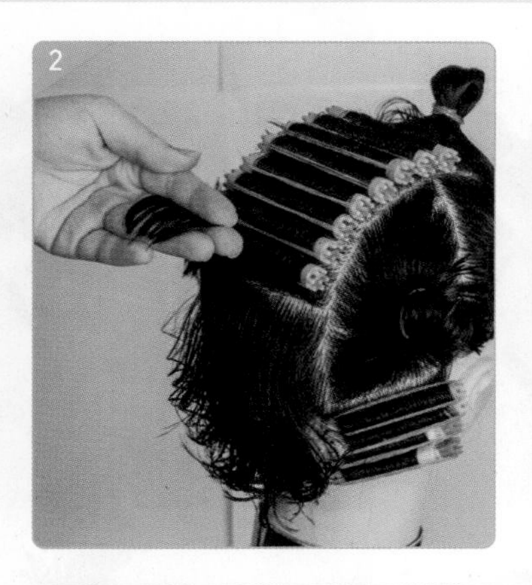

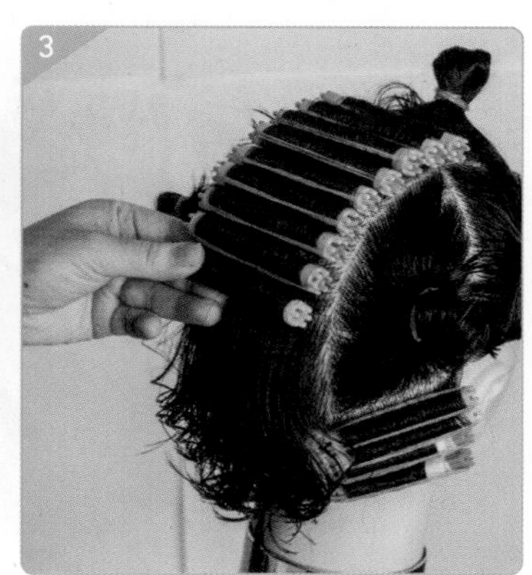

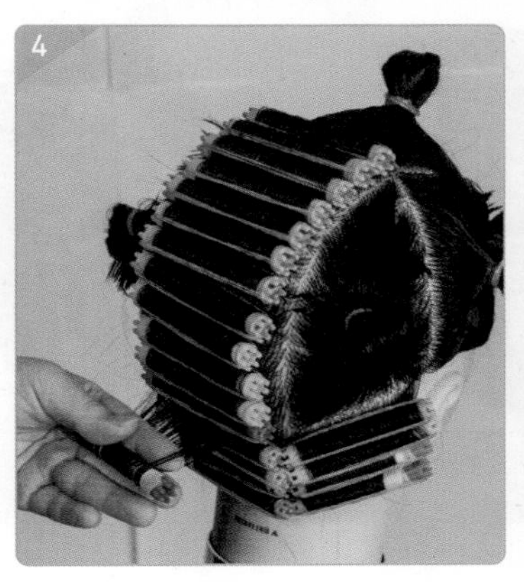

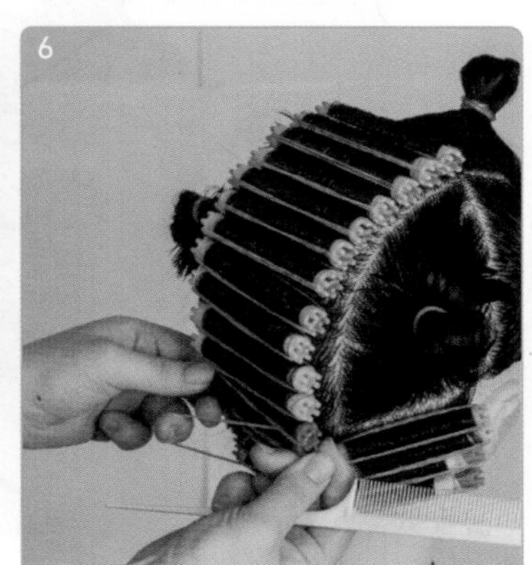

❼ 오른쪽 왼쪽(⑤, ⑥영역)에서 첫 번째 직경은 삼각 베이스가 되도록 대각선 파팅 후, 90~135° 업 셰이핑 왼쪽으로 약간 사선으로 돌려 빗질(포밍)한다.

후두부 측정중면은 6호(파랑) 2개, 7호(노랑) 3~4개, 8호(빨강) 2~3개를 사용하여 온 베이스, 논 스템으로 안착시킨다.

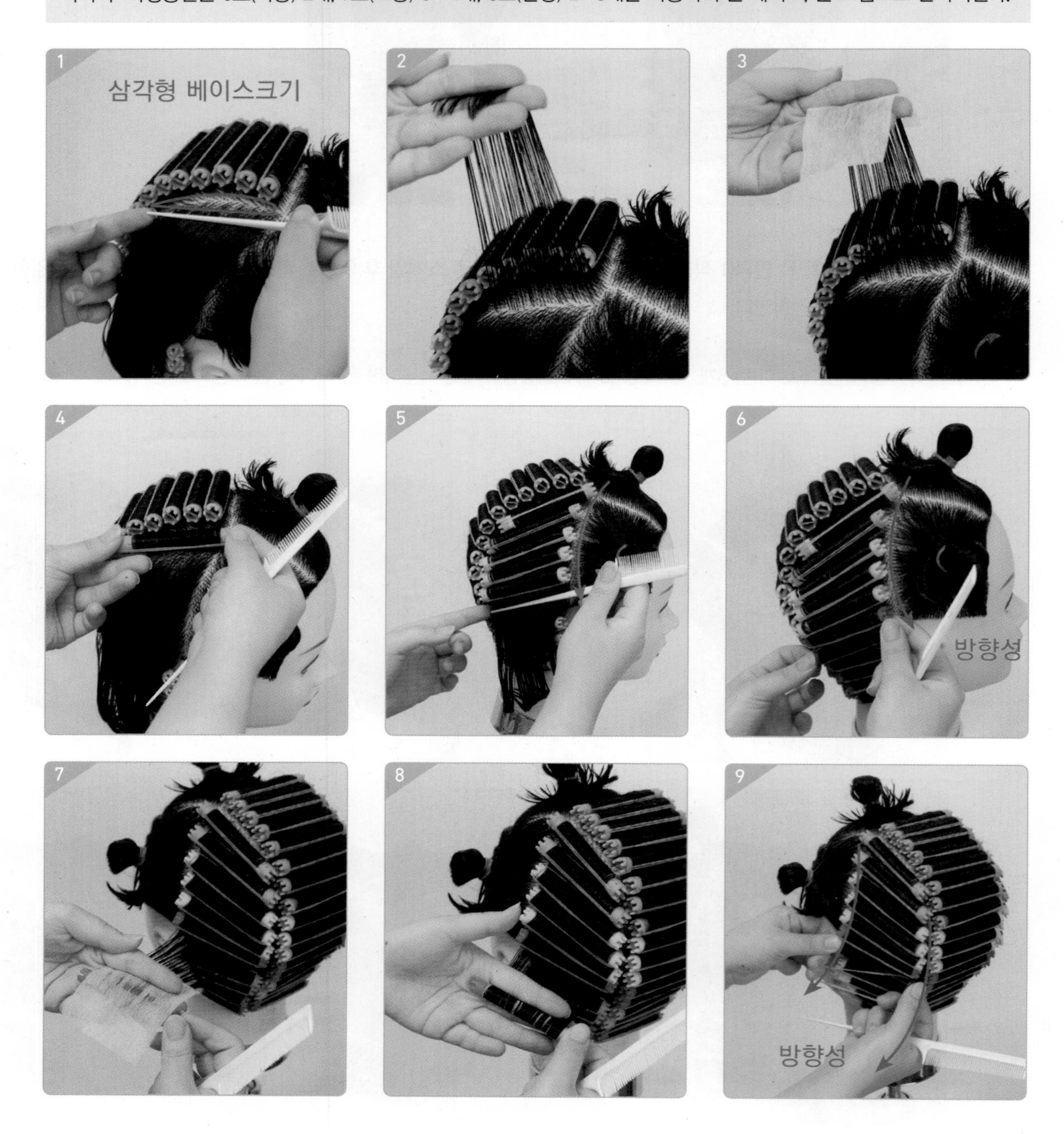

❽ 측두면 영역(⑦, ⑧)은 측정중면과 인접한 파팅선이 페이스 라인 쪽보다 폭이 점차 넓어지므로 부등변 사각형 베이스 크기로 스케일 후, 90~135° 업 셰이핑 오른쪽으로 약간 사선으로 돌려 빗질(포밍) 후 포밍된 각도로 텐션을 유지하면서 한쪽으로 치우치거나 들뜨지 않게 와인딩하여 안착시킨다.

측두면은 부등변 사각형 베이스로 파팅한 후, 6호(파랑) 2개, 7호(노랑) 3~4개, 8호(빨강) 2~3개를 사용한다.

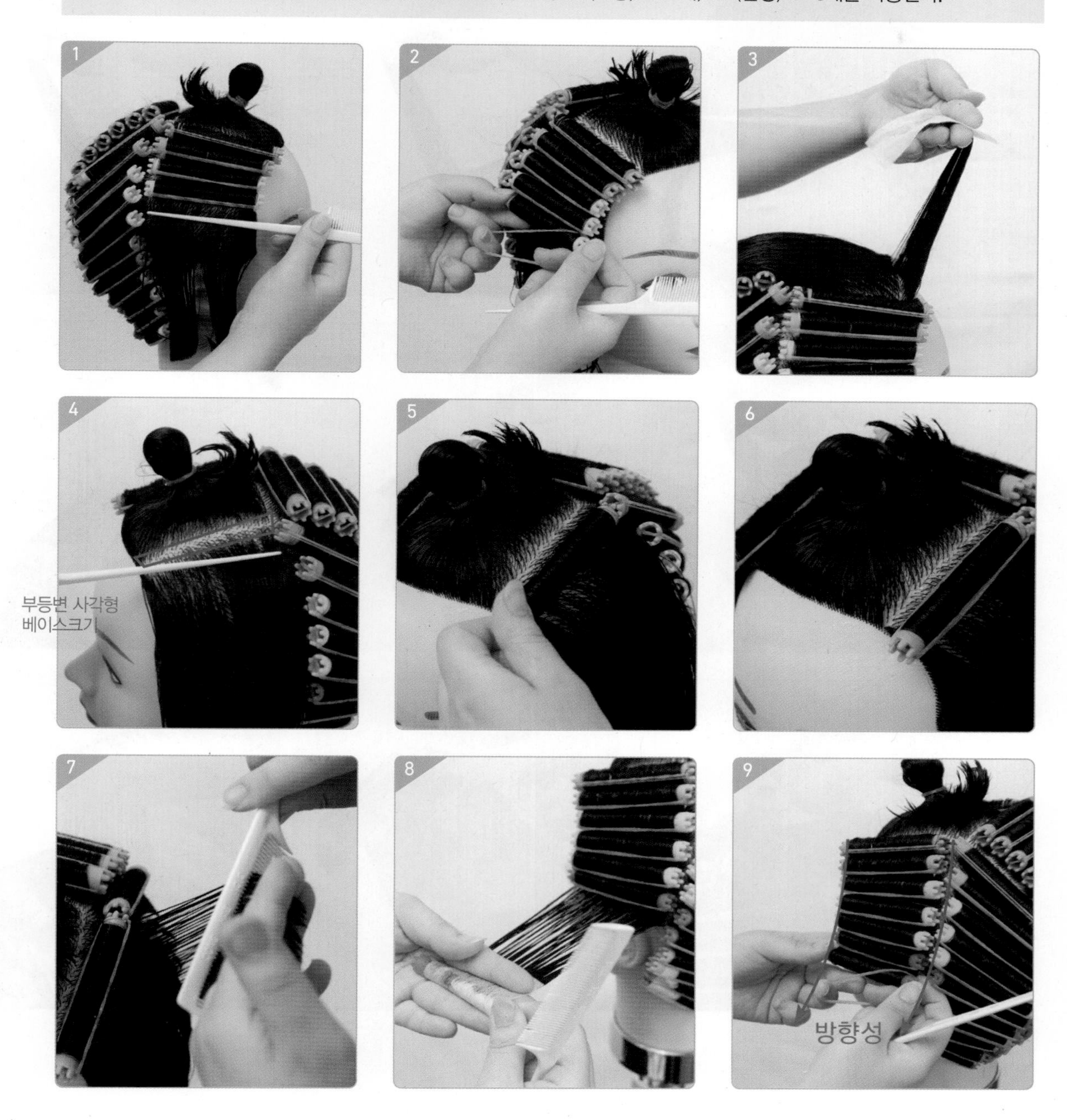

⑨ ⑨영역은 1 직경 스케일 후, 90~135°로 업 셰이핑(포밍) 스케일한다.

전두부의 전발은 6호 로드 6개가 안착되도록 온 베이스, 논 스템한다.

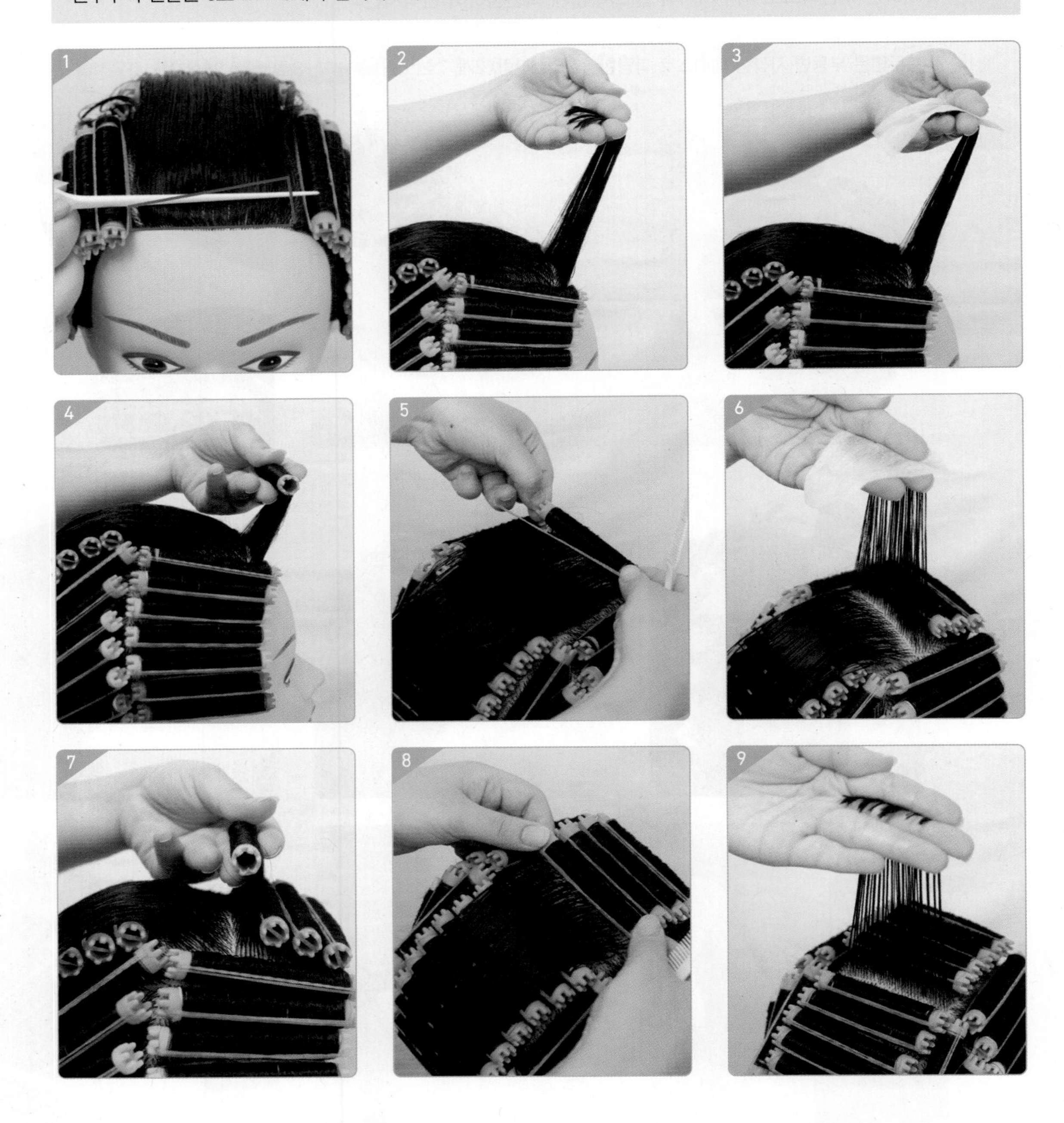

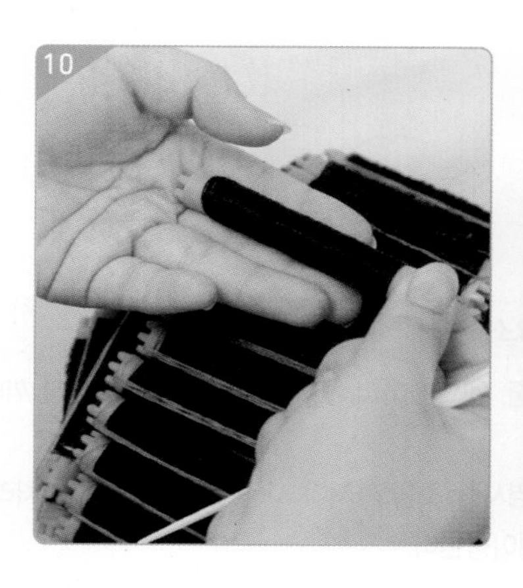

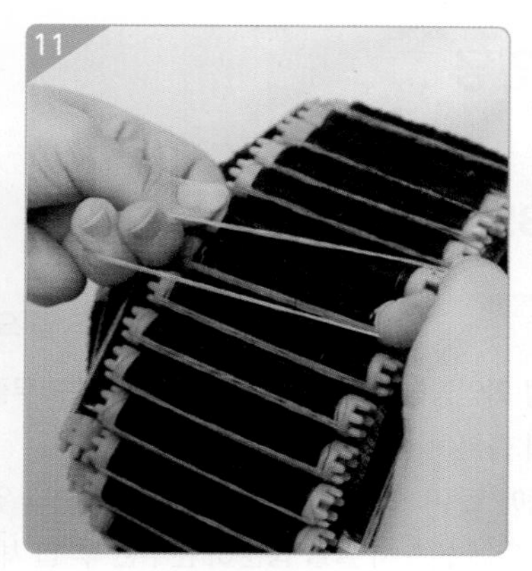

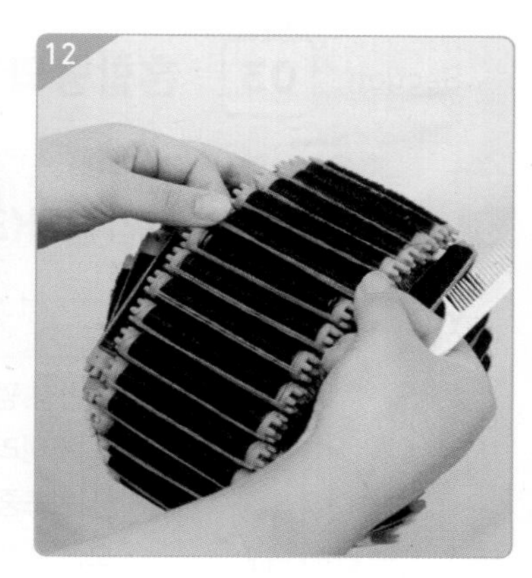

⑩ 완성된 9등분

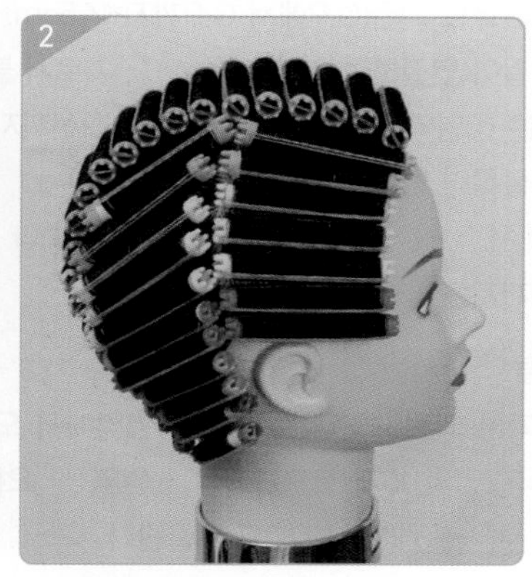

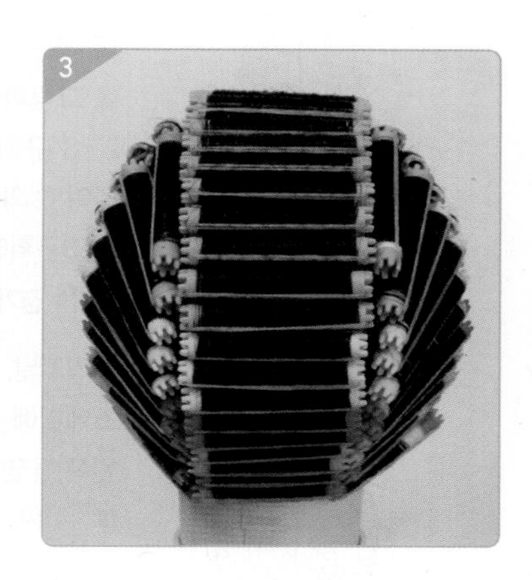

- 로드간 배열이 균등해야 하며 빈 공간이 전혀 생기지 않는 방향성을 갖추어야한다.
- 영역 간 구획이 생기지 않도록 로프 배열을 정확히 하고 로드방향이 정중면 → 측정중면 → 측두면이 명확하게 안정감을 갖도록 시술각도, 직경, 빗질, 로드 안착, 밴딩 등이 두피와 반듯하게 안착되어야 한다.
  특히, T.P에서 G.P를 경계로 직경을 나눌 때 로드 넓이보다 1/4정도 적은 폭으로 스케일한다.

Section 03 혼합형 와인딩

1 혼합형 와인딩 작업절차(35분, 20점)

세부 항목	작업 요소
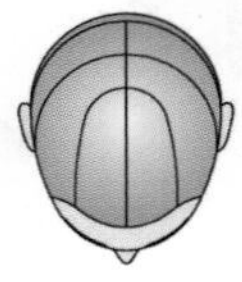 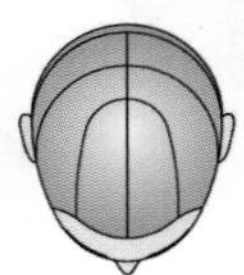 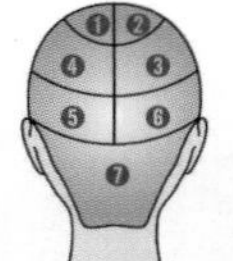 블로킹 및 기본자세(4점)	• 혼합형 펌 와인딩에 요구되는 필요도구(로드, 고무줄, 엔드페이퍼, 빗, 분무기) 등을 작업 시 꺼내지 않도록 미리 충분히 준비한다. (시험도중에 도구나 재료 등이 모자라서 꺼내거나 옆사람 것을 가져다 사용할 경우 감점(−1)처리된다.) 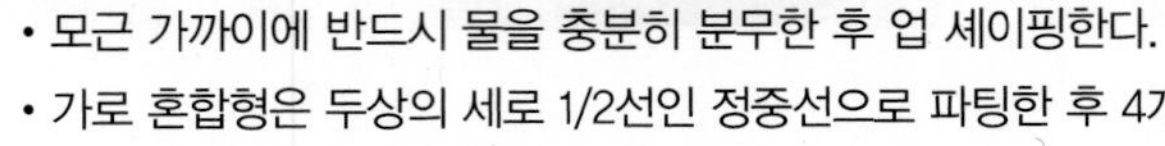 • 모근 가까이에 반드시 물을 충분히 분무한 후 업 셰이핑한다. • 가로 혼합형은 두상의 세로 1/2선인 정중선으로 파팅한 후 4개의 영역으로 가로 구획한다. • 오리지날 몰딩을 위한 블로킹 순서는 ① 또는 ② → ③ 또는 ④ → ⑤ 또는 ⑥ → ⑦로 영역화한다. • 1구획은 8호 로드 기준(C.P에서 G.P까지 14.5cm) T.P에서 G.P보다 약 0.5cm 내려온 지점에서 S.P를 그림과 같이 연결하여 영역화한 후 ①, ②로서 블록으로 한다. • 2 · 3 구획은 ①영역이 끝난 지점에서 귀 1/2선까지 연결(9cm 정도) 하여 귀 1/2선 아래는 4구획으로 하여 ⑦의 블록이 형성된다. • 2 · 3구획에서 B.P를 이은 2의 영역은 3구획보다 조금 적은 듯이 하여 ③, ④의 블록으로 B.P와 귀 1/2선 경계까지는 ⑤, ⑥의 블록이 형성된다.
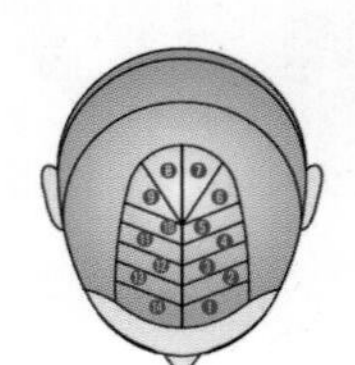 1직경 베이스 크기의 시술각도 및 빗질 (4점)	• 오리지날 몰딩 순서는 ① → ② → ③ → ④ → ⑤ → ⑥ → ⑦로 한다. • 스케일에 따른 와인딩 순서는 왼쪽 ①영역에서 오른쪽 ②영역(1영역 14개 로드), 오른쪽 ③영역에서 왼쪽 ④영역(2영역 15개 로드), 왼쪽 ⑤영역 → 오른쪽 ⑥영역(3영역 15개 로드), ⑦영역은 원에서 → 투 → 원 → 투 → 원(5단 13개)으로 끝난다. • 확산형 패턴으로 와인딩되는 ①영역은 6호 로드 14개 이상으로 하여 1.5 직사각형 베이스 모양에 하프 오프 스템으로 빗질(45°)하여 와인딩 후 밴딩한다. → 특히 ①영역 4 · 5번째의 로드가 안착될 스케일은 부등변 사각형 베이스 모양에서 6 · 7 · 8 · 9번째 로드가 안착되는 스케일은 삼각형 베이스 모양으로 하여 롱 스템으로 빗질하여 오프 베이스 위치에 밴딩된다. • 오블롱 패턴(②, ③영역)으로 와인딩 되는 ②영역은 7호 로드 15개 이상으로 하여 1직경 직사각형 베이스 모양에 논 스템으로 빗질(90°)하여 와인딩 후 밴딩한다.

1직경 베이스 크기의 시술각도 및 빗질 (4점)	→ 특히 6 · 7 · 11 · 12번째 로드가 안착되는 스케일은 부등변 사각형 베이스모양으로 하여 하프오프 스템으로 빗질하여 하프오프 베이스 위치에 밴딩된다. 이에 반해 8 · 9 · 10번째 로드가 안착될 스케일은 삼각형 베이스 모양으로 하여 롱스템으로 빗질하여 하프 베이스 위치에 밴딩된다. • 오블롱 패턴으로 왼쪽부터 와인딩이 시작되는 ③영역은 7호 로드 15개 이상으로 하여 1직경 삼각형 베이스 모양에 하프오프 스템으로 빗질(45°)하여 하프오프 베이스 위치에 밴딩한다. → ③영역 2 ~ 15번째 로드가 안착될 스케일은 직사각형 베이스 모양에서 논 스템으로 빗질(90°)하여 온 베이스 위치에 밴딩한다. • 원투 패턴으로 와인딩되는 ④영역은 8호 로드 13개 이상으로 하여 5단(1단-로드 3개, 2단-로드 2개, 3단-로드 3개, 4단-로드 2개, 5단-로드 3개)으로 하여 가운데는 1직경 직사각형 베이스 양측면은 삼각형 베이스 모양에 논 스템으로 빗질(90°)하여 온 베이스 위치에 밴딩한다.
몰딩에 따른 로드 배열 (4점)	• 몰딩에 요구되는 구획된 영역 간 또는 로드 간 배열 공간이 벌어지지 않도록 한다. • 두상의 곡면 방향에 따라 시술각도와 베이스 모양(직경), 베이스 크기 및 위치, 스템(빗질)에 맞게 로드가 조화롭게 안착되어야 한다.
텐션 및 밴딩처리 (4점)	• 두상의 곡면 방향에 따라 자연스럽게 밴딩된 고무줄 위치를 유지하여야 한다. 모다발에서 요구되는 시술각도에 따라 빗질된 후에는 텐션을 그대로 유지하면서 와인딩해야 밴딩처리 시 모결이 매끄럽게 고정된다.
완성도 및 조화미 (4점)	• 구획화된 두상의 곡면 방향에 따라 55개 이상의 로드가 빈틈없이 조화롭게 몰딩되어야 한다. → 특히 ①영역에서 7 · 8번째 로드 간 오버랩 되지 않도록 하며, 7 · 9번째 로드가 정중선을 따라 서로 맞대어져 있는 모양이 나와야 한다. → 35분 동안 1개의 로드라도 다 말지 못했을 경우 완성도에서 미완성처리(0점)가 된다. → 35분 동안 로드 개수 55개 미만일 경우 감점(-5)처리되며 완성도에 0점 처리 후 점수가 결정된다.

2 혼합형 와인딩 완성작품

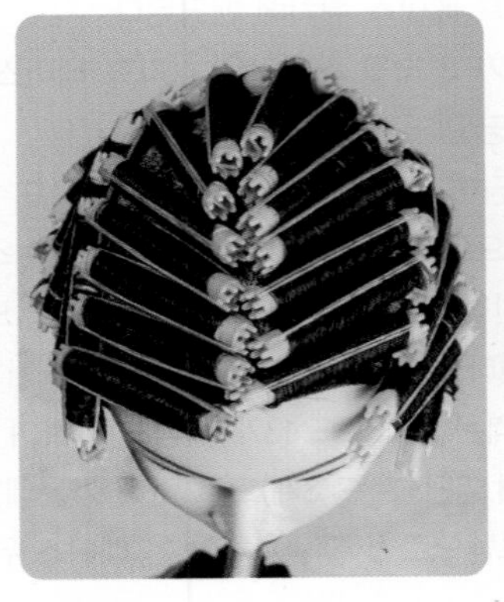

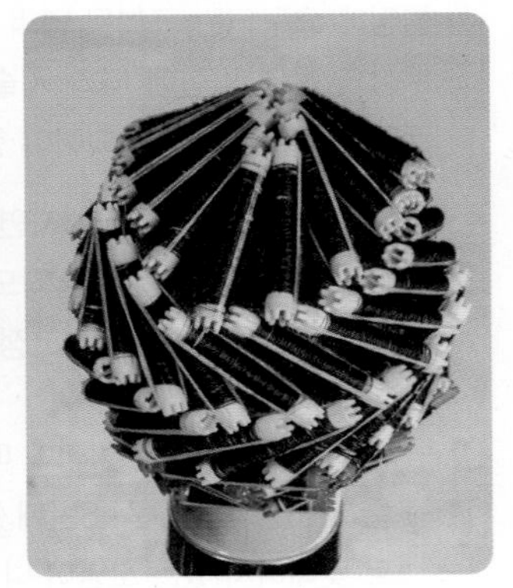

3 혼합형 와인딩

목표	시험 규정에 맞게 로드와 빗을 사용하여 혼합형 와인딩 펌 작업을 한다.	영역(블로킹)	4영역(7등분)
장비	작업대, 마네킹, 홀더, 분무기	패턴	확장형, 오블롱(교대), 벽돌형 로드몰딩 패턴
도구	로드, 빗, 핀셋, 엔드페이퍼, 고무줄	베이스종류	직사각 베이스, 삼각 베이스, 부등변 사각형 베이스
소모품	통가발 마네킹(또는 위그)	시술각	90° ~ 45°
커트형	레이어드	로드와 손가락 위치	평행°
시간	35분	완성상태	혼합형 와인딩된 상태

4 사전 준비 및 블로킹 순서

도구 및 재료 준비

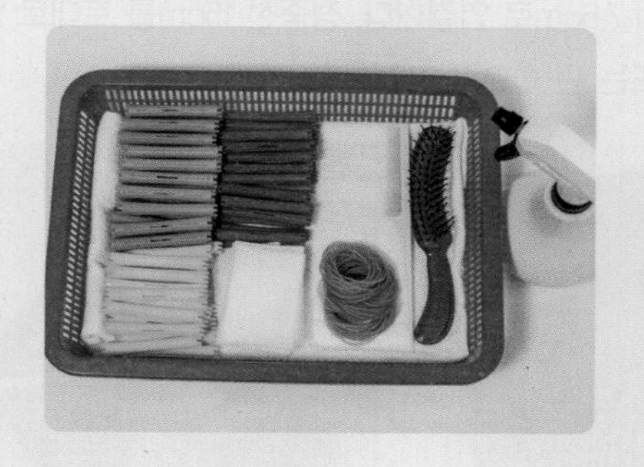

- ☐ 마네킹
- ☐ 홀더
- ☐ 분무기
- ☐ 꼬리빗
- ☐ S 브러시
- ☐ 밴드
- ☐ 엔드페이퍼
- ☐ 흰색 타월
- ☐ 로드 크기 :
  6호(파랑) - 30개,
  7호(노랑) - 30개,
  8호(빨강) - 20개

블로킹 순서

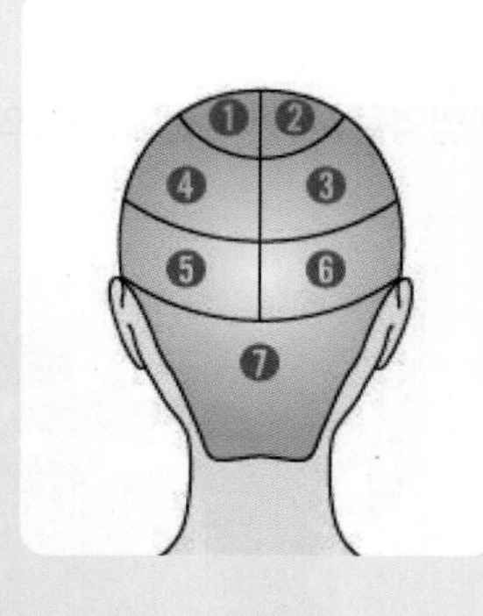

정면

오른쪽 측면

왼쪽 측면

후면

두발에 충분히 물을 분무한 후 두상의 영역을 가로 네 개 영역으로 구분한다. 블로킹은 7등분으로 고무밴딩(또는 핀셋) 처리하며 블로킹 순서와 와인딩 순서는 동일하다.

❶ C.P~G.P(센터 파팅)까지 7.5cm를 파트한 후, T.P~G.P까지 7.5cm로 연결한다. 정중선 15cm를 토대로 양쪽 S.P와 연결하여, ①영역에 2개의 블로킹된 모다발을 고무밴딩(또는 핀셋)으로 고정한다.

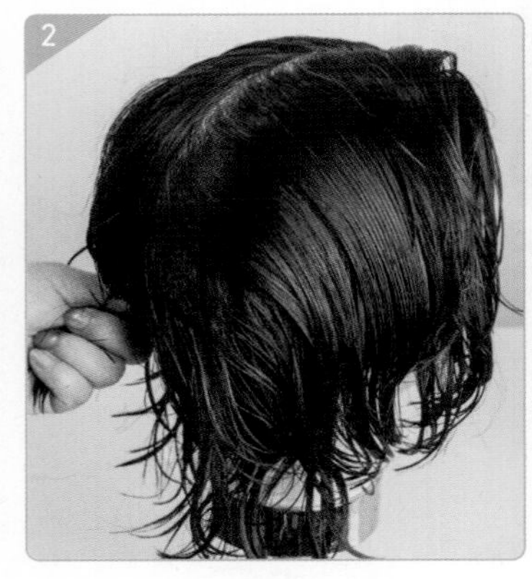

❷ G.P에서 후두부 방향으로 9cm 지점에서 E.S.C.P와 연결하여, ②영역과 ③영역을 나누기 전에 하나의 영역으로 일단 구획지어 놓는다.

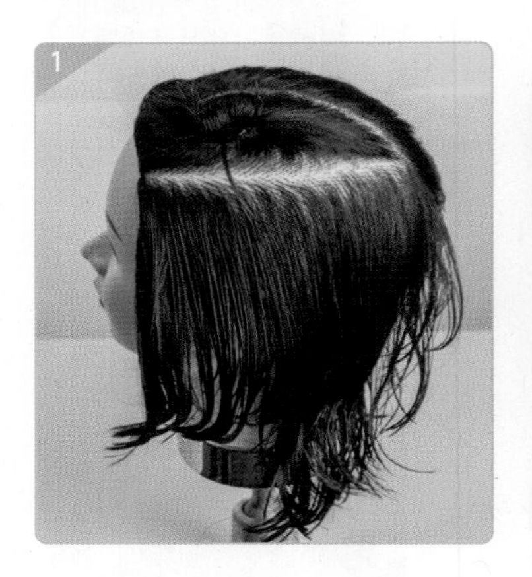

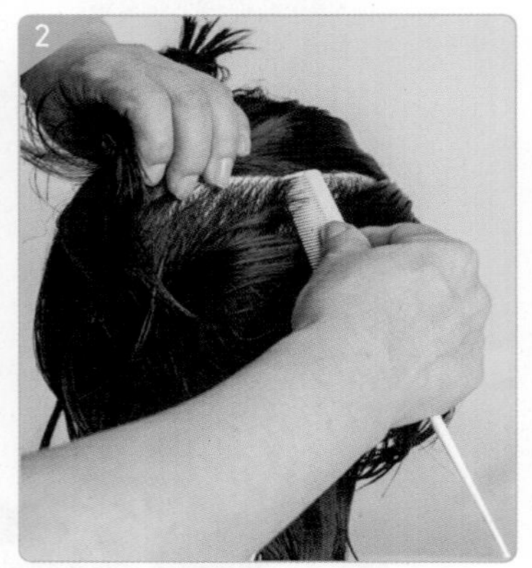

❸ ④영역은 백정중선을 중심으로 N.P까지의 영역으로 구분된다.

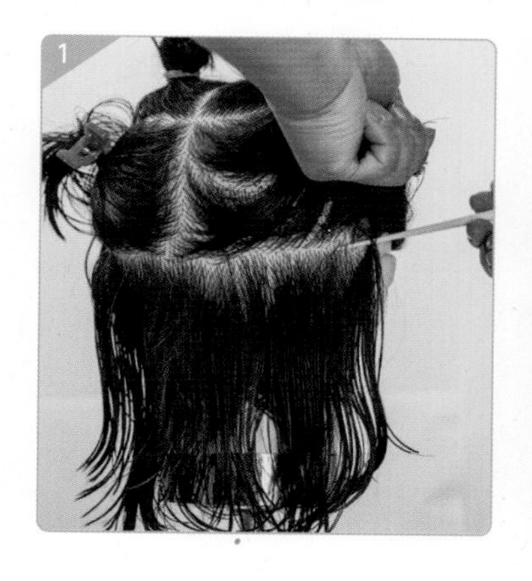

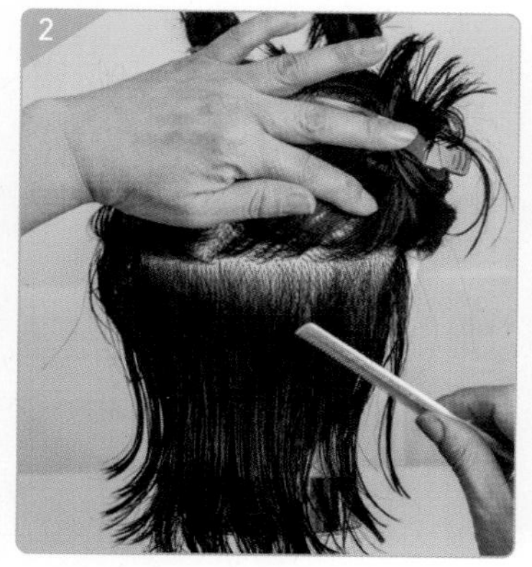

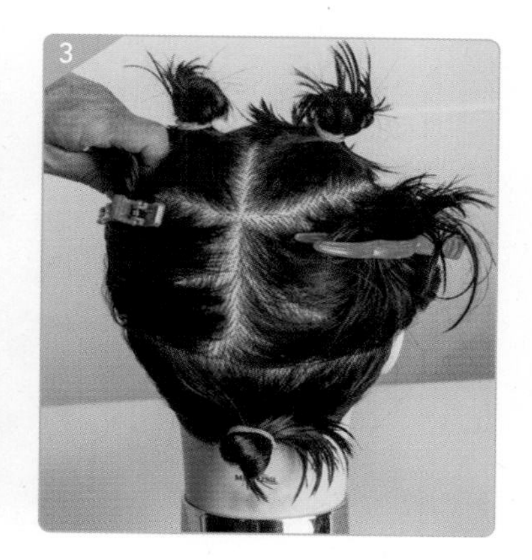

❹ ❷에서 일단 구획된 영역을 1/2로 나눈다. S.P와 E.S.C.P를 연결하는 페이스라인 1/2 지점과 후두융기를 가로질러 ②영역과 ③영역으로 구분한다.

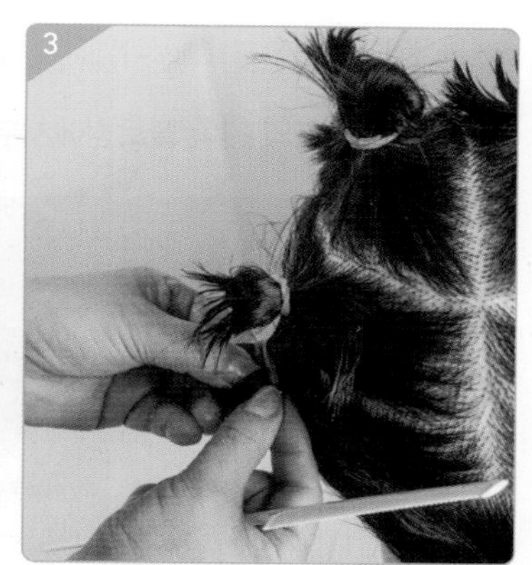

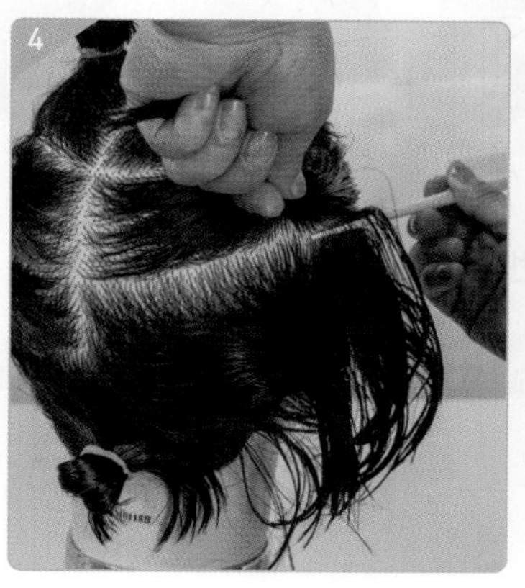

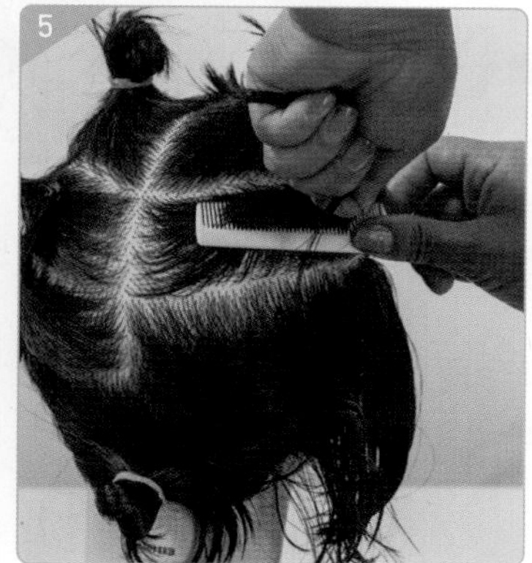

❺ 가로 ④영역에 7등분의 블로킹이 완성된다.

사진에서 볼 때, ②영역과 ③영역은 1/2파트 또는 ②영역이 넓게 표현되는 것 같지만 엄밀히 말하면 ②영역을 ③영역보다 조금 적게 구획지어야 한다. 그 영역은 두상 중에 가장 넓은 크라운 부위로서 두상의 곡면이 ③영역보다 조금 더 넓기 때문에 그 영역(또는 구획)을 조금 더 좁게 나누어 준다.

❻ ①영역의 왼쪽 블로킹에서부터 와인딩을 시작하기 위해 업 셰이핑 135°(전방 45°), 1 직경 스케일한다.

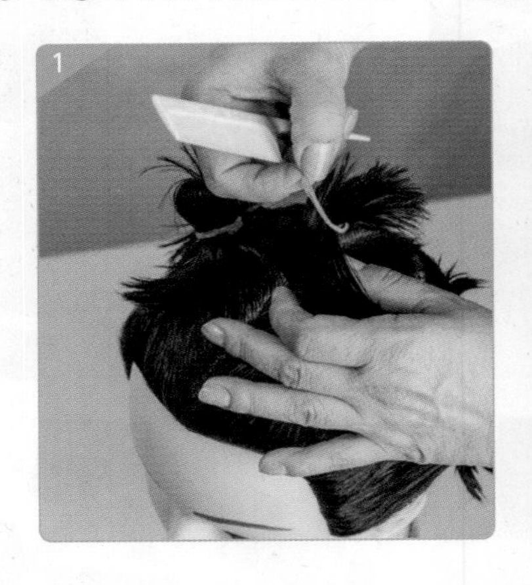

❼ 모다발은 6호 로드를 사용하여 온 베이스, 논 스템으로 안착된다. 5번째 로드까지 논 스템 와인딩한다.

- 왼쪽에서 시작되는 베이스 모양은 두상 곡면에 맞추어 사선으로 1~6번째까지 직사각형 베이스 모양으로 135° 셰이핑 후 온 베이스, 논 스템으로 안착된다.

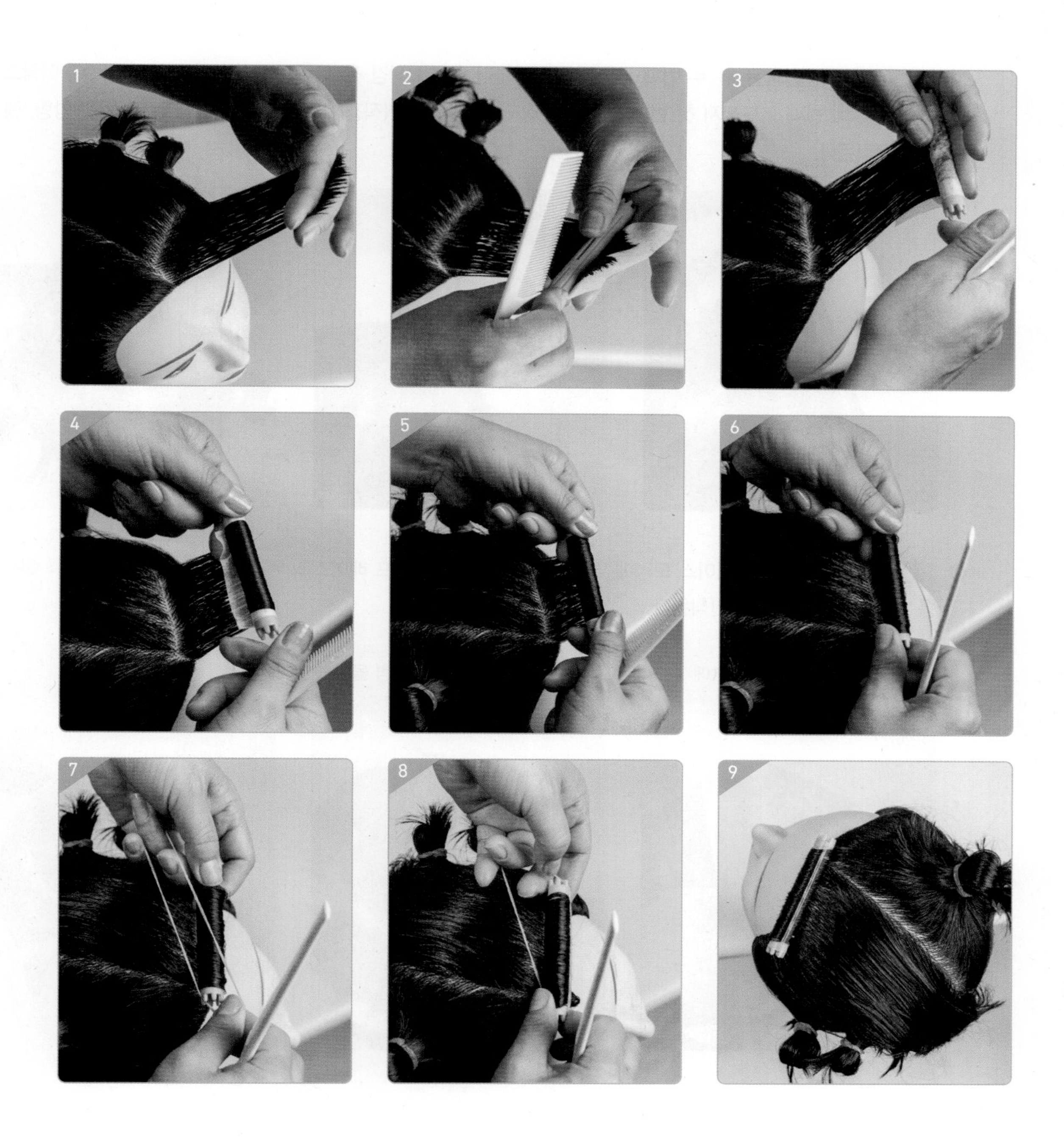
1
2
3
4
5
6
7
8
9

⑧ 첫 번째 로드가 안착된 후, 두 번째 로드를 안착시키기 위해 1 직경 직사각형 베이스로 스케일하여 90° 이상으로 빗질한다. 네 번째 로드까지 첫 번째와 동일한 각도, 베이스 모양(직경), 베이스 위치, 스템 각도, 빗질 방향, 텐션 등이 요구된다.

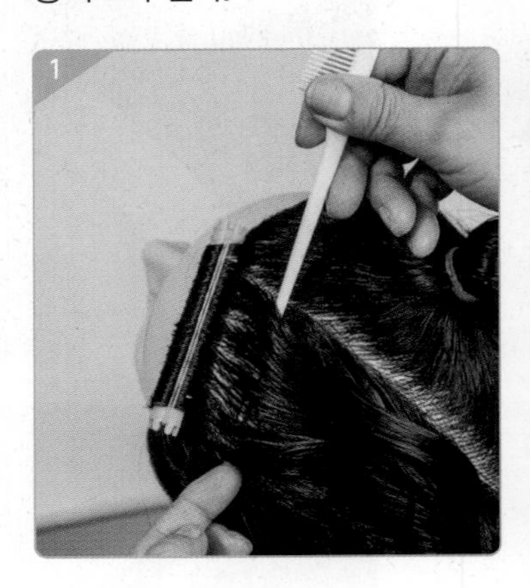
1

2

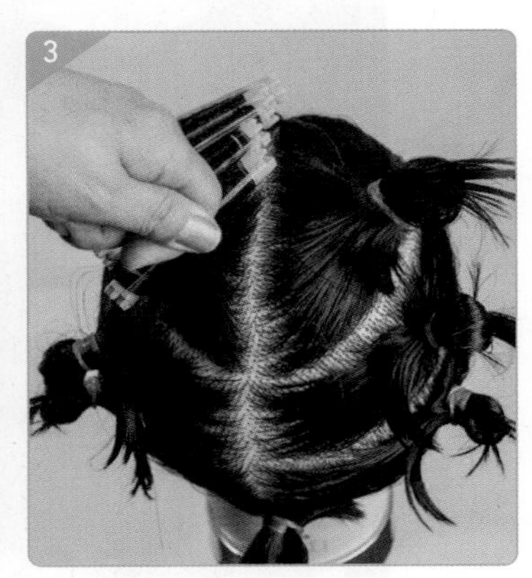
3

⑨ T.P를 중심으로 삼각형 베이스 모양에 맞추어 온 · 하프오프 · 오프 베이스의 위치로 점차 빗질되면서 논 · 하프 · 롱 스템으로 6호 로드가 안착된다.

T.P에서 G.P까지 1/3 원호에 3개의 로드가 안착되기 위해서는 확장형 몰딩 패턴이 된다.

1

2

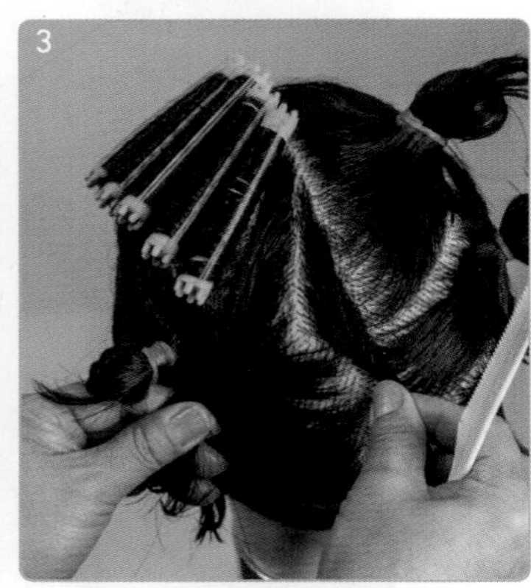
3

⑩ 8번과 9번은 삼각형 베이스 크기로, 바깥쪽은 원형(C로) 모양의 롱 스템 와인딩한다.

오른쪽 블로킹의 시작은 왼쪽 블로킹이 끝나는 7번째 로드가 안착된 연결 로드로서 8~10까지 확장형 몰딩 패턴이 된다.

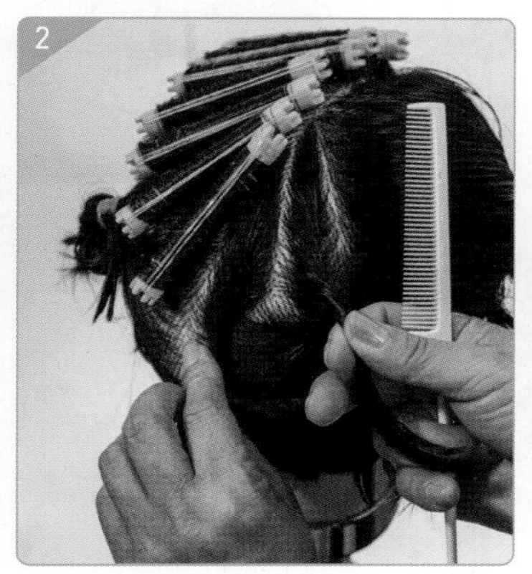

⑪ 10~14번은 사선으로 직사각형 베이스에 논 스템, 온 베이스로 안착된다.

사진에서는 7번 로드에 오버랩(겹쳐지게) 보이지만 실제로는 안정되게 안착되어 있다.

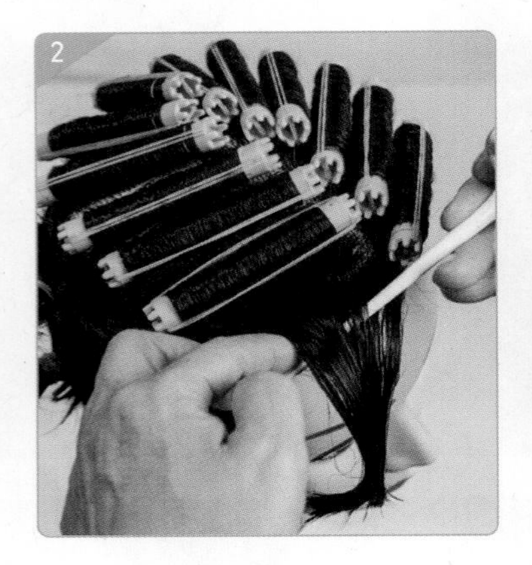

⑫ 첫 번째 베이스 종류는 삼각형으로서 90°로 빗질하여 온 베이스, 논 스템으로 7호 로드가 안착된다.

14번째 로드가 안착된 후, ②영역은 오른쪽에서 시작하여 왼쪽 방향으로 15개의 7호 로드가 윤곽형 몰딩 패턴으로 안착된다.

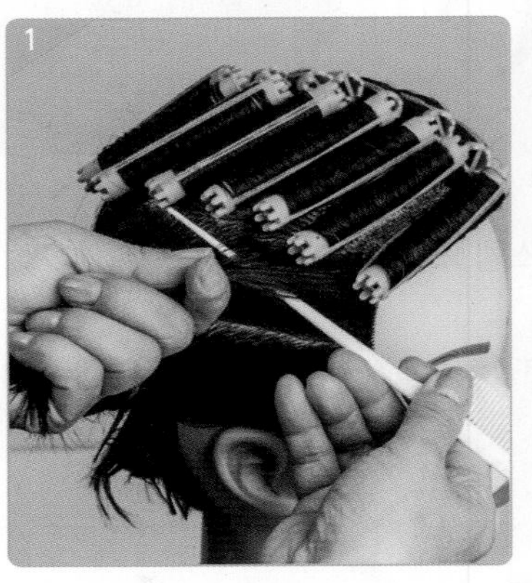

⑬ 두 번째 베이스는 1 직경 직사각형 베이스로서 90°로 온 베이스, 논 스템으로 와인딩한다.

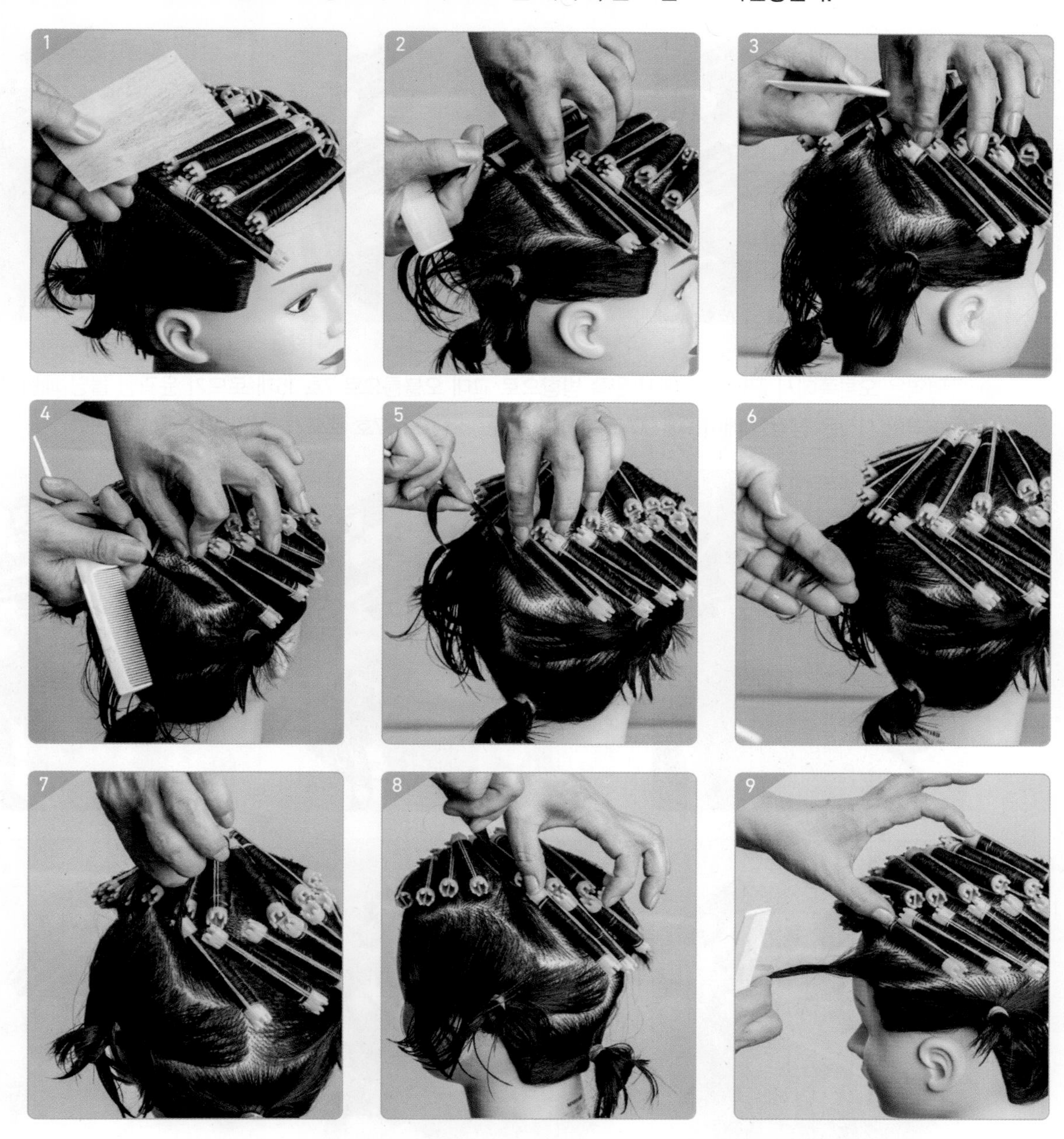

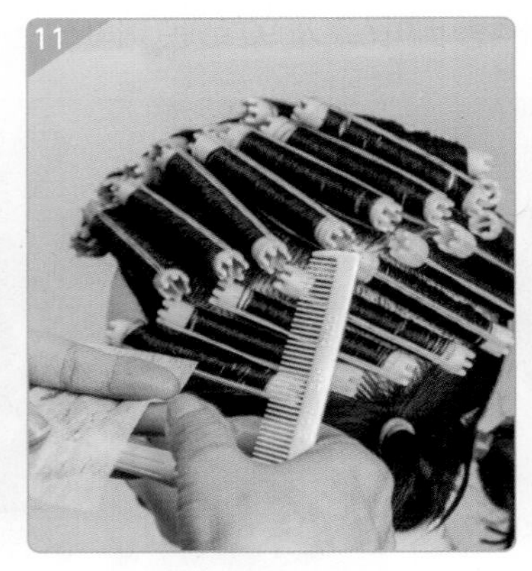

⑭ ①영역은 오른쪽에서 끝난 지점에서 왼쪽 방향으로 교대 오블롱으로 7호 15개 로드가 윤곽형 몰딩 패턴이 된다. ③영역의 시작은 삼각형 베이스에 90°로 온 베이스, 논 스템으로 7호 로드가 안착된다.

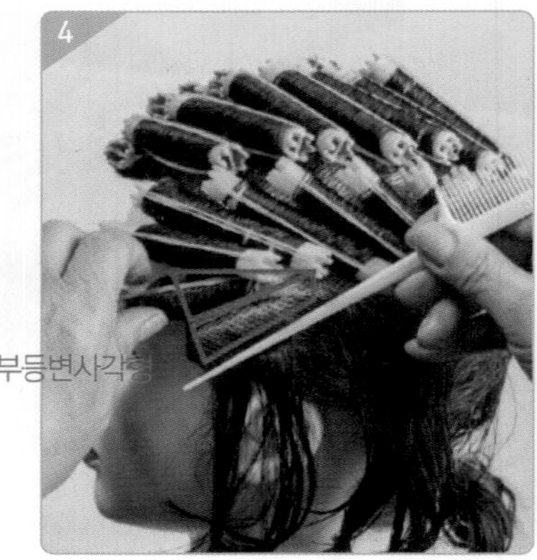

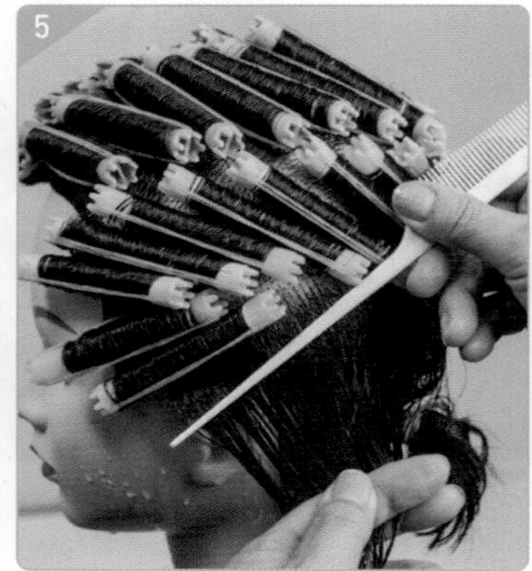

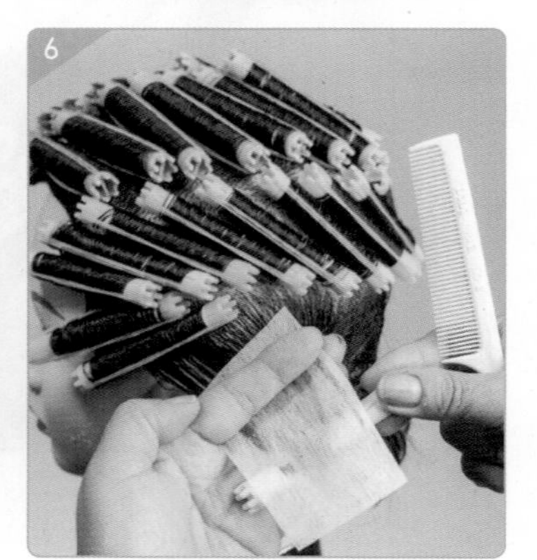

⑮ ③영역 두 번째 로드는 직사각형 베이스에 90°로 온 베이스, 논 스템으로 7호 로드가 안착된다.

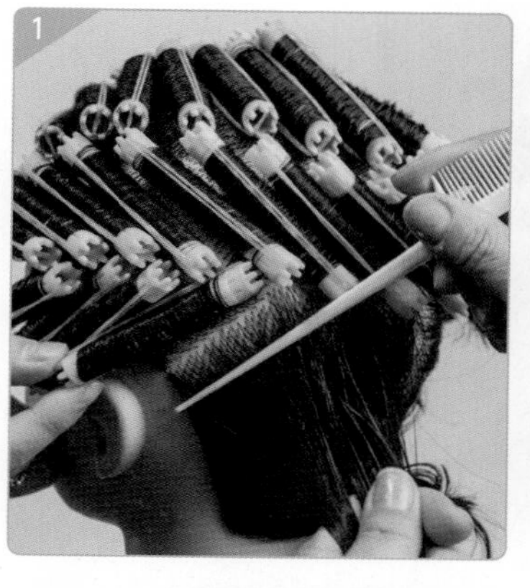

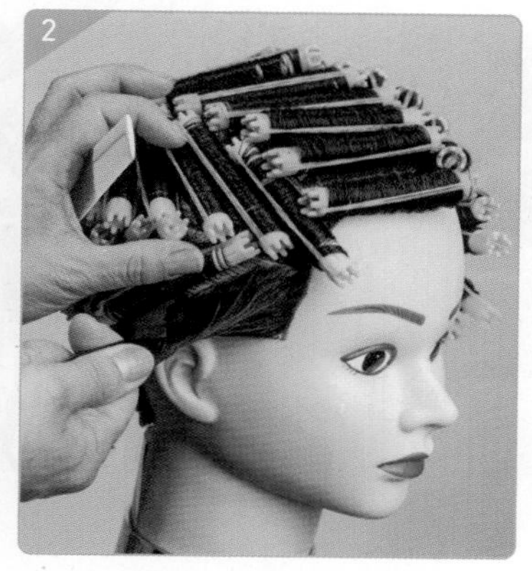

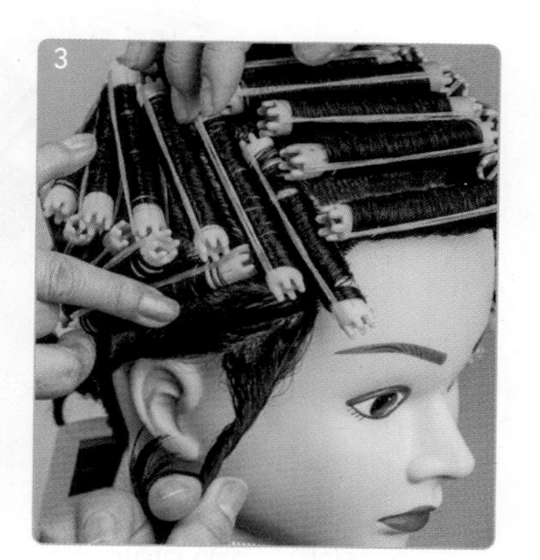

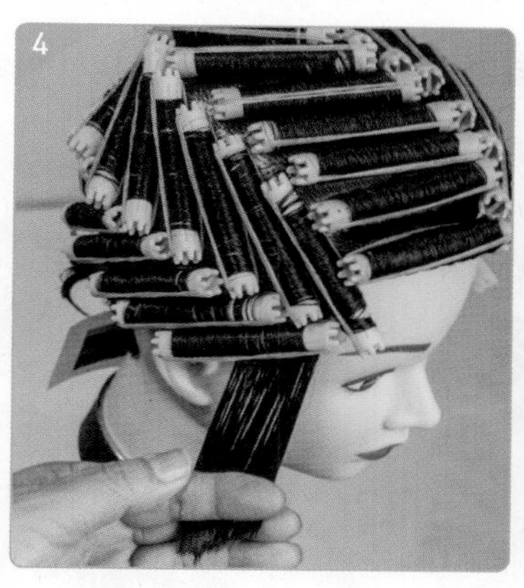

⑯ ④영역의 시작은 1단의 중간에 안착하기 위해 1 직경(8호 로드) 온 베이스, 논 스템으로 안착된다. 원(1단 – 3개). 단 중심에 먼저 안착된 8호 로드(원 방식)를 제외하고 양 옆으로 8호 로드 각각 안착된다.

④영역은 원 · 투 방식의 벽돌쌓기 몰딩 패턴으로 원에서 시작하여 원으로 끝나는 8호 13개 로드가 5단으로 안착된다.

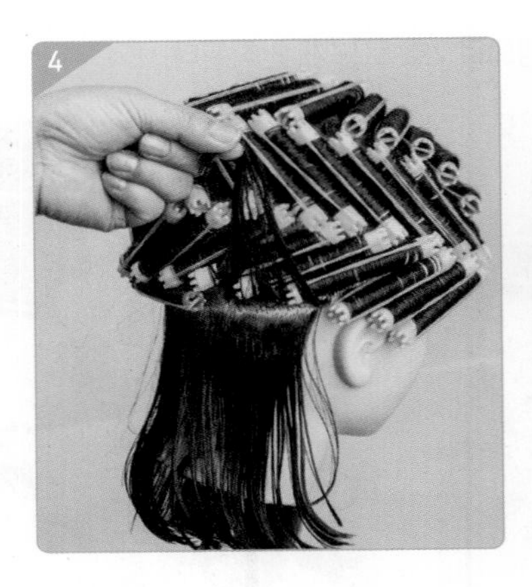

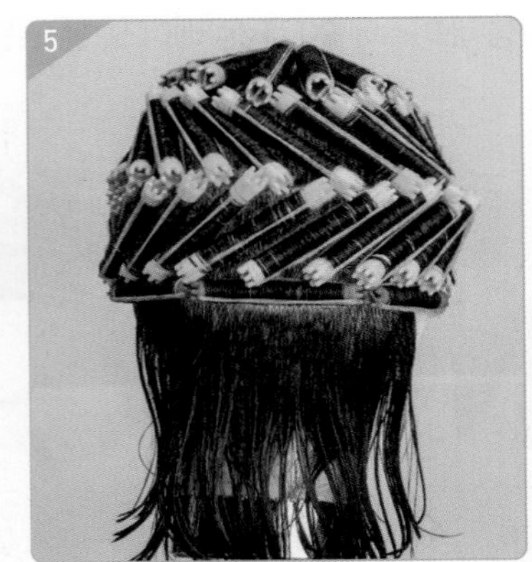

⑰ 투(2단 – 2개) 와인딩한다.

- 2단의 시작은 1단의 중간에 안착된 8호 로드 1/2선을 중심으로 2개의 로드(투 방식)가 우선 안착된다.

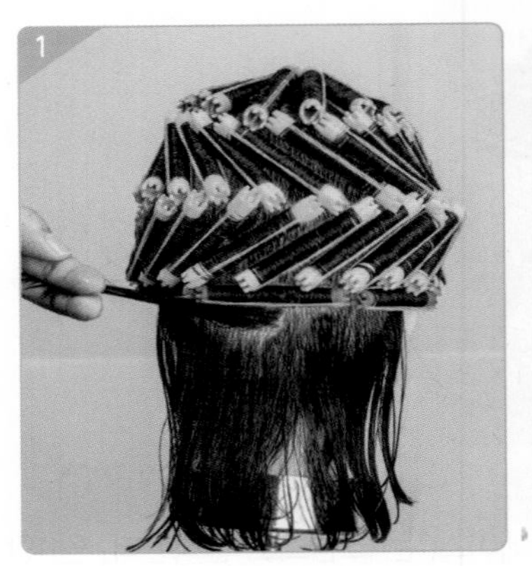

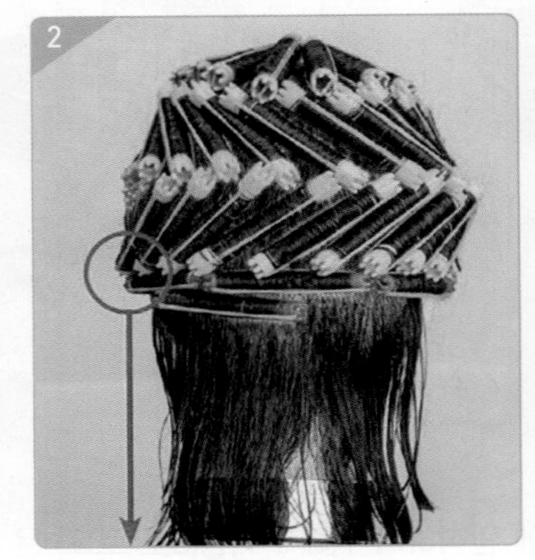

투 방식에서 모발을 남겨 놓는다.

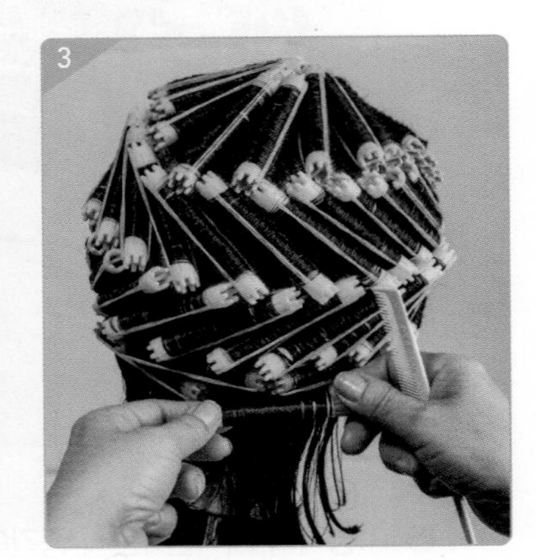

⑱ 원(3단 – 3개) 와인딩한다.

• 3단은 2단에서 투 방식을 걸쳐서 8호 로드 1개를 안착시킨 후, 양 측면에 각각의 8호 로드를 안착시킨다.

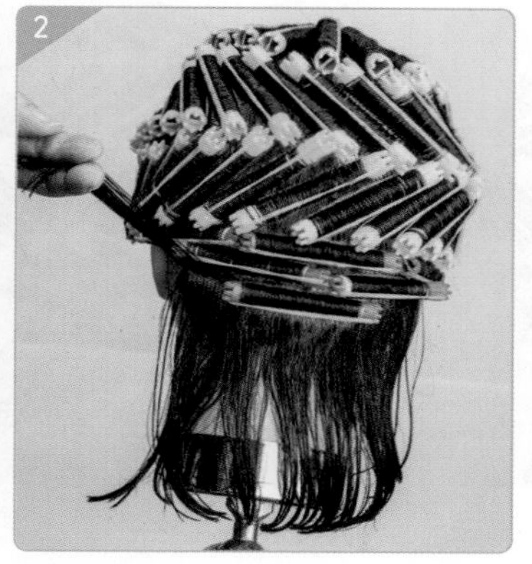

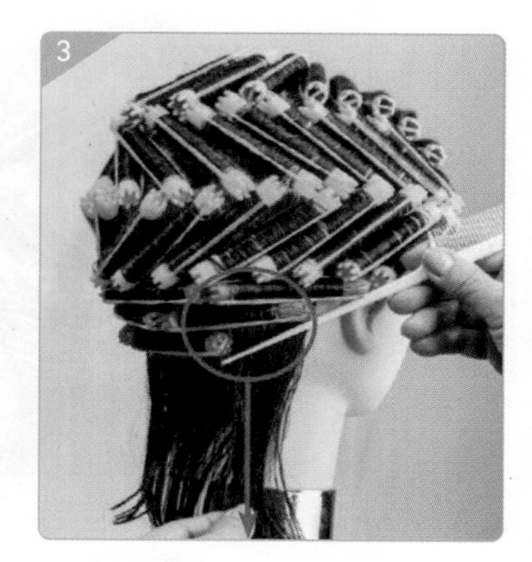

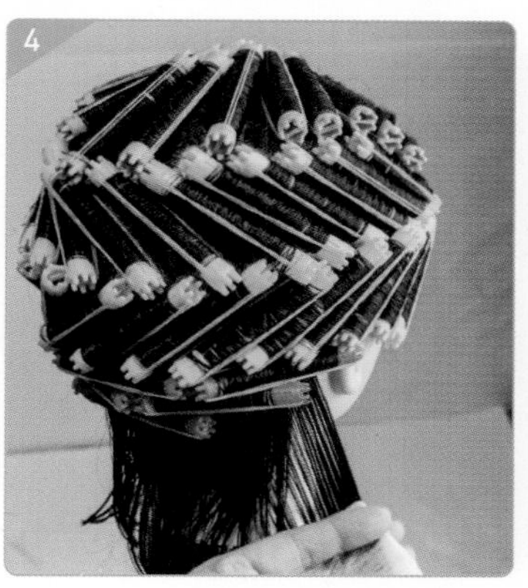

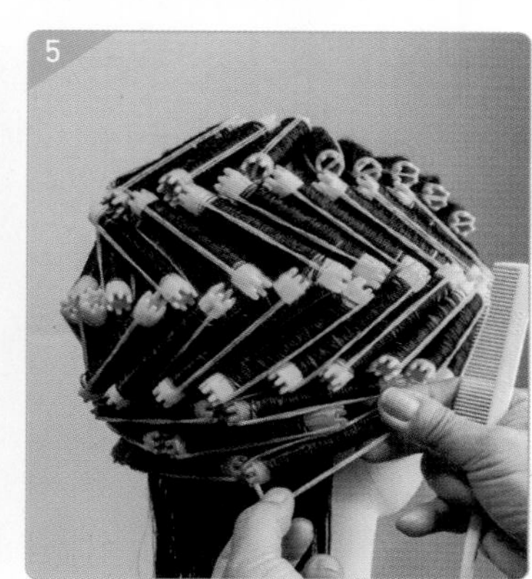

2단(투 방식)에서 남겨 놓은 모발과 합쳐서 3단(원 방식)에서 와인딩해야 두상의 둥근 형태가 안정감을 갖는다.

⑲ 투(4단 – 2개) 와인딩한다.

• 4단은 3단에서 먼저 원 방식의 1/2선에서 2개의 로드를 우선 안착시킨다.

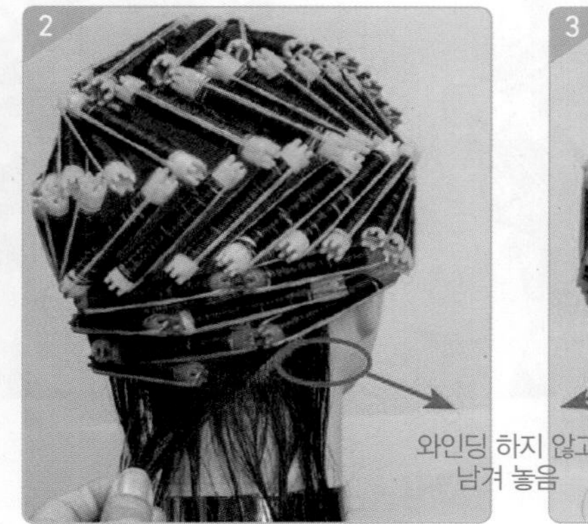

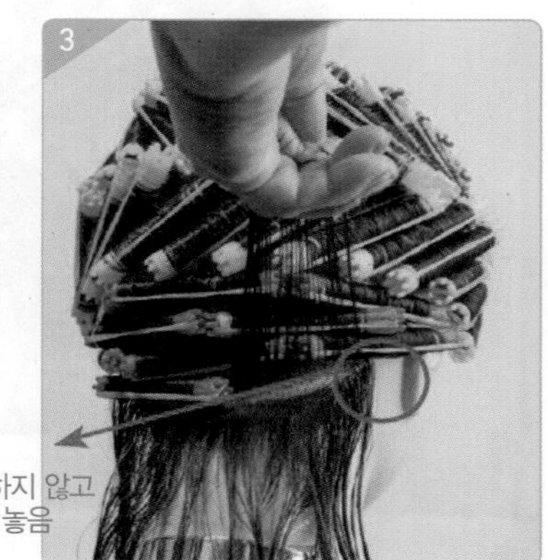

⑳ 원(5단 – 3개) 와인딩한다.

• 마지막 5단은 4단의 투 방식의 중심에 로드를 안착시킨 후, 양 측면에 각각의 8호 로드를 안착시킨다.

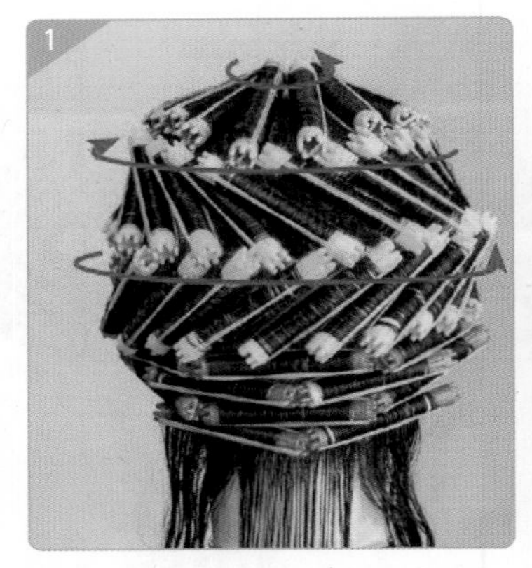

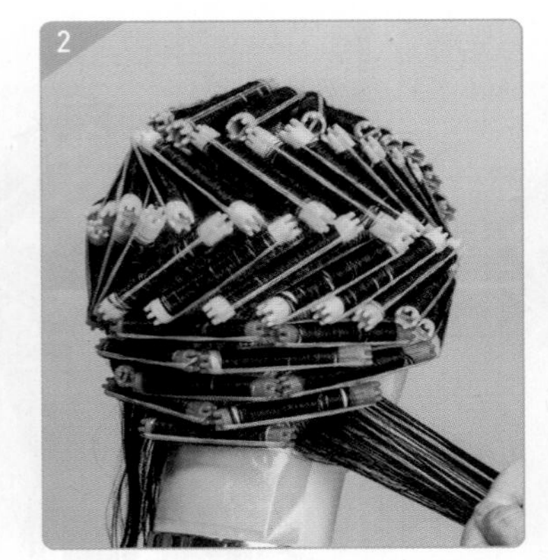

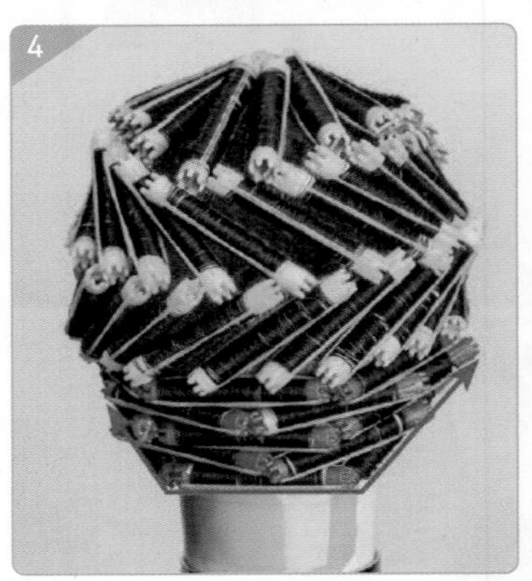

외곽형태

㉑ 가로혼합형 와인딩(1단 – 14개, 2단 – 15개, 3단 – 15개, 4단 – 13개 로드 안착 → 총 55개) 완성

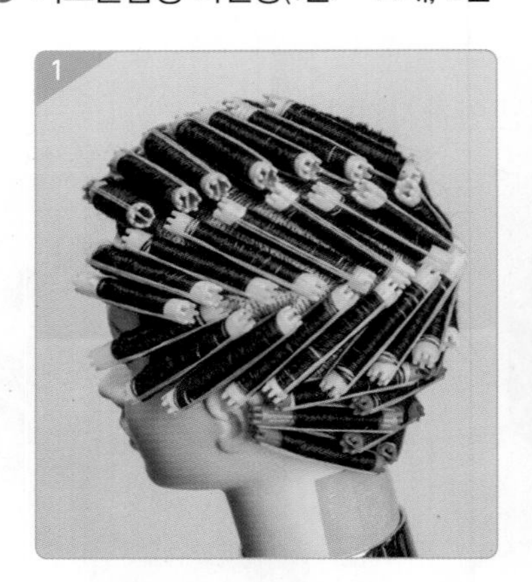

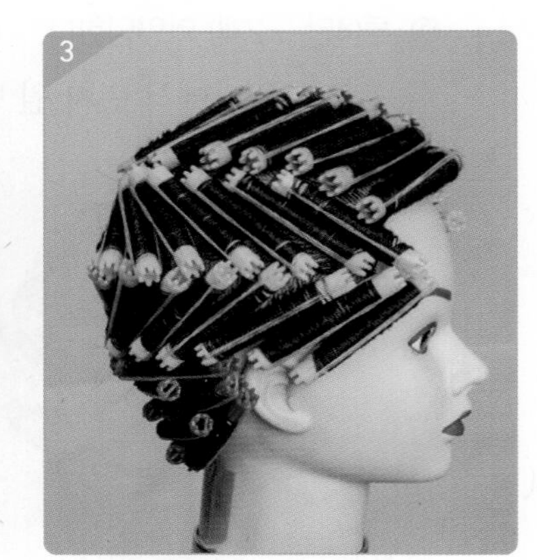

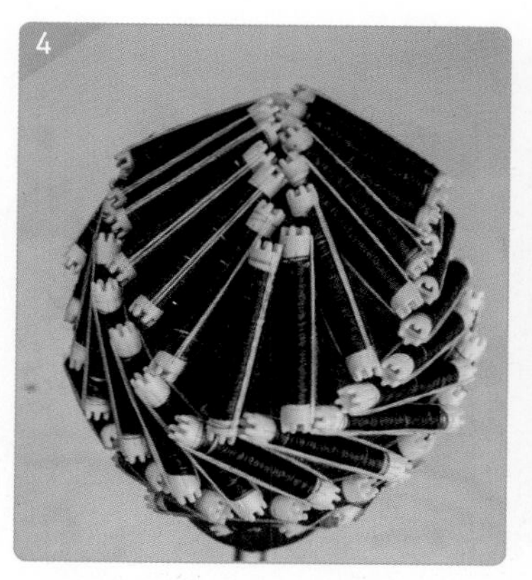
4

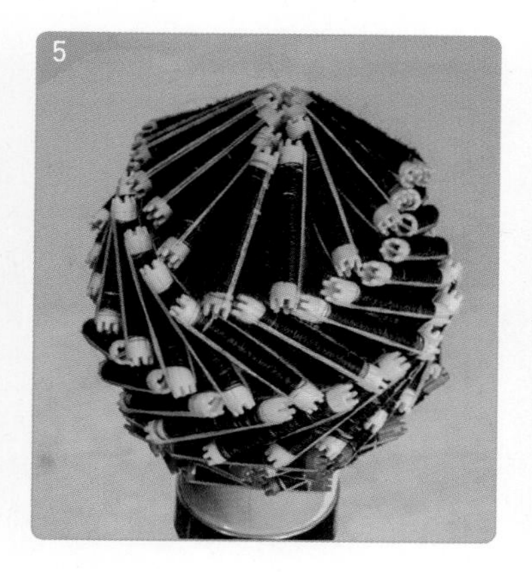
5

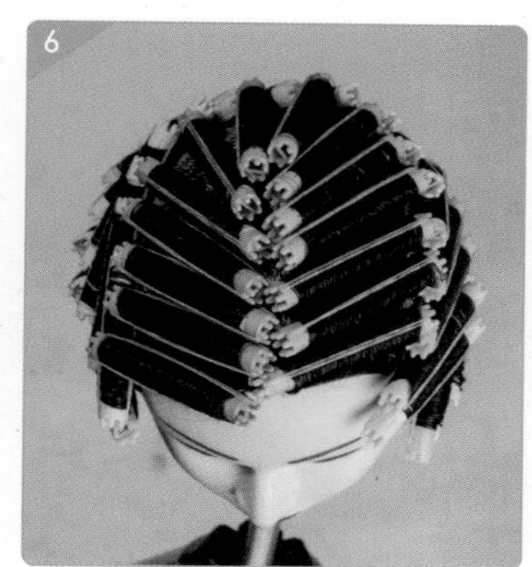
6

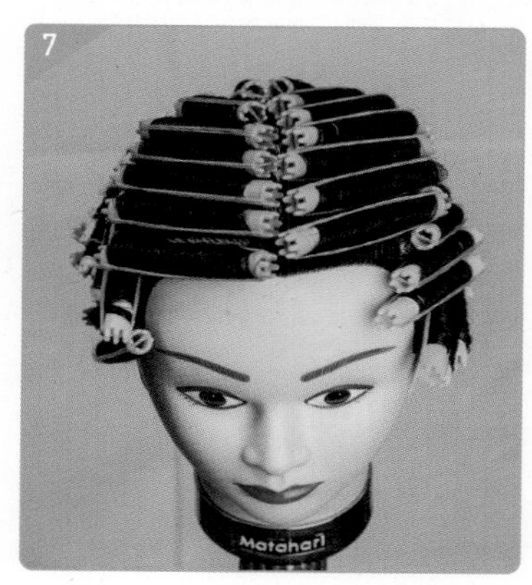
7
Matahari

PART 06

헤어컬러링

CHAPTER 01

헤어컬러링의 이해

Section 01 헤어컬러 시 요구 및 유의사항

1 컬러 작업 시 요구사항

1) 색 선정 및 배합

(1) 헤어 웨프트 상단 5cm를 띄우고 과제에서 요구되는 산성염모제를 도포한다.

- 투명 아크릴판에 웨프트를 안정되게 부착한다.
- 선정된 염모제를 위생적인 염색볼에 적정 비율로 옮겨 담는다.
- 선정된 염모제 양을 색상 비율에 맞추어 위생적인 염색 브러시로 배합한다.
- 브러시를 이용한 도포 간격과 라인은 웨프트의 5cm 길이에 두고 도포 시 흘러내리지 않도록 정확하면서 균일하게 바른다.

유의사항

① 웨프트를 안정되게 부착하지 않았을 때
② 염모제 색상 선정 및 비율이 정확하지 않을 때
③ 염모제 도포 시 브러시 처리 방법이 미숙할 때
④ 도구준비 및 과제에 맞는 작업자세, 주변정리 등이 숙지되지 못했을 때

2) 도포된 염모제가 착색되도록 브러시 도포작업, 호일 감싸기, 드라이어 열처리, 헹구기 등 적절한 방법으로 작업한다.

(1) 염모제 도포 시 작업의 숙련도

- 염색 브러시를 사용하여 모발 가닥에 빠짐없이 매끄럽게 도포하며, 브러시 손놀림이 유연해야 한다.
- 웨프트에 착색된 색상의 잔여물을 깨끗이 헹군 뒤 물기를 제거한다.

유의사항

① 도포작업이 미숙할 때
② 호일 감싸기가 정확하지 않았을 때
③ 드라이어를 사용하는 방법과 열처리가 미숙할 때
④ 색상을 깨끗이 헹구지 않았을 때
⑤ 헹군 후 타월 건조가 미숙할 때

3) 웨프트의 색상, 간격, 라인 등은 균일함과 선명도가 정확해야 한다.

(1) 완성된 웨프트는 제시된 색상과 일치해야 한다.

(2) 완성된 웨프트는 5cm를 기준으로 염색 라인이 정확해야 한다.

(3) 완성된 웨프트의 염색은 얼룩짐 없이 균일하며 선명해야 한다.

유의사항

① 주어진 과제에 맞는 색상 선명도가 드러나지 않은 경우
② 과제의 간격, 라인 등의 균일함이 정확하지 않은 경우

4) 완성된 웨프트는 작업 결과지에 깨끗하게 부착한다.

작업결과지에 이물질 또는 오염물이 묻지 않도록 한다.

유의사항

① 작업결과지에 요구되는 과제물이 정리되어 있지 않은 경우
② 작업결과지에 이물질이 묻어있을 경우

5) 작업 후 작업대를 정리, 정돈함으로써 위생에 만전을 기한다.

유의사항

① 주변정리 등이 위생적이지 못할 때
② 마무리에 요구되는 자세가 숙련되지 못할 때

2 컬러 작업 또는 마무리 시 유의사항

유의사항

① 헤어컬러 시 도구 사용이 적절하지 못할 때
② 산성염모제의 색상 선정 및 배합이 정확하지 못할 때
③ 산성염모제의 도포량 및 도포 간격이 균일하거나 정확하지 못할 때
④ 산성염모제 작업(브러시, 손놀림, 처리기법, 헹굴 때, 타월 건조 등) 시 숙련되지 못할 때
⑤ 완성물(작업결과지 부착) 및 작업대 위생 상태가 양호하지 않을 때
⑥ 헤어컬러 작업시 도포된 염모제를 세척하지 못한 경우

유의사항(0점 처리됨)

헤어컬러 작업 시 헤어피스를 2개 이상 사용할 경우

헤어컬러링의 세부과제

1 헤어컬러링의 작업절차(25분, 20점)

색선정 및 배합(총 6점) → 컬러 도포(총 6점) → 완성도 및 조화미(6점) → 정리 및 마무리(2점)

세부 항목		작업 요소
1. 색 선정 및 배합 (총 6점)	1. 도구사용 (2점)	• 핸드 드라이어는 웨프트에 도포된 염색제가 잘 침투할 수 있도록 열을 가할 때(5분~7분)와 식힐 때(3분 정도) 사용할 수 있다. • 호일은 웨프트에서 5cm 정도 띄우고 염색제가 도포된 부분만을 공기가 통하지 않게 호일을 감싼다. 드라이어 열풍을 위에서 아래로 향하게 하였을 때 색소가 침투되도록 하며, 색소를 고정시키기 위해 감쌌던 호일을 풀어서 드라이어로 냉풍처리할 수 있다. • 색소가 입착된 웨프트를 키친타월로 어느 정도 색소 또는 물기를 제거시킨 후 산성샴푸제와 산성린스제를 사용할 수 있다. • 수험장에 지참되는 수통은 웨프트의 색소를 제거할 만큼 충분한 물이 들어갈 수 없다. 따라서 키친 타월을 사용하여 전처리 또는 후처리할 수 있게 한다. • S-브러시는 꼬리빗 또는 염색브러시 사용 시 보다 염색된 웨프트를 빠른 건조와 함께 2차적 모발손상을 예방하면서 윤기를 갖게 할 수 있다.
2.컬러 도포 (총 6점)	2. 색상선정 및 배합(4점)	• 주황색(빨강1 : 노랑2), 초록색(파랑2 : 노랑3), 보라색(빨강1 : 파랑1)로 2차색을 배합할 수 있다. (※ 웨프트에 색을 드러내어야 하는 반영구적 염모제는 회사마다 비율이 약간씩 다를 수 있으므로 연습 시 충분하게 결과 염모제에 대해 숙지해야 한다.)
	3. 도포량 및 간격 (2점)	• 회사에서 요구되는 색상 비율에 맞게 혼합된 염모제를 웨프트의 고정 테이프 끝점에서 5cm 아래로 도포해야 한다. • 아크릴판에 고정된 웨프트에 도포 시, 우선 호일 밑바닥부터 브러시로 밑칠한 다음 슬라이스를 3~4개 정도 나누어서 웨프트의 중간에서 위로 향해 간격을 정확하게 하여 도포한다.

2.컬러 도포 (총 6점)	4. 호일워크 및 열 · 냉처리 및 산성샴푸 · 린스 처리의 숙련도(4점)	• 5cm를 띄운 선이 정확하게 표현되도록 브러시를 세워서 사용하며 큰 움직임으로 웨프트 면을 가로로 도포 후에 작은 움직임으로 빠르게 아주 꼼꼼하게 한 올씩 세로로 세워서 도포한다. • 앞면을 다 도포하고 난 후에는 뒤로 뒤집어서 도포가 덜 된 부분에 가로 · 세로 브러싱을 꼼꼼하게 도포한다. • 색소 배합 적정 비율 및 색소 혼합 방법, 도포 브러싱(가로 · 세로) 방법, 간격 5cm 띄우기와 선의 일직선, 열처리(열풍 · 냉풍)방법, 호일감싸기 방법, 키친타월로 색소 제거 및 물기 제거 방법, 세척 방법, 웨프트 건조 시 브러싱 및 드라이어 처리 방법, 건조 처리 후 웨프트 윤기 보완 및 마무리 방법, 작업 결과지에 테핑방법 등이 숙련되어야 한다.
3. 완성도 및 조화미(8점)	완성도 및 조화미(6점)	• 이차색으로 염색된 웨프트 주황은 너무 붉지(빨강 또는 주홍) 않거나 옅은 브라운 또는 희끗희끗한 주황이 되지 않도록 연출한다. • 초록은 군청색 또는 연두색이 되지 않도록 연출한다. • 보라는 청보라 또는 연보라가 되지 않도록 연출한다. • 작업 결과지에 염모된 웨프트를 깨끗하게 테이프로 붙여 놓아야 한다.
	정리 및 마무리 (2점)	• 염모제가 담긴 염색볼과 염색 브러시를 키친타월로 닦아서 정리한다. • 키친타월에 묻은 염모제는 일회용 비닐에 넣어서 처리한다. • 염모된 웨프트를 세척한 수통의 물은 배수구에 버린다.

2 혼합형 와인딩 완성작품

빨강 1 : 노랑 2

파랑 2 : 노랑 3

빨강 1 : 파랑 1

실제 작업된 컬러링 색과 인쇄된 카피 종이재질에 따라 드러나는 색은 많은 차이를 나타내기도 한다.

3 헤어컬러링

목표	시험 규정에 맞게 웨프트를 사용하여 컬러링을 작업한다.	블로킹	1cm 이하로 슬라이스한다.
장비	작업대, 민두, 홀더, 분무기	형태선	웨프트 상단 5cm 아래에 2차색 만들기
도구	헤어드라이어, 타월, 염색볼, 브러시, 아크릴판	슬라이스	1cm 미만
소모품	웨프트(7레벨 탈색모) ※명도 7레벨, 15g 내외로 분량이 적당할 것, 1개	시술각	
내용	2차색 만들기	손의 시술각도	
시간	25분	완성상태	결과지에 2차 색상 붙이기

4 사전 준비

도구 및 재료 준비

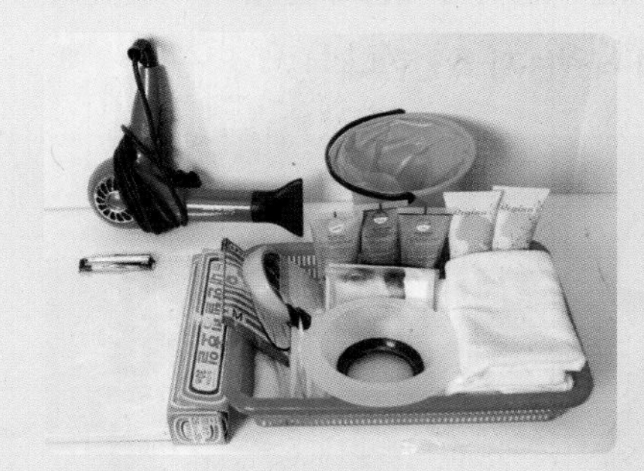

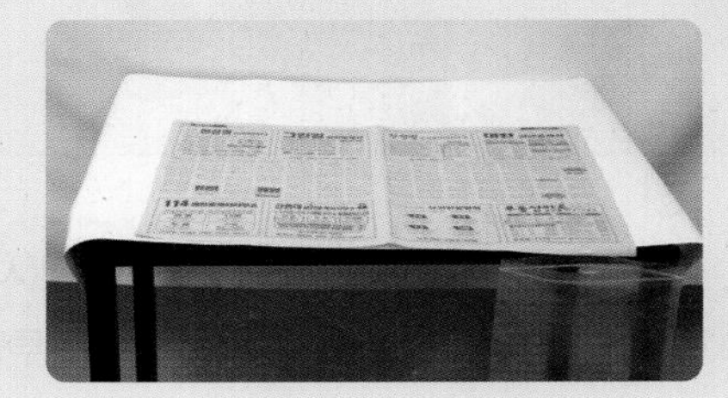

□ 산성염모제	□ 물통
□ (빨강, 노랑, 파랑)	□ 헤어드라이어
□ 염색볼	□ 샴푸제
□ 염색 브러시	□ 린스제
□ 일회용 장갑	□ 위생봉투(투명비닐)
□ 티슈	□ 타월(흰색)
□ 신문지	□ 호일
□ 투명테이프	□ 아크릴판
□ S-브러시	□ 헤어피스(1개)

Section 01 주황 염색

❶ 염색 볼에 산성 염모제(노랑 + 빨강)를 2 : 1로 덜어준 후 브러시를 사용하여 배합해 준다.

❷ 브러시에 염모제를 묻혀 흰 티슈에 컬러를 발라 원하는 색상이 나왔는지 확인한다.

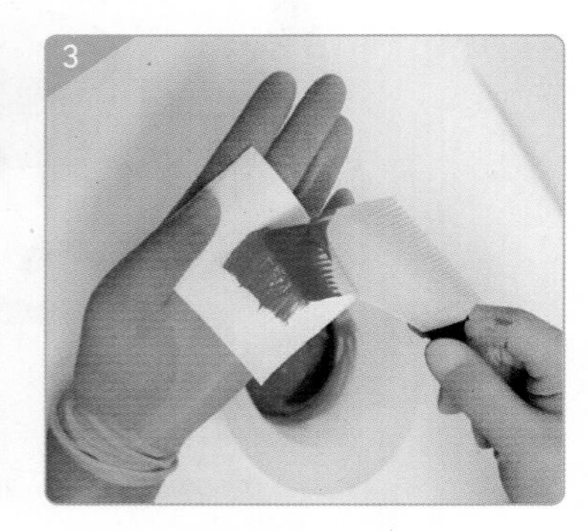

❸ 아크릴판 위에 잘린 호일(호일 크기는 40×25cm)을 올려놓고, 아크릴판을 감싸준다. 시험이 시작되면(시간이 25분으로 스타트될 때) 웨프트를 아크릴판에 고정시킨 후 웨프트 밴드 밑에서 약 5cm의 길이를 띄우고 투명테이프로 고정시킨다.

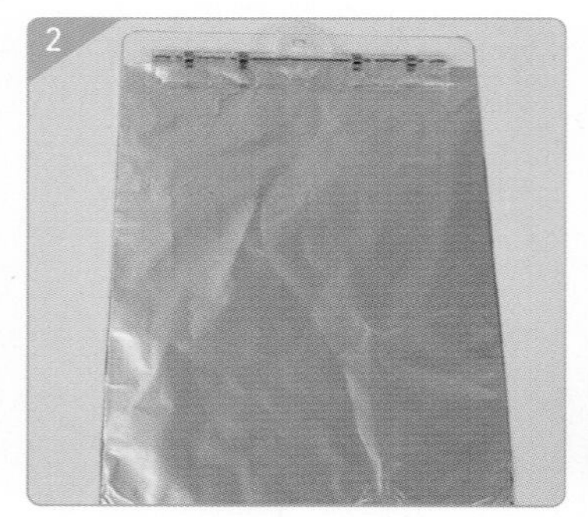

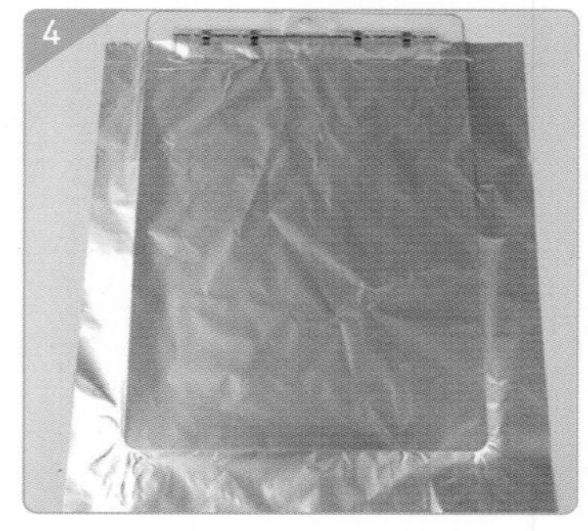

④ 웨프트에서 약 5cm의 길이를 띄우고 브러시에 염모제를 묻혀 호일에 고르게 바른다. 웨프트의 시작점은 수평을 위해 브러시에 염모제를 묻혀 세로로 도포한다. 브러시의 각도를 90°로 세워 바르다가 45°로 눕혀 도포한다.

웨프트에 착색이 잘되기 위해서는 2~3번 슬라이스 파팅(1cm 이하)하여 염모제를 도포한다.

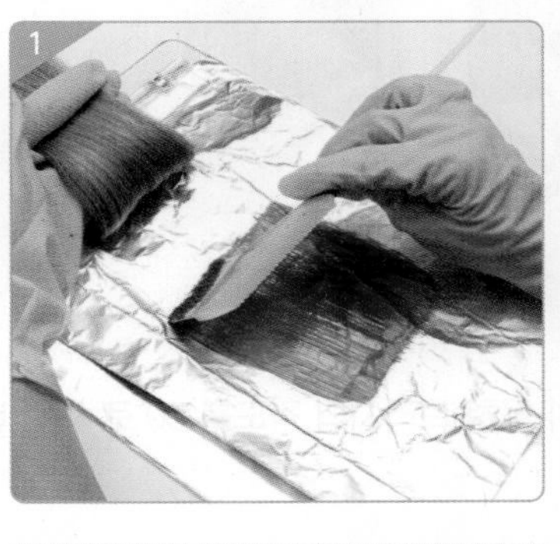

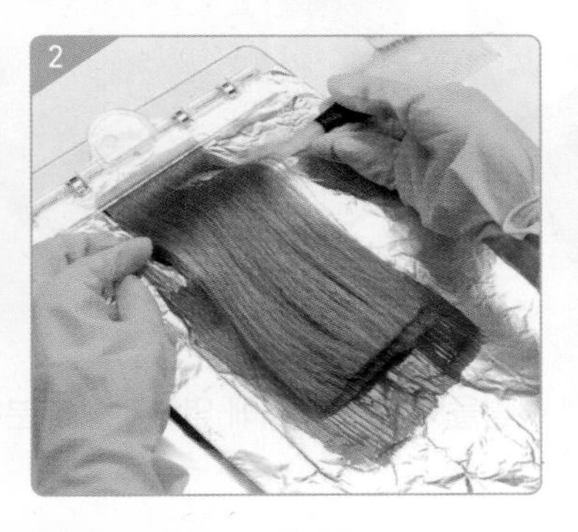

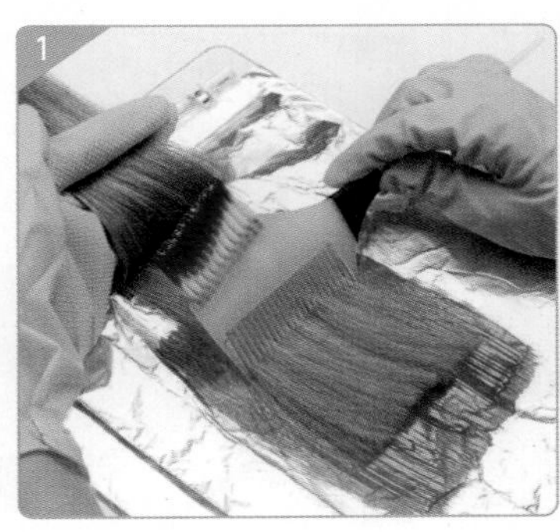

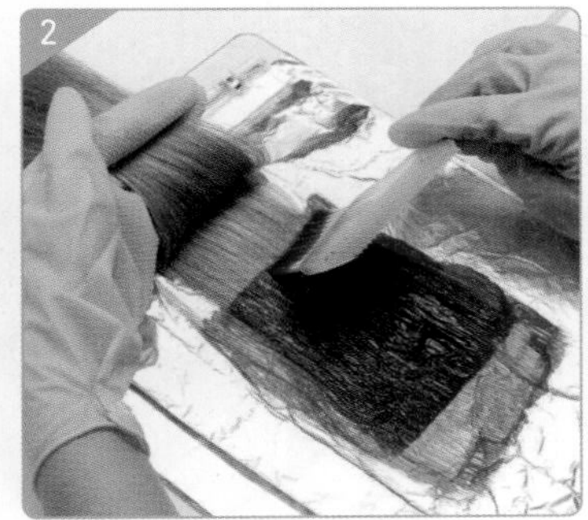

⑤ 웨프트가 고르게 착색되도록 브러시에 염모제를 묻혀 90°로 세워 가로로 콕콕 찌르듯이 빠른 속도로 재차 빈틈없이 도포한다. 웨프트는 가로로 3등분하여 위에서 아래로 고르게 충분히 도포한다.

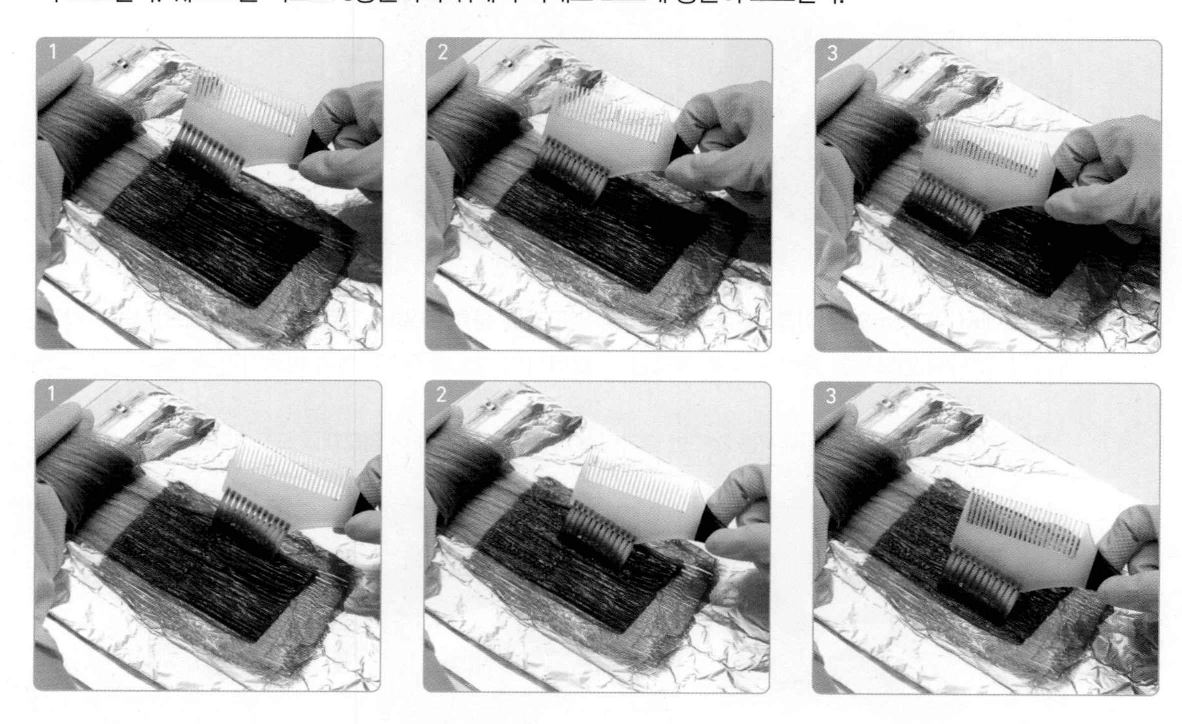

⑥ 웨프트의 시작점은 일직선의 수평을 위해 브러시에 염모제를 충분히 묻혀 브러시의 각도를 90°로 세워 바르다가 45°로 눕혀 도포한다.

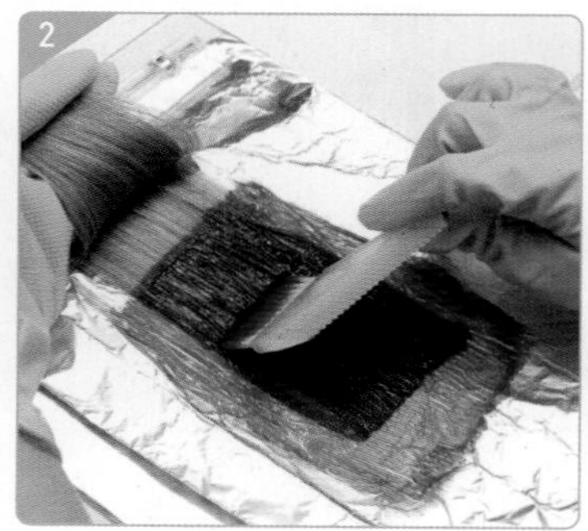

❼ 웨프트에 정확한 일직선 라인(5cm 띄운)을 유지하면서 브러시를 이용하여 웨프트를 뒤로 돌린 후 염모제를 충분히 도포한다. 주황색을 충분히 도포한다.

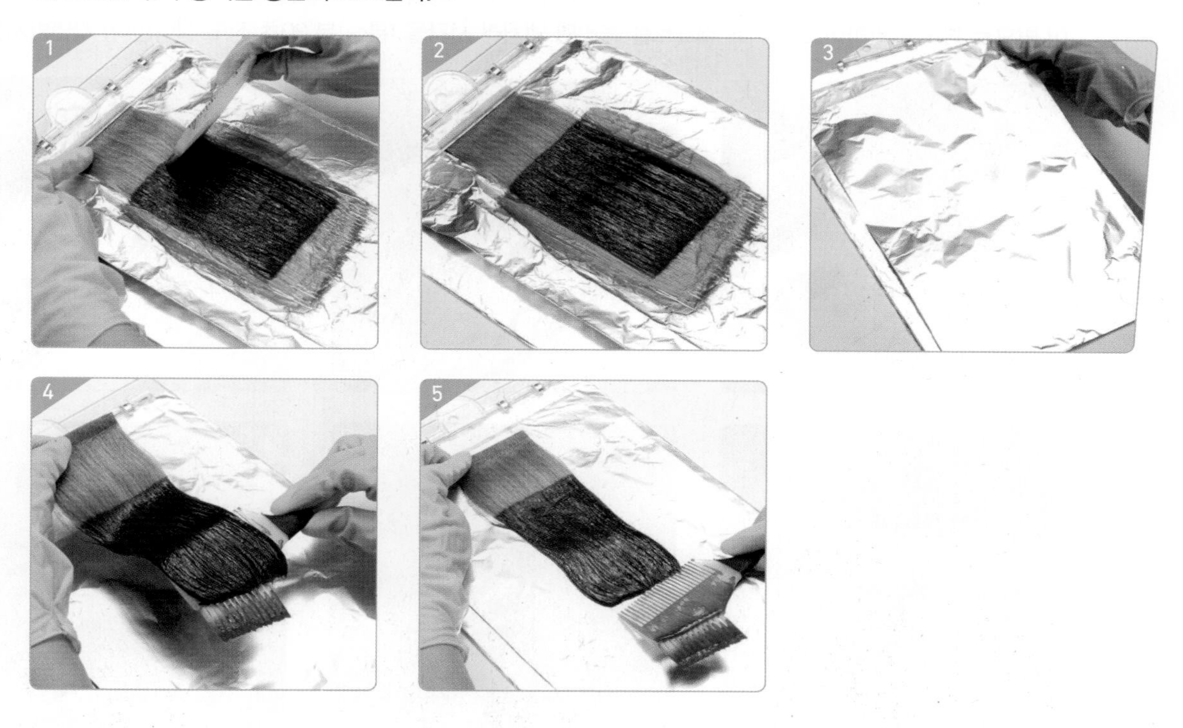

❽ 새 브러시를 사용하여 호일에 자국을 낸 후 세로로 접어준다. 반대편도 동일하게 접어준다.

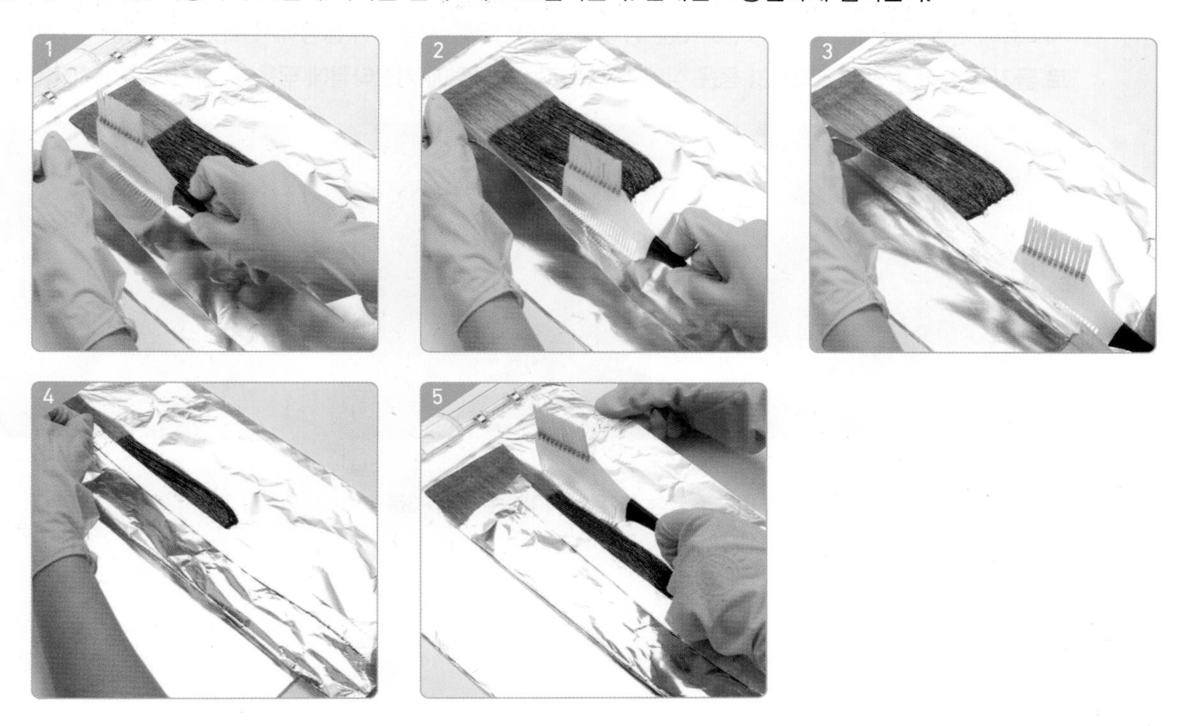

⑨ 웨프트를 호일로 감싼 후 헤어드라이어를 사용하여 5~7분 이상 동안 가온처리한다(열처리 시에는 은박지를 밀봉시켜서 바람이 들어가지 않도록 한다). 가온처리 후 2~3분 정도 차가운 바람으로 처리하거나 은박지에서 바람이 밖으로 통하도록(아이스팩 위에 웨프트를 올리면 냉처리 시간을 1분~1분 30초 정도 절약한다) 자연방치한다.

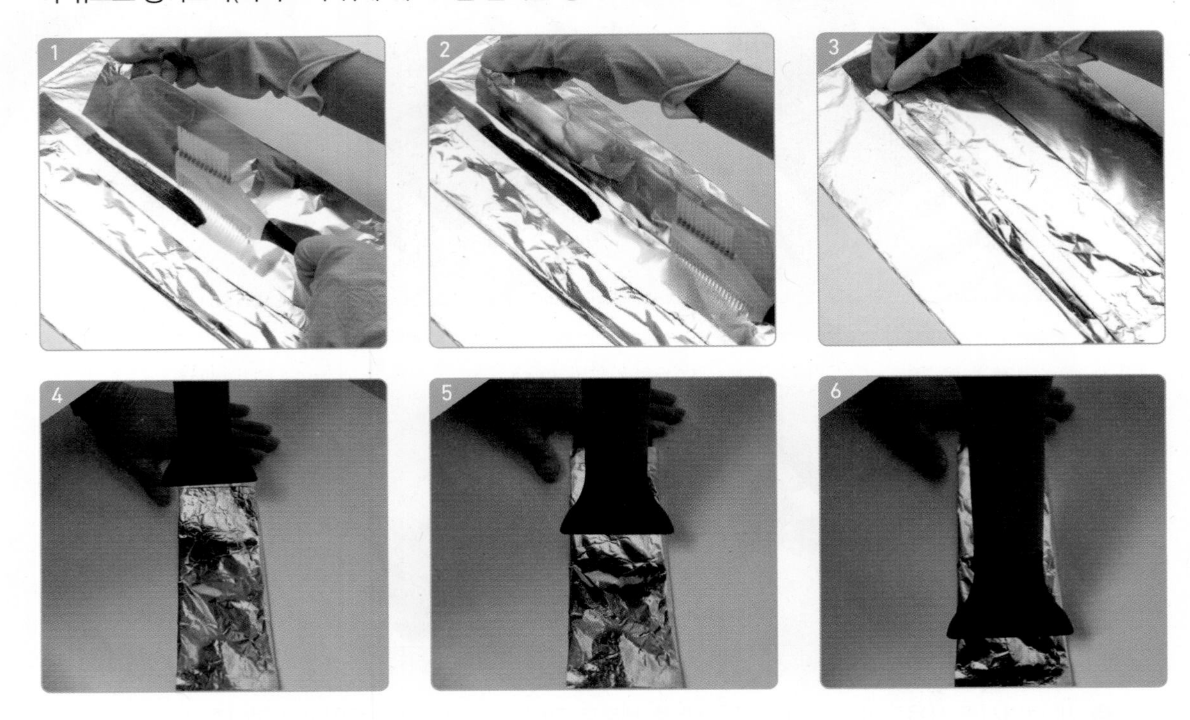

⑩ 웨프트에 산성염모제를 도포하고, 3~5분 경과 후 산성샴푸를 사용하여 물통에서 깨끗하게 헹군 후 위에서 아래로 물기를 훑어서 짠다(염모제가 묻은 상태의 웨프트는 샴푸전에 키친타월에 닦은 후 사진과 같이 세척한다).

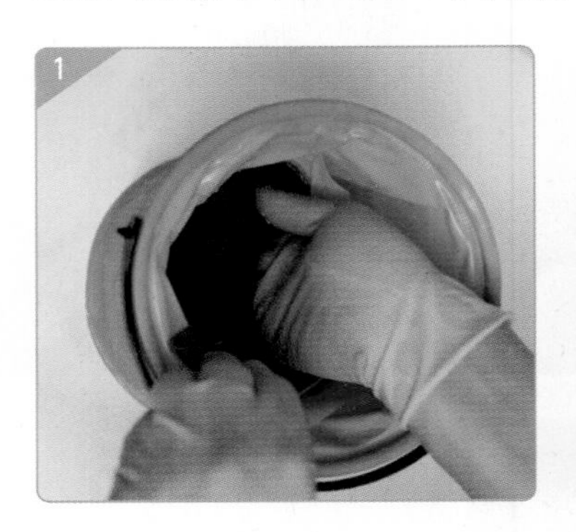

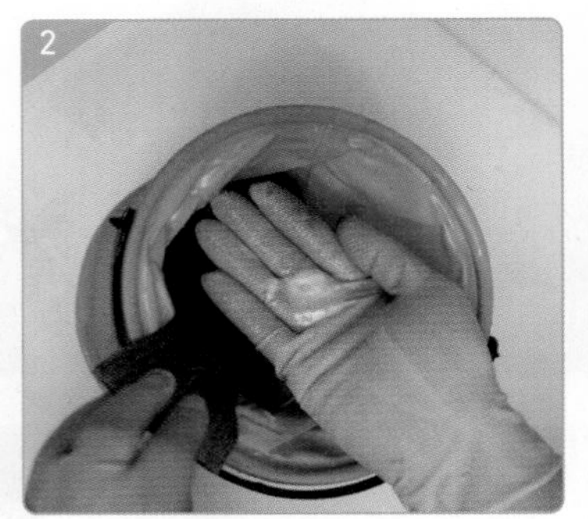

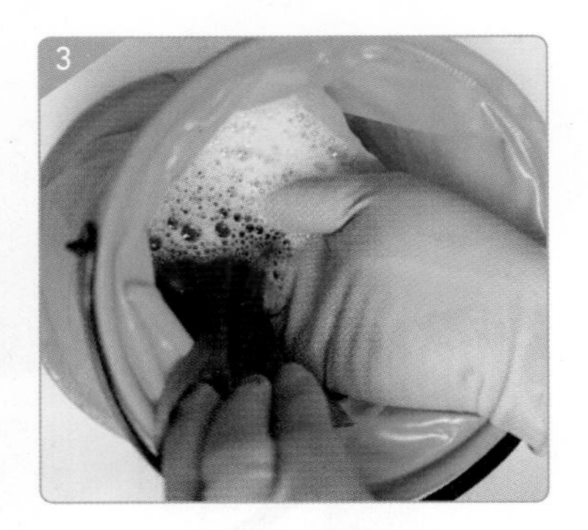

모든 준비 및 도포처리는 10분, 열풍과 냉풍 10분, 세척 1분, 건조 2~3분

⑪ 샴푸 후 산성린스를 사용하여 물통에서 깨끗하게 헹구어준다. 젖은 웨프트는 타월 또는 키친타월로 물기를 꾹꾹 눌러 제거한 후 헤어드라이어를 사용하여 모발을 건조한다.

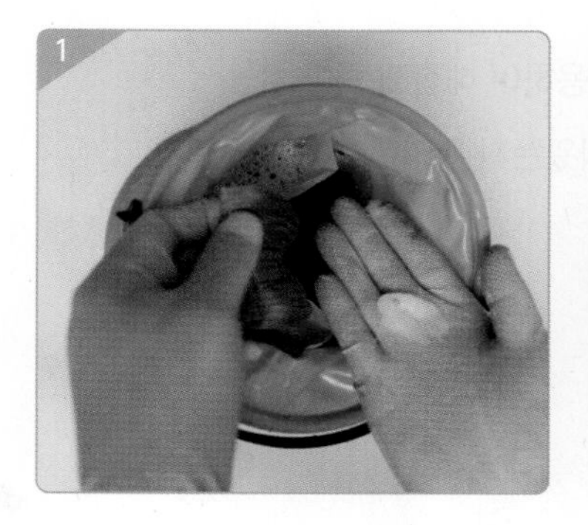

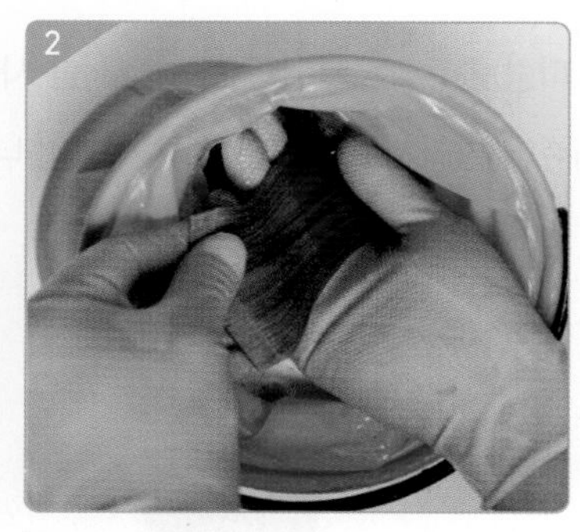

⑫ 드라이어 노즐 위로 웨프트를 올려 놓고 모발이 엉키지 않도록, 브러시를 사용하여 모발 결을 따라 위에서 아래로 천천히 다리면서 빗으면서 말려주면 윤기(광택)를 준다.

⑬ 완성된 주황색 웨프트는 깔끔하게 정돈하여 투명테이프로 과제물 제출지에 부착하여 제출한다(타월을 깔은 후 블로드라이어를 얹고 그 위에 웨프트를 고정시켜서 열풍을 이용하여 말린다).

주의

S브러시와 열풍을 이용하여 건조할 때 바람을 브러시 빗살로 모은다는 느낌으로 천천히 스트레치 드라잉하면서 브러싱하면 두발에 윤기(광택)을 주면서 건조가 빨리된다.

- 여러번 브러싱할수록 웨프트의 질감은 거칠어진다.
- 건조 마지막 단계에서 열처리 후 웨프트를 손바닥으로 훑어 내리면 더 많은 윤기와 색상의 선명도를 갖는다.
- 초록, 보라색도 주황과 동일한 방법으로 절차를 갖는다.
- 이 책에 제시된 주황은 사진상에서 볼 때 붉은색이 많이 보임. 사진보다는 옅은 주황이 나와야 함

초록 염색

❶ 염색 볼에 산성염모제(노랑 + 파랑)를 3:2로 덜어준 후 브러시를 사용하여 배합해 준다.

❷ 염모제를 묻힌 브러시를 흰 티슈에 발라서 2차 색인 초록 색상이 나왔는지 확인한다.

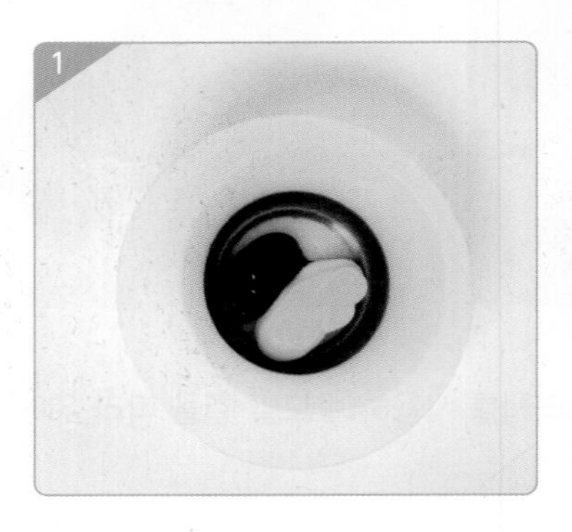

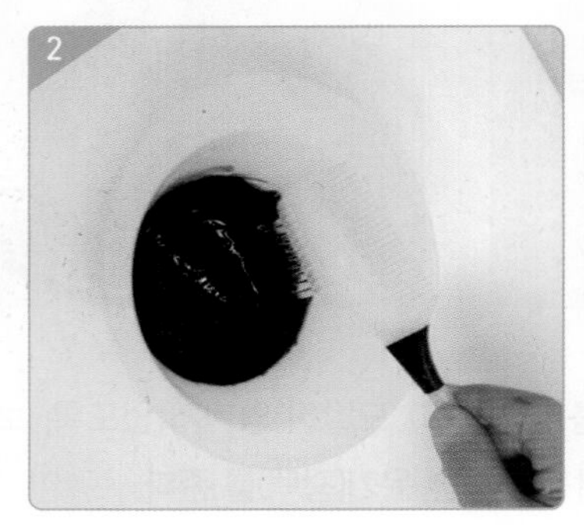

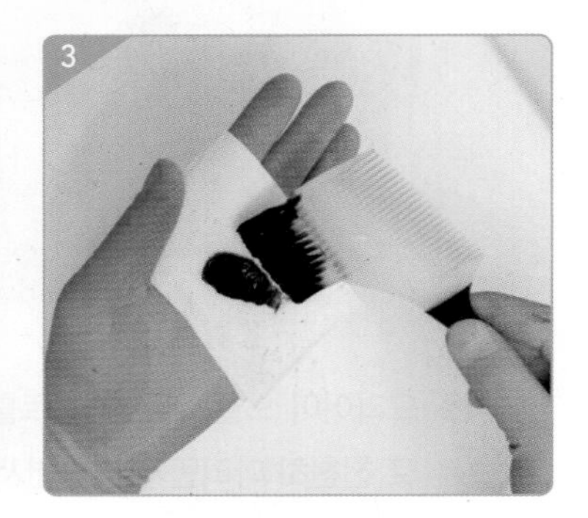

❸ 아크릴판 위에 호일(40cm×25cm)을 올려놓고 7레벨의 웨프트를 잘 빗질한 후 약 5cm의 길이를 띄우고 투명테이프로 고정한다.

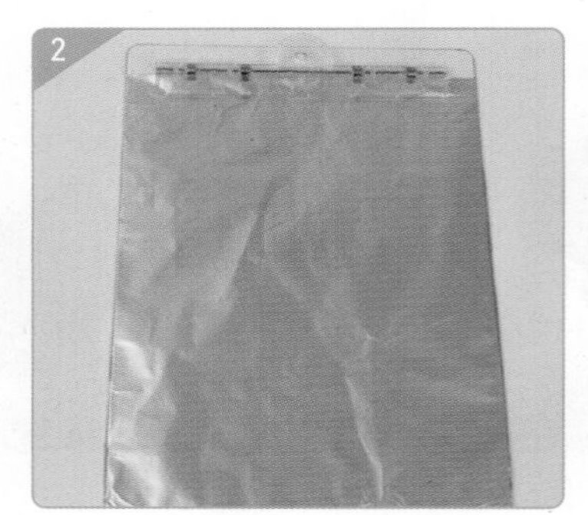

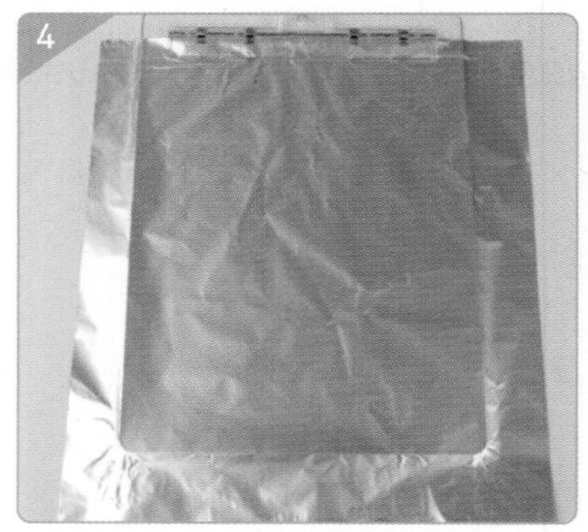

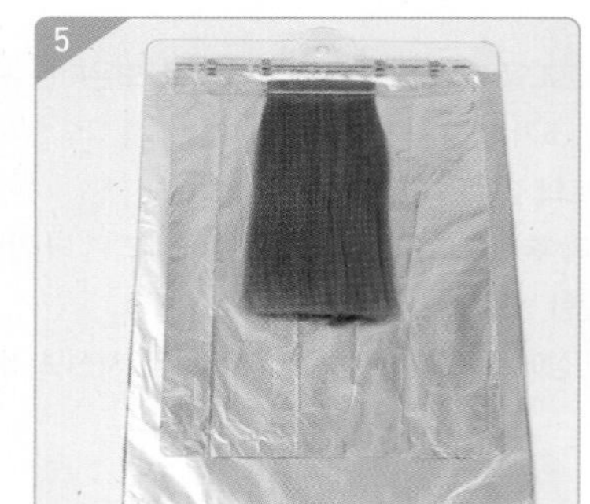

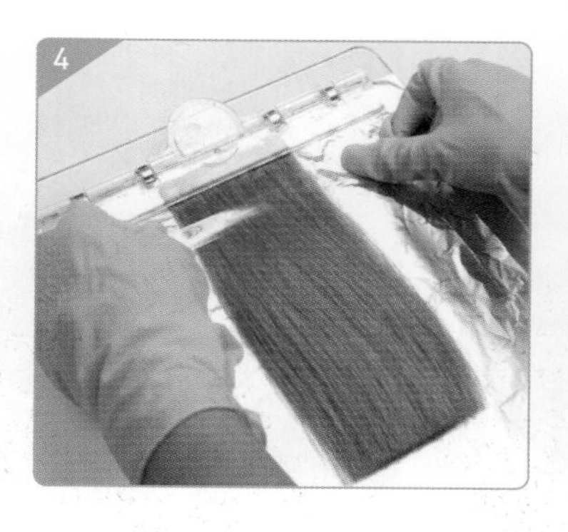

❹ 웨프트에서 약 5cm의 길이를 띄우고 브러시에 염모제를 묻혀 호일에 고르게 바른다. 웨프트의 시작점은 수평을 위해 염모제를 묻힌 브러시를 세로로 도포한다. 브러시의 각도는 90°로 세워 위에서 아래 45° 방향으로 눕히면서 도포한다.

착색에 따른 고른 도포를 위해 웨프트 모다발을 2~3번 정도 슬라이스(1cm 이하)하여 작업한다.

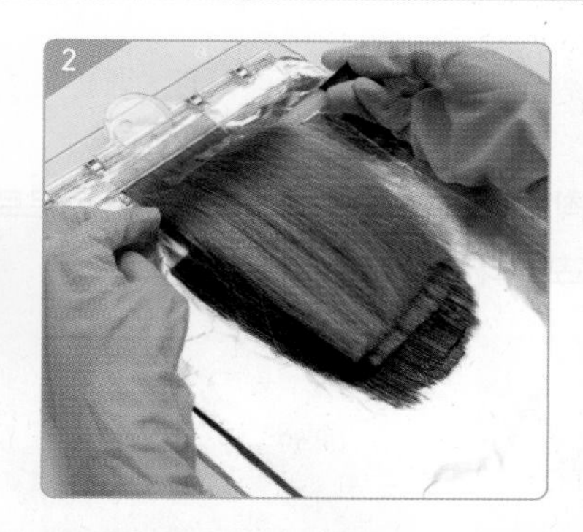

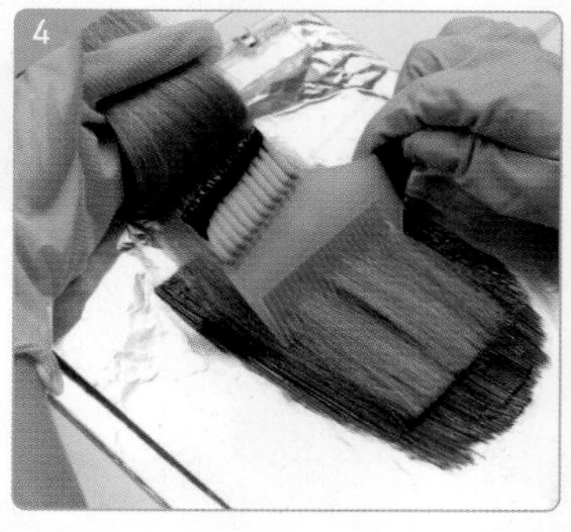

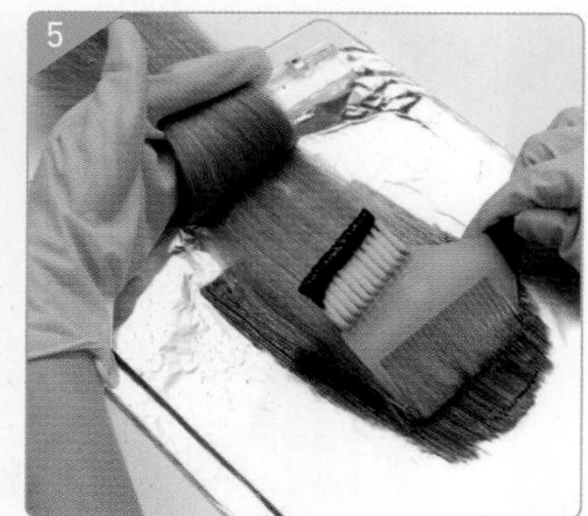

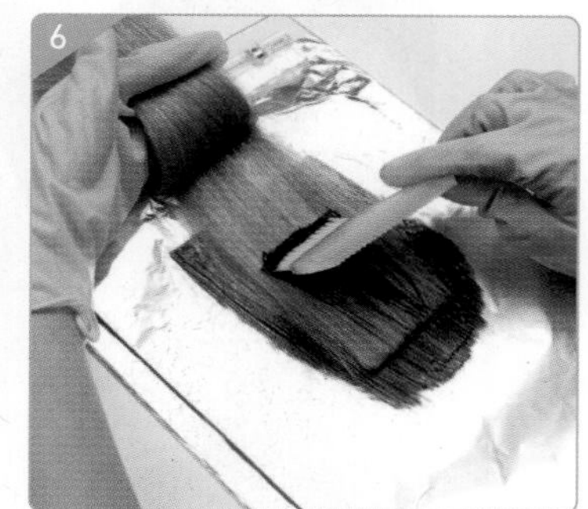

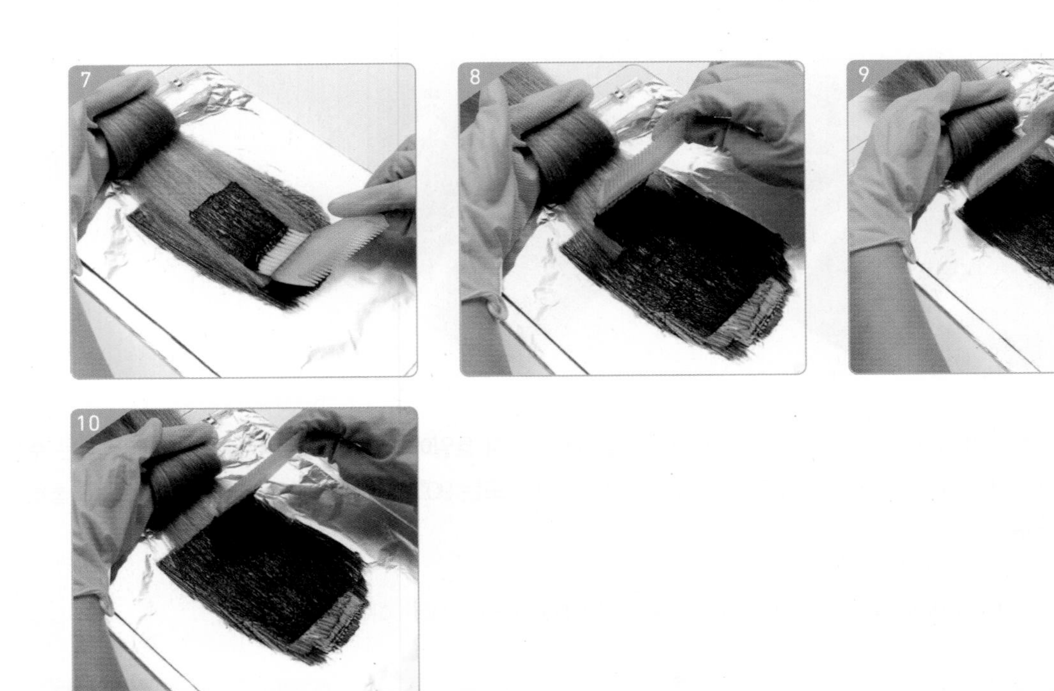

❺ 웨프트에 염모제가 고르게 착색되도록 브러시를 90°로 세워 가로로 콕콕 찌르는 듯한 터치 동작을 통해 위에서 아래로 3등분하여 고르게 도포한다.

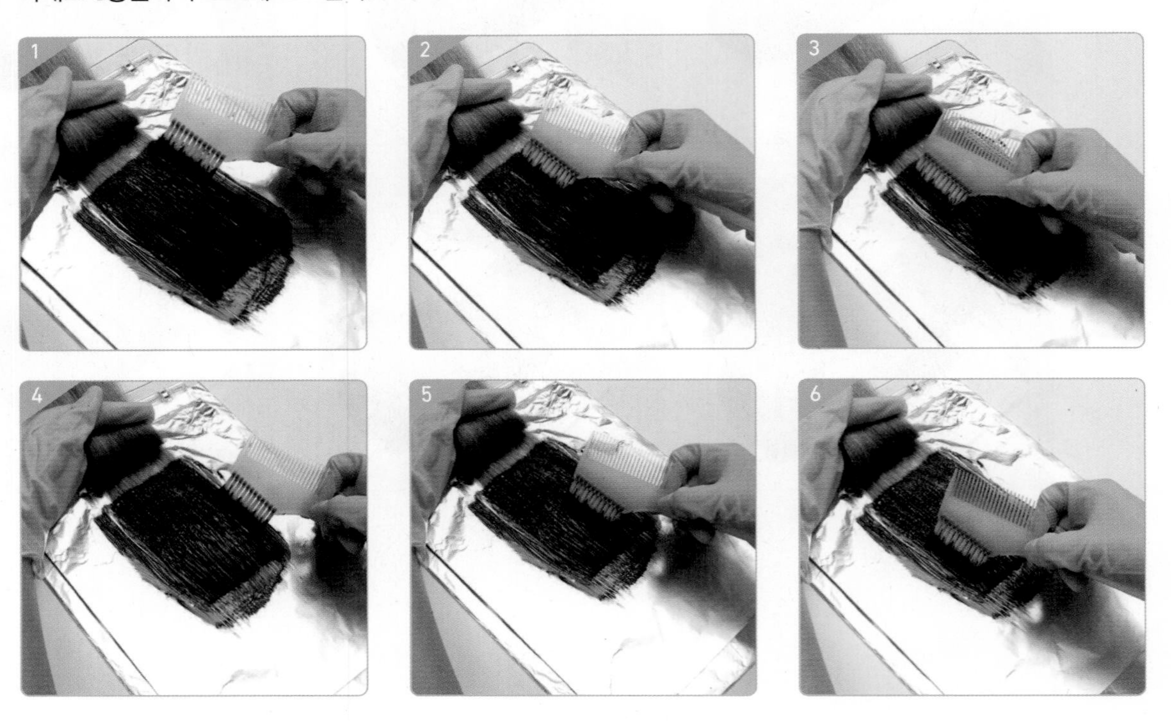

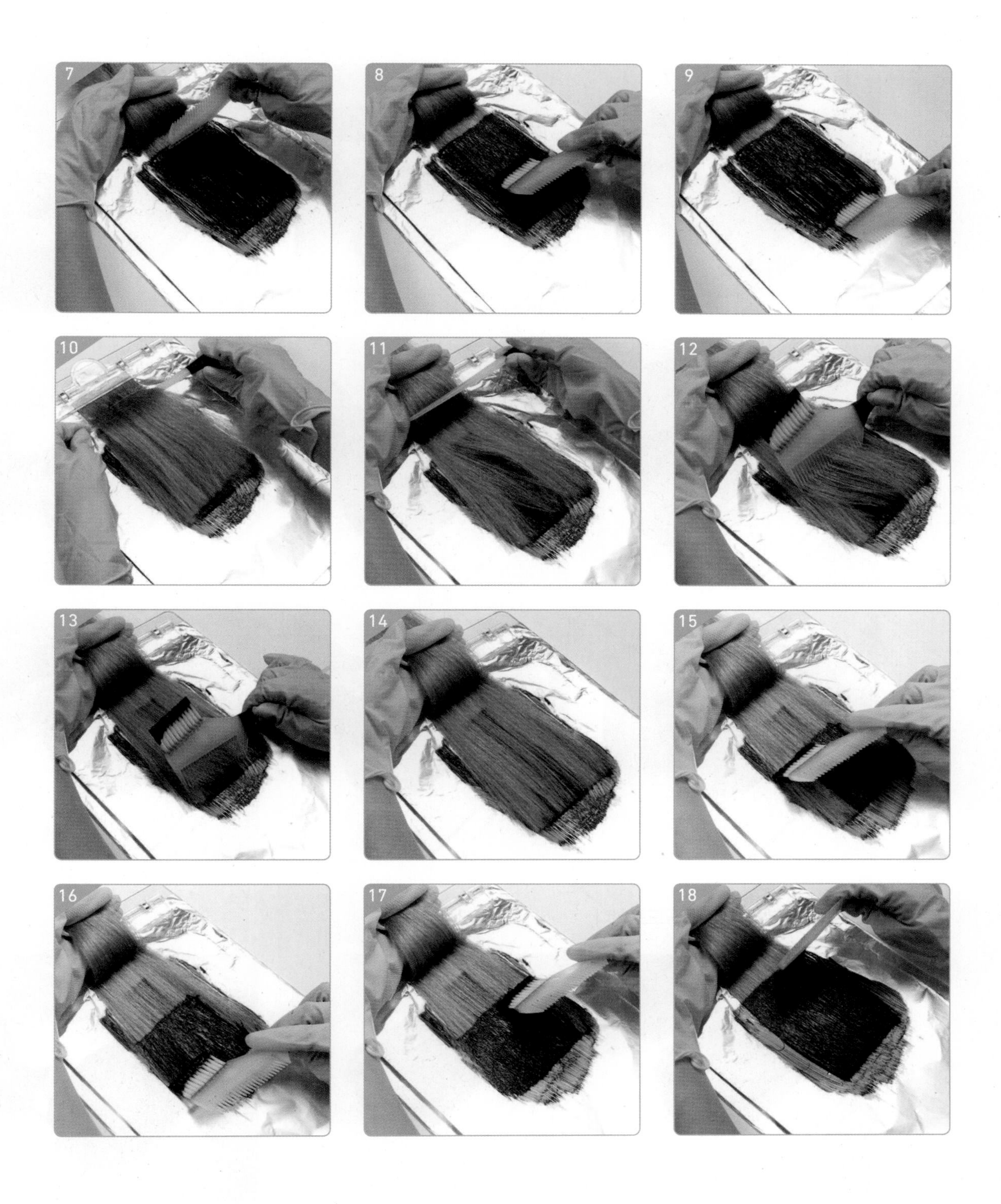
7
8
9
10
11
12
13
14
15
16
17
18

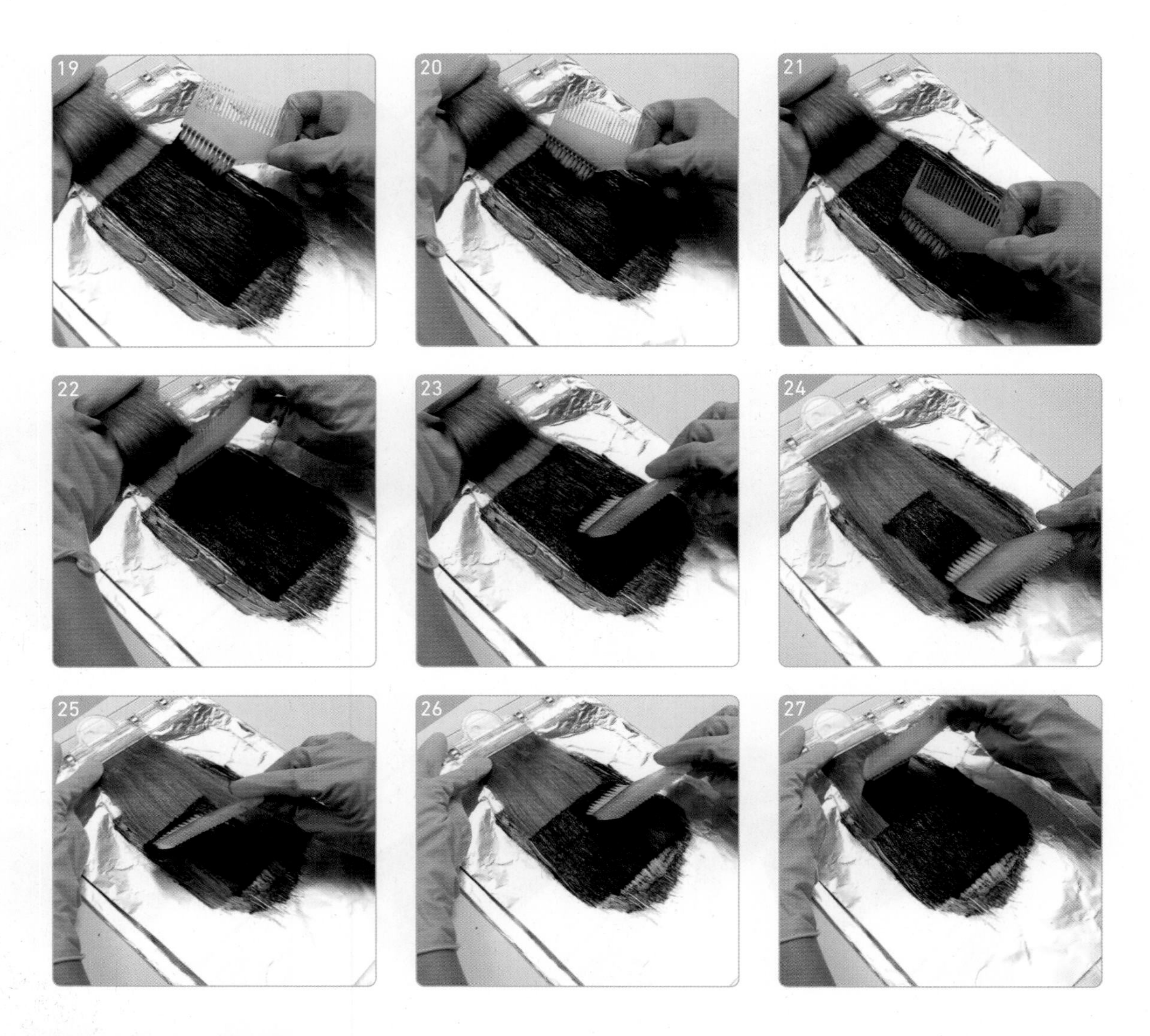

⑥ 웨프트에 충분히 염모제를 도포한다.

❼ 브러시의 빗살 또는 빗꼬리 부분을 사용하여 호일워크를 위해 홈을 낸 후 세로로 접어준다. 반대편도 동일하게 접어준다.

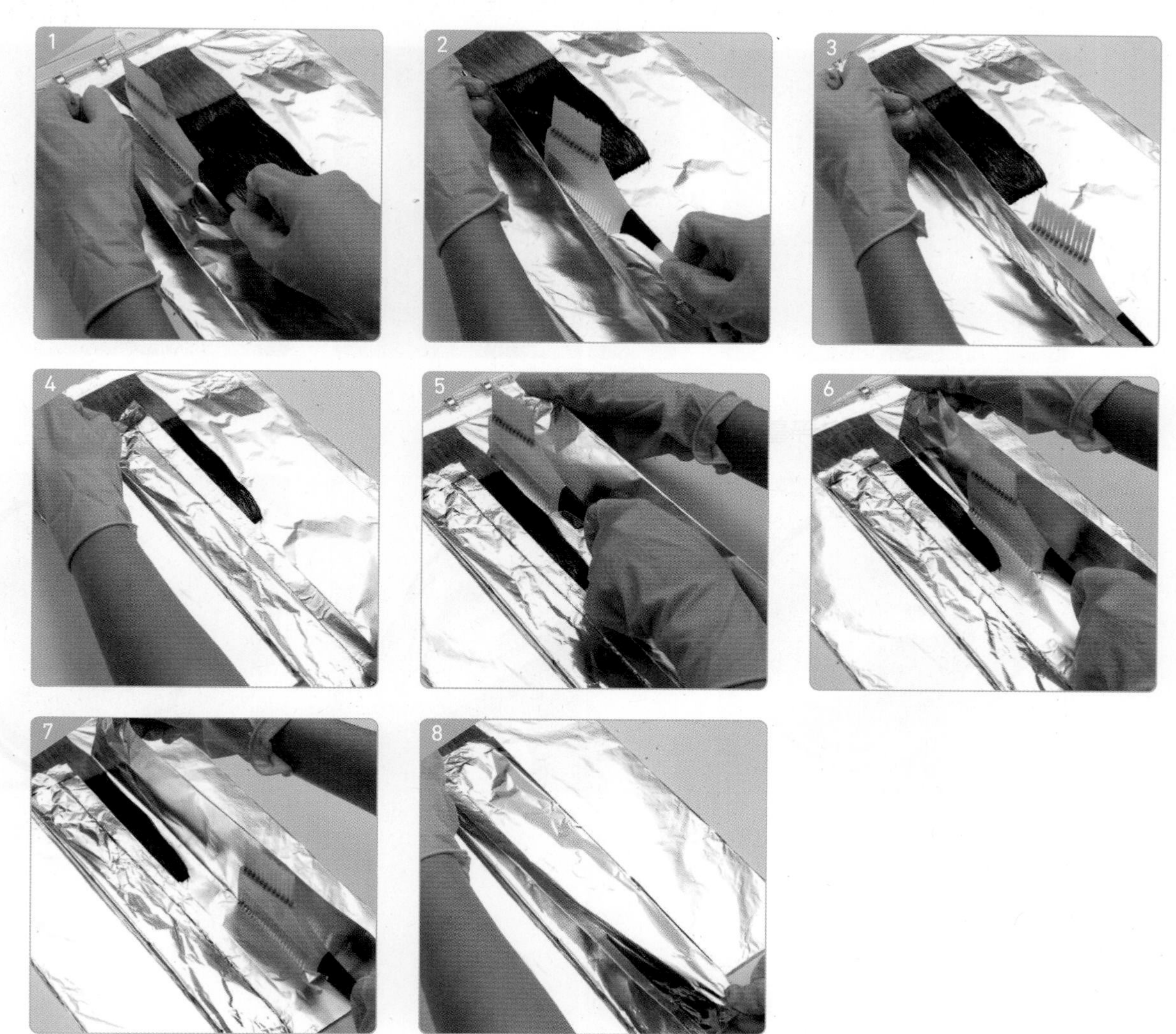

⑧ 호일워크 완성

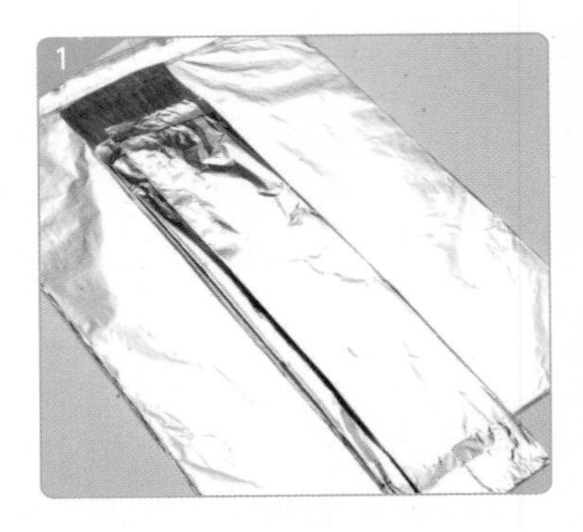

⑨ 호일워크된 상태에서 헤어드라이어를 사용하여 5~7분 가온처리 후 자연방치한다.

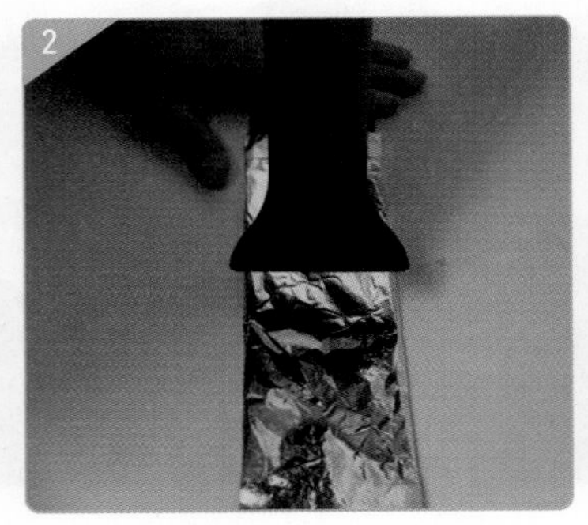

⑩ 총 3~5분 경과 후 산성샴푸를 사용하여 깨끗하게 헹궈낸다.

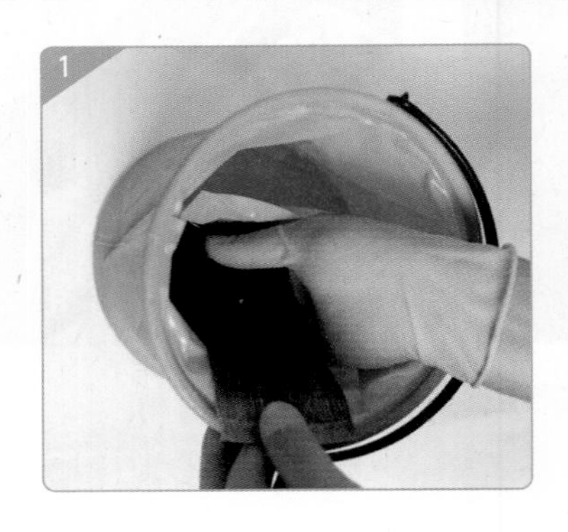

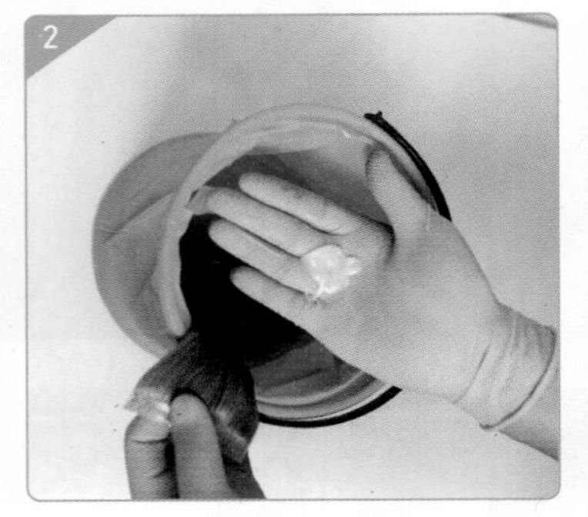

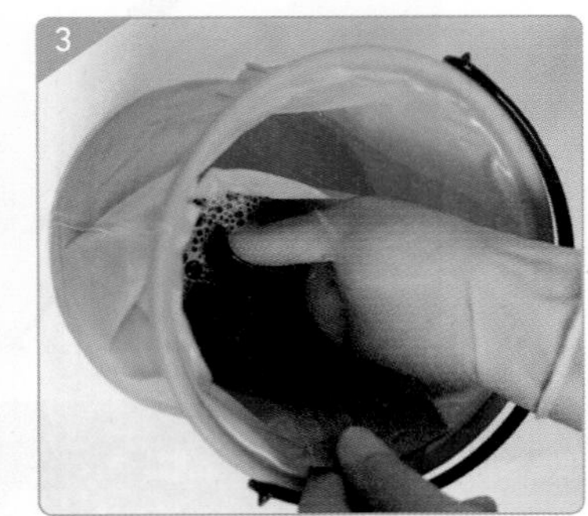

⑪ 산성샴푸 후 산성린스를 사용하여 물통에서 깨끗하게 헹궈낸다. 젖은 웨프트는 타월로 물기를 제거한다.

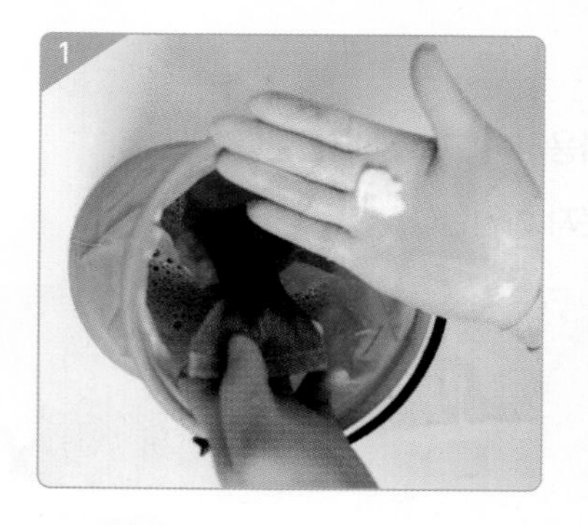
1

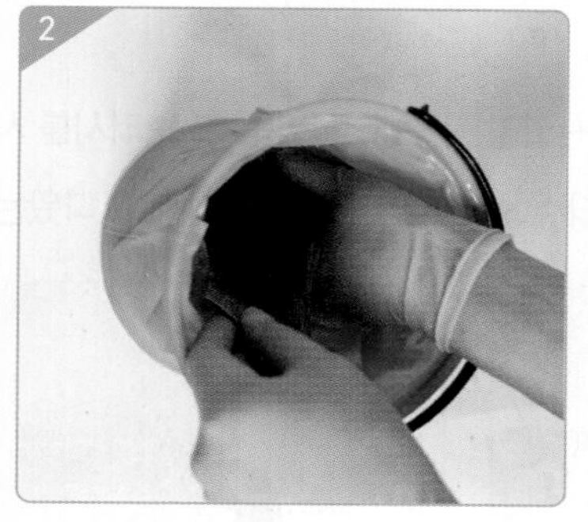
2

3

⑫ 모발이 엉키지 않도록 브러시를 사용하여 모결을 따라 위에서 아래로 빗으면서 동시에 헤어드라이어로 말려준다. 깔끔하게 정돈된 웨프트는 제출지에 투명테이프로 부착하여 과제물로 제출한다.

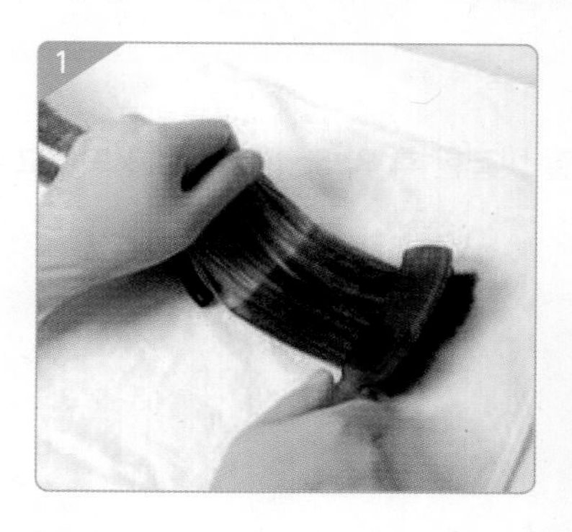
1

2

주의

사진상 제시된 초록은 노란색 드러나지 않아 본서의 지면상 프린트 되는 종이에 따라 쑥색으로 보임 – 따라서 밝은 초록 즉, 연초록색보다 약간 짙은 색으로 연출해야 한다.

Section  보라 염색

❶ 염색 볼에 산성 염모제(파랑 + 빨강)를 1:1로 덜어준 후 브러시를 사용하여 고르게 배합한다.

❷ 브러시에 염모제를 묻혀 흰 티슈에 2차 색상인 보라 색상이 나왔는지 확인한다.

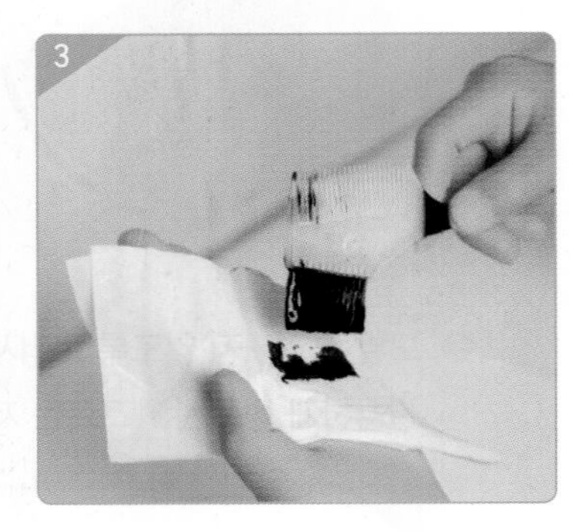

❸ 아크릴판 위에 호일(40cm×25cm)을 올려놓고 7레벨의 웨프트를 잘 빗질한 후 약 5cm의 길이를 띄우고 투명테이프로 고정시킨다.

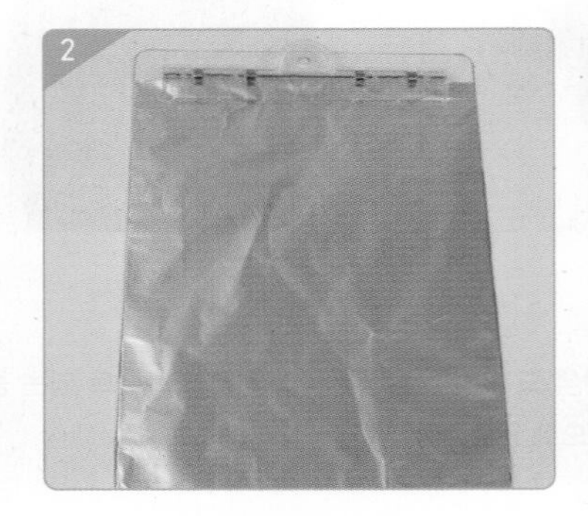

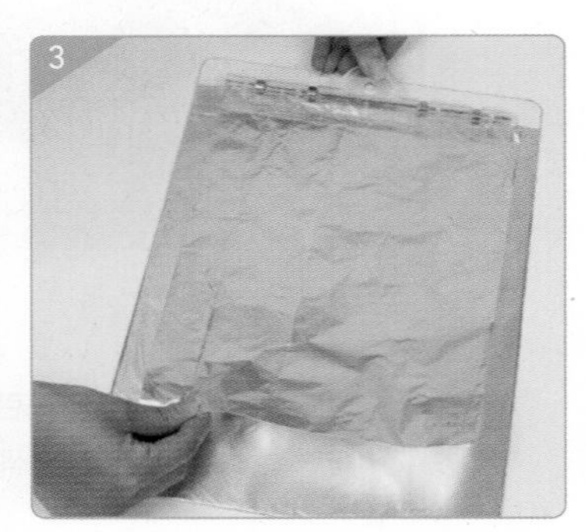

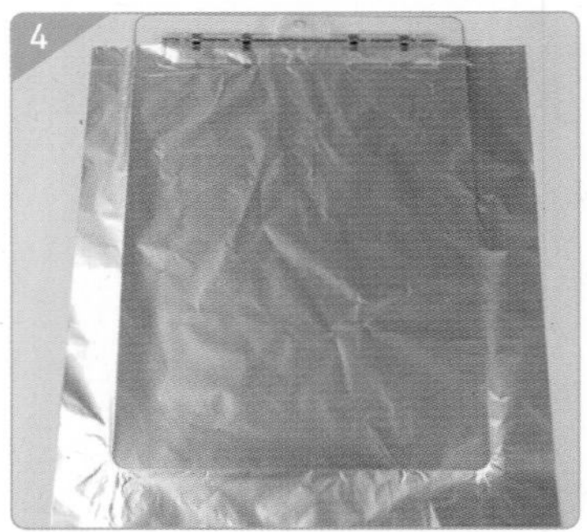

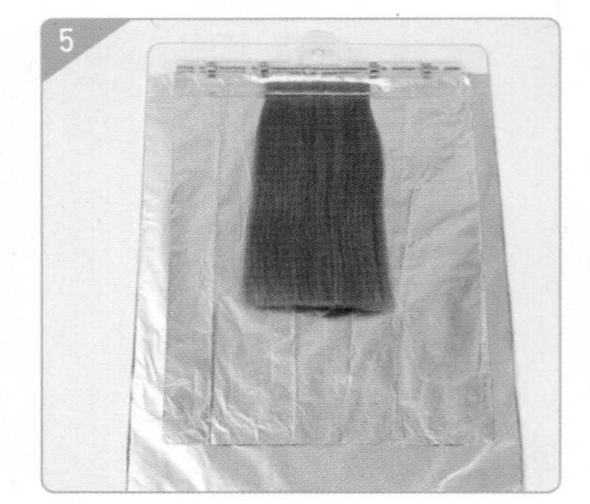

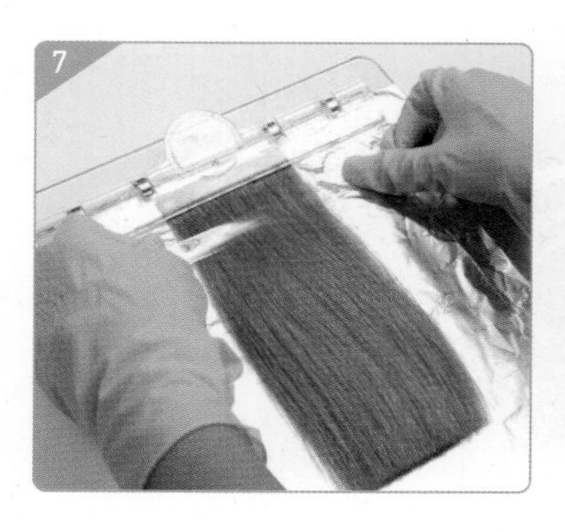

❹ 웨프트에서 약 5cm의 길이를 띄우고 브러시에 염모제를 묻혀 호일에 고르게 바른다. 웨프트의 시작점은 수평을 위해 염모제를 묻힌 브러시를 위(90°)에서 아래(45°)로 도포한다. 브러시는 45~90°를 유지시킨다.

웨프트의 착색에 따른 고른 도포를 위해 2~3번 모다발을 슬라이스하여 작업한다.

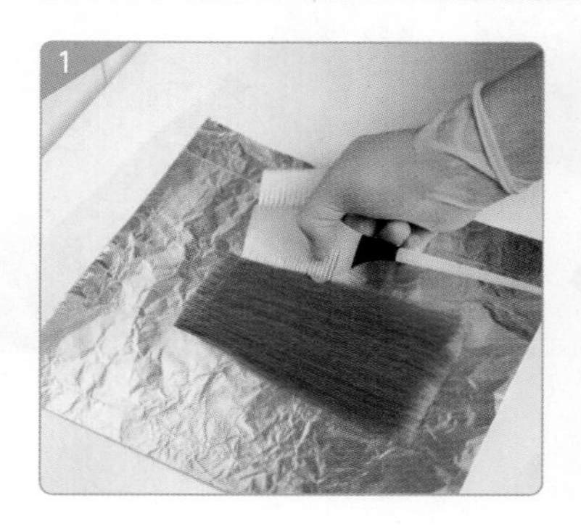

❺ 웨프트에 고르게 착색되도록 브러시에 염모제를 묻혀 가로로 삼등분하여 90°로 위에서 아래로 재차 고르게 도포한다.

⑥ 염모제를 충분히 도포해 준 뒤에는 호일워크 작업으로서 브러시 꼬리를 사용하여 호일에 자국을 준 후 세로로 접어준다. 반대편도 동일하게 접어준다.

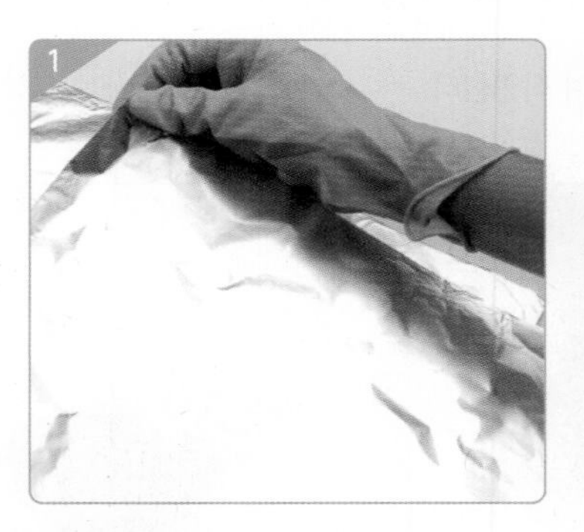

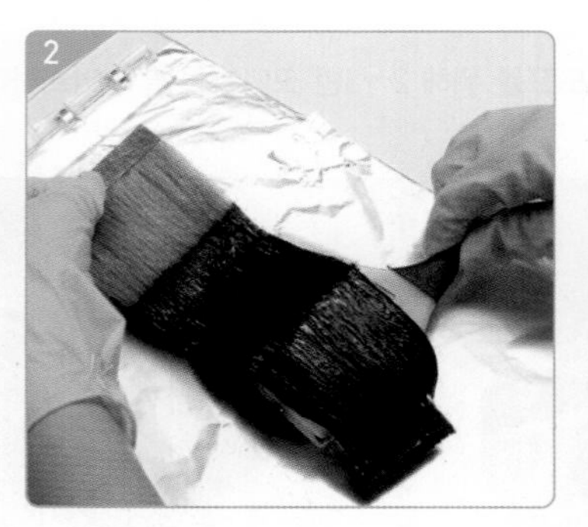

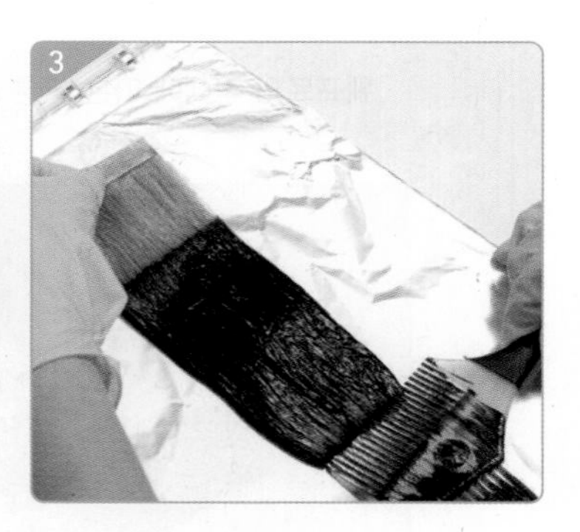

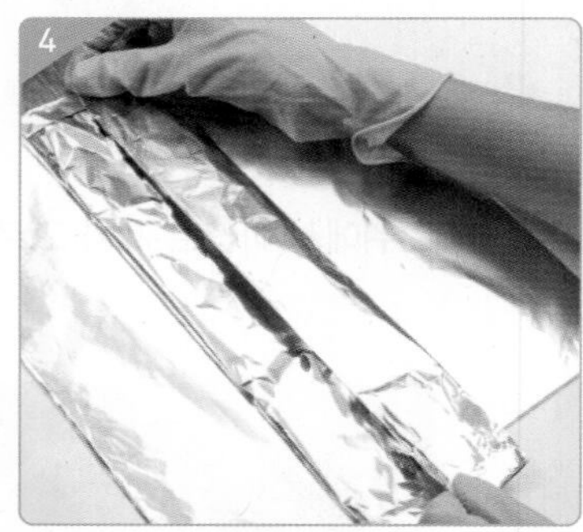

❼ 염색모를 호일로 감싼 후 헤어드라이어를 사용하여 5~7분 동안 가온처리한다. 가온처리 후 자연방치한다.

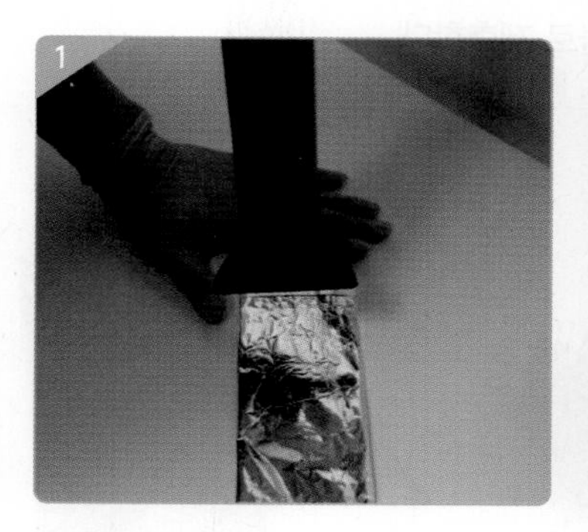

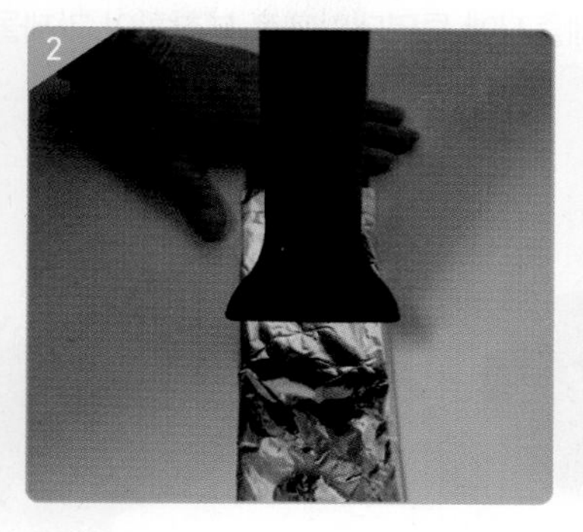

❽ 염모제를 도포과정과 가열, 자연방치(또는 냉풍드라이) 처리 3~5분 후 산성샴푸를 사용하여 물통에서 깨끗하게 헹구어준다.

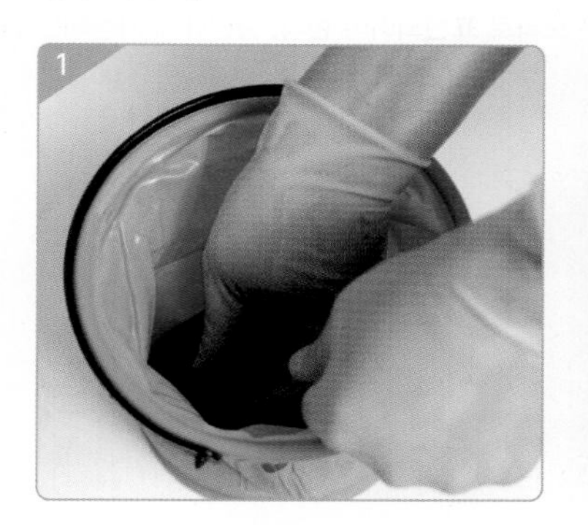

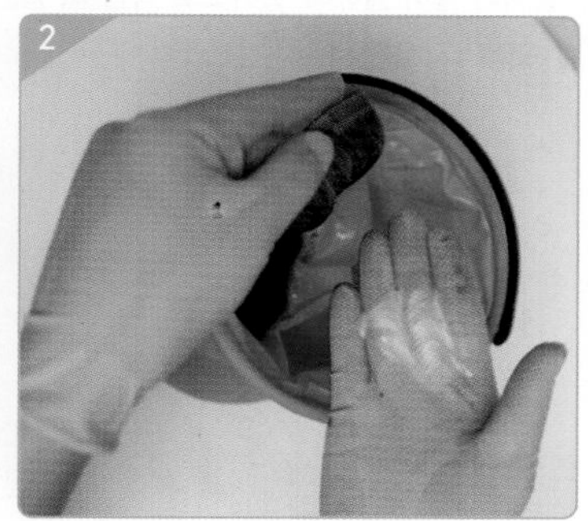

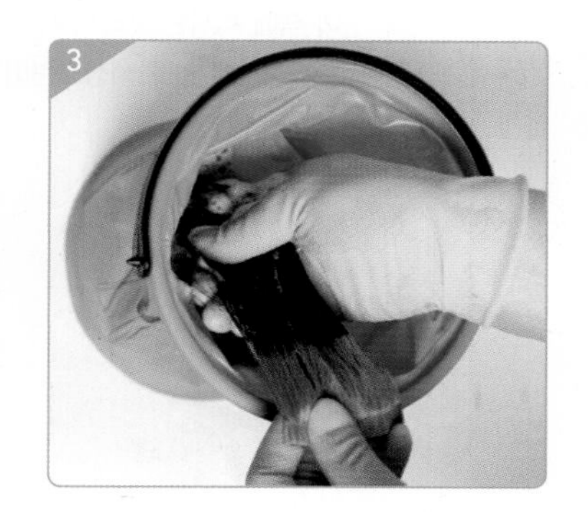

❾ 샴푸 후 산성린스를 사용하여 물통에서 깨끗하게 헹구어낸다. 젖은 웨프트는 타월로 물기를 제거한 후 헤어드라이어로 건조시킨다.

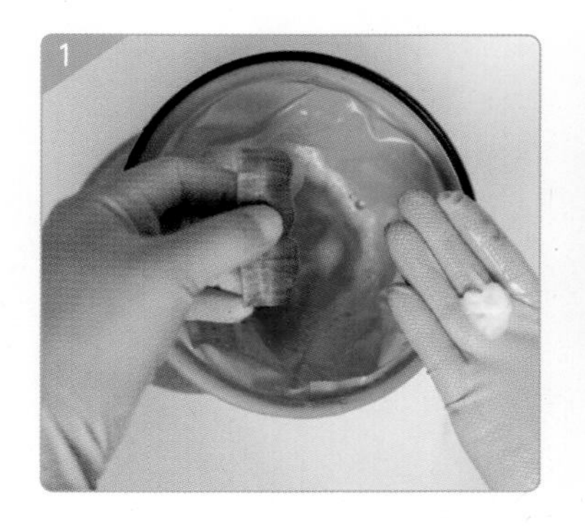

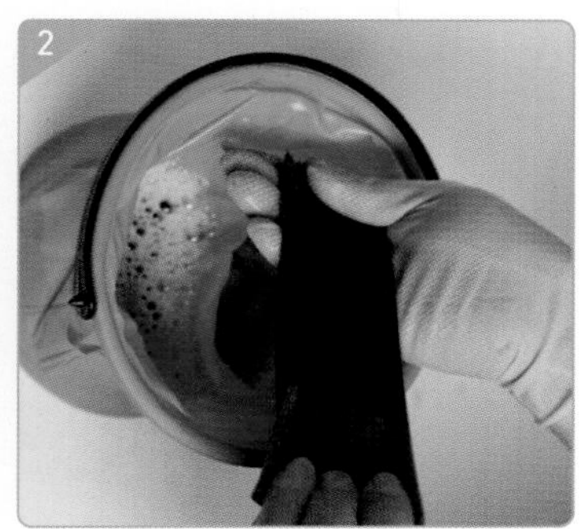

⑩ 모발이 엉키지 않도록 브러시를 사용하여 모결을 따라 위에서 아래로 빗으면서 말린다.
깔끔하게 정돈된 웨프트는 제출지에 투명테이프로 부착하여 과제물로 제출한다.

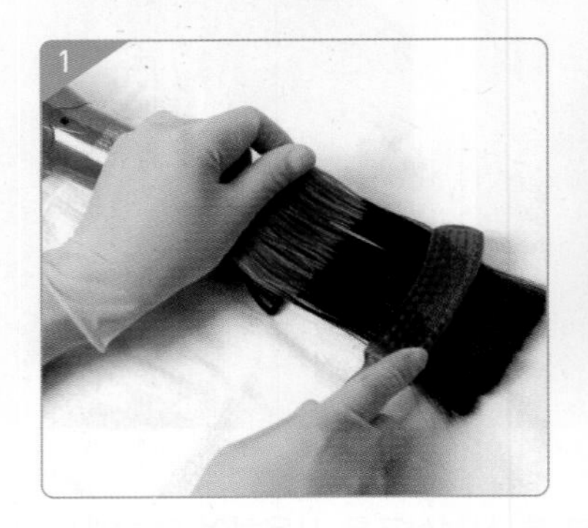

주의

이 책에 제시된 보라색 사진은 청색이 많이 들어가 보이므로 작업 시 옅은 보라로 표현되어야 한다. 출판에서 사용되는 종이의 문제점으로 인해 색상표현이 잘 드러나지 않는다.

참고 문헌

1. HAIR PERMANENT WAVE, 류은주, 청구문화사, 1999.
2. HAIR DESIGN and VISAGIASM, 류은주 외 3人, 청구문화사, 2000.
3. HAIR CUT Ⅱ, 류은주, 청구문화사, 2001.
4. 모발미학사, 류은주, 이화, 2003.
5. 모발 및 두피관리방법론, 류은주·오무선, 이화, 2003.
6. 모발미용학개론, 류은주·김종배 공저, 이화, 2004.
7. 두개피 육모관리학, 한국모발학회, 이화, 2006
8. Trichology Level Ⅲ, 류은주 외 2人, 트리콜로지, 2008.
9. 탈모 메커니즘, 유광석, 다모출판, 2008.
10. 탈모증별 상담과 실습, 유광석, 다모출판, 2008.
11. 고등학교 헤어미용, 류은주 외 4人, 서울특별시교육청, 2010.
12. HEALTH AND SAFETY FOR HAIR CARE AND BEAUTY PROFESSIONALS, California State Board of Barbering and Cosmetology, University of California at Berkeley, 1993.
13. 두개피 미용교과교육론, 류은주 외 2人, 다모, 2011.
14. 스캘프 샴푸 및 트리트먼트 교육론, 류은주 외 1人, 한국학술정보, 2012.
15. 웨이브·스트레이턴드 펌 교육론, 류은주 외 1人, 한국학술정보, 2012.
16. 염·탈색 미용교육론, 류은주 외 1人, 한국학술정보, 2012.
17. 헤어컬러링 교육방법론, 곽진만 외 6人, 청구문화사, 2016.
18. NCS 이용 학습모듈 14권, 대표저자 류은주, 교육부, 2016.

2025 한권으로 끝내주는 NCS 미용사 일반 실기시험문제

발 행 일 2025년 1월 5일 개정3판 1쇄 인쇄
2025년 1월 10일 개정3판 1쇄 발행

저 자 류은주·윤미선·배현영 공저

발 행 처 크라운출판사 http://www.crownbook.com

발 행 인 李尙原

신고번호 제 300-2007-143호

주 소 서울시 종로구 율곡로13길 21

공 급 처 (02) 765-4787, 1566-5937

전 화 (02) 745-0311~3

팩 스 (02) 743-2688, 02) 741-3231

홈페이지 www.crownbook.co.kr

I S B N 978-89-406-4842-1 / 13590

특별판매정가 23,000원

이 도서의 문의를 편집부(02-6430-7006)로 연락주시면 친절하게 응답해 드립니다.